国家教材建设重点研究基地"高等学校人工智能教材研究"重点成果
河南省"十四五"普通高等教育规划教材

人工智能应用与实践

主　编　芦碧波　张建春
副主编　雒　芬　吴　楠　唐　娴
参　编　陈艳丽　任欣云

中国教育出版传媒集团
高等教育出版社·北京

内容提要

本书是作者多年大规模线下人工智能通识课开课经验的总结，其主要教学内容也经历了多所多层次、多类型高校的教学检验，老师易教、学生好学，能落地、好实施。本书定位于"培养用轮子的人"而不是培养"造轮子的人"，无代码、零门槛，内容新颖、通俗易懂、循序渐进、由浅入深，应用性和实践性强。

全书共8章，第1章和第2章主要帮助读者"认识"人工智能，包括人工智能发展、人工智能要素、人工智能技术特点，并通过实际操作体验、以沉浸感的方式帮助读者体验人工智能精彩纷呈而强大的能力，激发读者对于人工智能的学习热情。第3章和第4章帮助读者"应用"人工智能，特别是大语言模型、AIGC 和多媒体等前沿技术的应用平台和使用方法，提高读者使用人工智能技术的技巧和能力。第5章和第6章介绍如何使用人工智能工具和平台进行"创新"，利用 AI 智能体和交互式人工智能开发工具，进行人工智能产品的开发和模型训练，提升读者使用人工智能工具的创新能力。第7章和第8章主要讨论"赋能"，介绍人工智能方面的学科竞赛，为学生近期发展赋能，介绍人工智能行业应用，为学生毕业后的未来发展赋能，同时介绍人工智能伦理，讲授在赋能中应该遵守的底线和原则。

本书不仅可以作为高等院校各专业人工智能通识必修课和选修课教材，也可以作为各阶段教师和对人工智能感兴趣人员的自学读物，可以帮助读者实现"人人都能学 AI、人人都能用 AI"的梦想。

图书在版编目（CIP）数据

人工智能应用与实践 / 芦碧波，张建春主编；雒芬，吴楠，唐娴副主编. -- 北京 : 高等教育出版社，2025.6. -- ISBN 978-7-04-064926-0

I. TP18

中国国家版本馆CIP数据核字第20250V40C9号

Rengong Zhineng Yingyong yu Shijian

策划编辑	武林晓	责任编辑	武林晓	封面设计	张 志	版式设计	李彩丽
责任绘图	裴一丹	责任校对	马鑫蕊	责任印制	赵义民		

出版发行	高等教育出版社	网　　址	http://www.hep.edu.cn
社　　址	北京市西城区德外大街4号		http://www.hep.com.cn
邮政编码	100120	网上订购	http://www.hepmall.com.cn
印　　刷	北京盛通印刷股份有限公司		http://www.hepmall.com
开　　本	787mm×1092mm 1/16		http://www.hepmall.cn
印　　张	21		
字　　数	440千字	版　　次	2025年6月第1版
购书热线	010-58581118	印　　次	2025年8月第2次印刷
咨询电话	400-810-0598	定　　价	49.80元

本书如有缺页、倒页、脱页等质量问题，请到所购图书销售部门联系调换

版权所有 侵权必究

物 料 号 64926-00

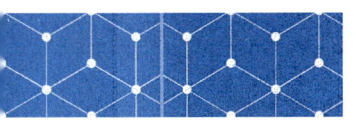

新形态教材网使用说明

人工智能应用与实践

主　编　芦碧波　张建春
副主编　雒　芬　吴　楠　唐　娴
参　编　陈艳丽　任欣云

1. 计算机访问http://abooks.hep.com.cn/188281，或手机微信扫描下方二维码进入新形态教材网。
2. 注册并登录后，计算机端进入"个人中心"，单击"绑定防伪码"，输入图书封底防伪码（20位密码，刮开涂层可见），完成课程绑定；或手机端单击"扫码"按钮，使用"扫码绑图书"功能，完成课程绑定。
3. 在"个人中心"→"我的学习"或"我的图书"中选择本书，开始学习。

受硬件限制，部分内容可能无法在手机端显示，请按照提示通过计算机访问学习。

如有使用问题，请直接在页面点击答疑图标进行咨询。

https://abooks.hep.com.cn/188281

新一代人工智能通识系列教材编委会

主　任　潘云鹤（浙江大学）

副主任　郑南宁（西安交通大学）　　高　文（北京大学）
　　　　　陈　纯（浙江大学）　　　　戴琼海（清华大学）
　　　　　郑庆华（同济大学）　　　　阳化冰（高等教育出版社）

成　员（按姓氏笔画排序）

于　剑（北京交通大学）	刘　挺（哈尔滨工业大学）
马占宇（北京邮电大学）	刘　茜（高等教育出版社）
王飞跃（中国科学院大学）	孙茂松（清华大学）
王延峰（上海交通大学）	孙凌云（浙江大学）
王　娇（国家开放大学）	杜　博（武汉大学）
文继荣（中国人民大学）	李　波（北京航空航天大学）
方勇纯（南开大学）	杨小康（上海交通大学）
古天龙（暨南大学）	杨　易（浙江大学）
卢策吾（上海交通大学）	肖　俊（浙江大学）
申恒涛（同济大学）	吴　飞（浙江大学）
成秀珍（山东大学）	吴　枫（中国科学技术大学）
吕建成（四川大学）	吴维刚（中山大学）
朱松纯（北京大学）	何钦铭（浙江大学）
刘成林（中国科学院大学）	张建国（南方科技大学）
张燕咏（中国科学技术大学）	黄河燕（北京理工大学）
范晓鹏（哈尔滨工业大学）	黄铁军（北京大学）
金耀初（西湖大学）	焦李成（西安电子科技大学）
周志华（南京大学）	曾志刚（华中科技大学）
周　杰（清华大学）	黎　铭（南京大学）
高新波（重庆邮电大学）	薛向阳（复旦大学）
黄　华（北京师范大学）	薛建儒（西安交通大学）

秘书长

吴　飞（浙江大学）　　　　　　　王　康（高等教育出版社）

孙凌云（浙江大学）

副秘书长

杨　洋（浙江大学）

况　琨（浙江大学）

丛书序

2017 年国务院印发的《新一代人工智能发展规划》指出：人工智能的迅速发展将深刻改变人类社会生活、改变世界。新一代人工智能是引领这一轮科技革命、产业变革和社会发展的战略性技术，具有溢出带动性很强的头雁效应。

科技发展的事实已经表明，重大科技问题的突破，新理论乃至新学科的创生，常常是不同学科理论交叉融合的结果。利用不同学科之间依存的内在逻辑关系，在学科之间相互渗透、交叉和综合，往往可打开科学知识生产的前沿。

类似电力等通用目的技术，人工智能也具备"至小有内，至大无外"的与各种学科交叉的潜力，无论是从人工智能角度解决科学挑战和工程难题（AI for Science，如利用人工智能预测蛋白质序列的三维空间结构），还是从科学的角度优化人工智能（Science for AI，如从统计物理规律角度优化神经网络模型），未来的重大突破将越来越多地源自这种交叉领域的工作。

当前人工智能正在改变以数据观测为核心的实验科学和以发现物理世界基本原理为核心的理论科学，人工智能参与到基础学科和工程技术的生成假设、设计实验、计算结果、解释机理过程中，重新定义对科学和工程等领域中规律探索的手段，以计算方式合理应用科学定律来系统化地解决现实中复杂问题，犹如"水与电"一样让万千普通人用它创造出善意涟漪，迸发新意迭出和价值分享的知识力量。

人工智能、教育先行、人才为本。以科技创新催生新产业、新模式、新动能，推动从人工智能到"人工智能+"的历史性跃升，形成以人工智能为引擎的新质生产力，需要大批了解人工智能、使用人工智能、创新人工智能的时代人才。

为促进人工智能人才培养，国家新一代人工智能战略咨询委员会和高等教育出版社于 2018 年 3 月成立了"新一代人工智能系列教材"编委会。"新一代人工智能系列教材" 已出版了包含人工智能基础理论、算法模型、技术系统、硬件芯片和伦理安全以及"智能+"学科交叉及实践等内容的 26 本理论技术教材和

11本实践教材，形成了衔接前沿、涵盖完整、交叉融合的，而且具有中国特色的人工智能一流教材体系。

2024年11月，高等教育出版社和国家教材建设重点研究基地（高等学校人工智能教材研究）对新一代人工智能系列教材编委会扩容，聘请我担任编委会主任，吴澄院士、郑南宁院士、高文院士、陈纯院士、戴琼海院士、郑庆华院士和阳化冰副总编辑担任编委会副主任，并联合浙江大学出版社共同面向全国高校教师组织编写"有专业高度、显学理深度、含人文温度"的"新一代人工智能通识系列教材"，开启有组织的人工智能通识教育和"人工智能+"专业人才培养教材建设的新篇章。

教材建设是国家走向一流之大计，是高质量人才自主培养体系建设之基石。我希望"新一代人工智能通识系列教材"出版能够为人工智能各类型人才培养做出应有贡献，推进教育、科技、人才"三位一体"协同融合发展。

衷心感谢编委会成员、教材作者、出版社编辑等为"新一代人工智能通识系列教材"出版所付出的时间和精力。

潘云鹤

前 言

第一次开设人工智能通识课还是在 2022 年下半年，当时笔者就坚信人工智能会成为一门通识必修课，但当时相信的人寥寥无几。然而在 2024 年，忽如一夜春风来、千树万树梨花开，人工智能通识课已经在多个直辖市和省份开课，甚至会在 2030 年之前进入中小学课堂。但对于在高校开设人工智能通识课，外界和高教业内大概有很多的疑问，这些疑问有些是源自其内心的质疑，有些是源自赞同后的关切，有些是源自思考后的疑虑。总结一下，关于人工智能通识课大概有三个基本的疑问。

① 为什么人工智能会成为一门通识必修课？

② 人工智能通识课讲什么？

③ 人工智能通识课怎么讲？

下面先讨论第一个问题，这是一个非常尖锐但又不得不回答的问题，其实这个问题包含了两个层面。第一个层面：为什么是必修课？选修课不行吗？第二个层面：为什么是人工智能而不是其他技术对应的课程成为必修课？

对于这个问题笔者思考了很久，后来发现，回答这个问题，需要跳出课程看课程、跳出教育看教育。

在人类发展几千年的漫长进程中，经历了几千年的农耕社会，然后大约在三百年前进入了工业社会，接着经历了第一次工业革命、第二次工业革命、第三次工业革命，现在刚刚进入第四次工业革命，这四次工业革命也被称为工业 1.0、工业 2.0、工业 3.0 和工业 4.0，其核心技术分别是机械、电气、信息和人工智能。工业革命的影响是深远而广泛的，就高校而言，很多高校都有对应的学院，如机械学院、电气学院、信息学院或计算机学院，甚至还有对应的通识课。很多工科毕业生都忘不了自己在金工实习课上制作的小锤子，而金工实习就是机械革命给高校带来的通识课，不妨称为工科通识课 1.0。需要指出的是，这里强调"工科通识课"，主要是为了与数学、英语、体育、思政类通识课进行区分。电工电子实验也是很多机械、电子、自动化等专业必修的课程，虽然很多文科或者理科专业不学习这些课程，但也可以称为工科通识课2.0。目前，很多高校都开设了大学计算机基础、信息技术、程序设计、计算思维等课程，这些课程源自信息技术革命，可以称为工科通识课3.0。根据这个逻辑，既然我们已经身处人工智能工业革命之中，那么人工智能通识课的开设就是水到渠成的，是当之无愧的工科通识课4.0。在这个视角之下，也就很好理解为什么很多高校开设了计算机与人工智能、计算思维与人工智能、信息技术与人工智能等课程，这些课程都属于工科通识课的3.X版本，属于过渡的课程。

下面聊一下第二个问题：人工智能讲什么？

回答这个问题并非易事，其根源在于人工智能自1956年的达特茅斯会议以来，经历了将近70年的发展，形成了庞大的知识体系，并且20世纪80年代就出版了相应的人工智能教材，开设了相关课程，中南大学蔡自兴教授的《人工智能与应用》第一版印刷于1987年。高校很多专业也开设了"人工智能导论"课程，讲述经典的人工智能理论，开设了"深度学习"课程，讲授深度神经网络等前沿技术，面向对象主要是计算机科学与技术、人工智能专业的学生。根据个人丰富的基层教学经验，专业课程教学内容，即使降低了难度、减少了内容，也不适合通识课学生，背后的原因无非两点：不需要、学不会。

先说"不需要"。通识课学生对人工智能的需求更多的是如何使用它，而不是研究其背后的理论，研究人工智能理论是人工智能、计算机等专业学生的事情。所以，通识课学生对理论学习大概是没有兴趣的。

再说"学不会"，专业学生学习"人工智能导论"和"深度学习"课程尚有难度，让通识课学生学习这些课程的确是难上加难，何况通识课学生还没有足够的学分和学时学习"程序设计""离散数学""数据结构"等基础课程。根据笔者多年的教学经验，如果在大学一年级人工智能通识课上讲代码，一行代码就会吓跑50%的学生，两行代码会吓跑剩余50%的学生，更不要提代码背后复杂的理论和算法。

那么，人工智能通识课该讲什么呢？我们不妨从人工智能的角度来看通识课学生的优势。人工智能三要素是数据、算法和算力，虽然通识课学生算法弱，但是通识课学生首先是人数多，其次是覆盖的专业多，两者结合就会发现，数据是通识课学生最大的优势：个人数据多、专业数据多、毕业之后接触的行业数据也多。

基于上述事实，本书的主导思想是，强化数据、弱化算法、协调算力。算法方面，本书坚持在少讲算法甚至不讲算法的原则下,让读者对算法有认知能力和评价能力。本书通过介绍百度 AI 能力体验中心中的算法,让读者亲手验证几十种人工智能算法;通过评价指标的介绍,让读者能够正确评价算法处理结果。

因此,本书在内容方面,根据作者讲授人工智能通识课、人工智能专业课的教学经验和人工智能研究及项目承接的经验,梳理出主流人工智能技术及其应用场景,其分布在各个章节,希望能够做到"随风潜入夜,润物细无声"。

下面讨论第三个问题:人工智能通识课怎么讲?

传统的通识课教学方式主要讲授理论,部分课程辅以实验。人工智能还是一门快速发展的学科,中国人工智能产业发展也非常迅速,涌现出了很多优秀的企业,这些企业开发了大量的人工智能平台,包括人工智能应用平台和人工智能开发平台。

为此,笔者建议借助企业开发的人工智能平台进行讲授:一方面,高校很难开发出类似的平台,当然,开发平台也不是高校的主要任务、理论研究和人才培养才是;另一方面,人工智能技术发展日新月异、更新迭代很快,只有持续跟踪企业开发的最新技术才不会落伍,才能给学生带来最新最前沿的人工智能技术。

为此,本书使用了大量企业开发的人工智能平台,这些平台大部分功能强大、使用方便。当然,我们也进行了筛选,本书使用的平台至少目前都是不收费或者有免费的使用时长或次数,若企业政策改变并向用户收费(笔者理解企业的收费行为),建议在教学中使用其他平台。考虑到这一因素,本书中很多功能的实现都介绍了多个平台,以免被某个平台所裹挟而耽误教学。

以上是笔者对于人工智能通识课若干问题的思考,思考的结果也已经应用到了本书的编写中。下面介绍一下本书的结构。

本书共分 8 章,从逻辑上可以分为"认知、应用、创新、赋能"四个模块。

① 认知模块:回答"人工智能能干什么",第 1 章主要介绍人工智能的概念、发展、要素、特点和在高等教育中的应用,第 2 章介绍人工智能助力技术、体验人工智能主流能力和人工智能前沿能力。通过这两章的学习,读者能很清晰地知道人工智能是什么、人工智能能干什么。

② 应用模块:回答"人工智能该怎么用",第 3 章主要介绍大语言模型及应用平台,讲授如何使用大模型,第 4 章讲授 AIGC 和多媒体,这里可以应用人工智能进行图像、音频、视频等多媒体的创作,让读者的学习和生活变得丰富多彩。通过这两章的学习,读者可以收获很多人工智能应用技巧,清楚该如何使用人工

智能工具。

③ 创新模块：回答"如何使用人工智能进行创新"。前面章节只是使用给定的人工智能工具和对应的能力，但这只是人工智能的一部分。第 5 章介绍 AI 智能的开发，第 6 章介绍如何使用人工智能开发平台进行模型训练。通过这两章的学习，读者可以定制化地创造自己的人工智能工具和模型，实现人工智能应用场景的创新。通过这两章的学习，读者可以深刻理解如何使用人工智能平台进行创新、人工智能模型创新和模型训练需要什么。

④ 赋能模块：回答"人工智能该如何帮助个人发展"。第 7 章充分考虑读者的学生身份和发展需求，介绍人工智能类学科竞赛，这是在读学生非常关心的问题，此外还介绍人工智能在某些行业的应用，旨在扩展学生视野、为学生未来发展指明方向。第 8 章讲授人工智能伦理，主要介绍人工智能赋能的边界和禁区，即"人工智能有能力做但不能做"的事情。

经过长期的教学经验和广泛的交流，本书有如下一些特点。

（1）门槛低、好教易学。

本书不讲授算法、理论和代码，高校各专业、各年级均可学习，且学习起来毫无压力。教师经过短期培训即可开展人工智能通识课教学，这已经在多个高校得到验证。

（2）教学内容完整而丰富。

本书教学内容完整，不仅有最近较为火热的大语言模型、文生图、文生视频、文生音乐等 AIGC 方面的内容，也有图像分类、物体检测等人工智能模型训练的内容，覆盖了多项人工智能主流技术。

（3）兼顾科学性和趣味性。

本书提供了大量操作人工智能的平台和内容，这些内容都是根据人工智能核心技术的应用场景，精选后提供给读者，读者可以体会到人工智能作为一门学科的博大精深。此外，本书设计了大量生动有趣的操作案例，可以提高学生的学习兴趣。

（4）设身处地、贴近读者。

本书从学生的角度出发，大胆摒弃了传统教材中的一些做法，只为更贴近学生的实际。如在第 1 章讲解人工智能应用时，没有采用通常的人工智能在交通、安全等领域的应用，而是讲解人工智能在高等教育领域的应用，因为这些例子与学生距离更近，而交通、安全等行业距离学生略远。又如在第 7 章专门讲解了人工智能学科竞赛，这在大部分教材中是不讲授的，但很多学生希望了解和参加学科竞赛。为此，我们专门设计了这部分的内容，不仅介绍学科竞赛，还给出了学科竞赛的参赛准备方案，为所有通识课学生的发展推开一扇新的窗户。

芦碧波撰写了本书的第 1 章，吴楠撰写了第 2 章和附录 B，张建春撰写了本书的第 3 章，并与雒芬共同撰写了第 5 章，任欣云撰写了本书的第 4 章，陈艳丽撰写了本书的第 6 章，雒芬撰写了本书的第 7 章和第 8 章，唐娴撰写了本书的附录 A。感谢赵立国、孔迪、王永茂、郑艳梅审阅了本书的各个章节。

感谢华为公司和百度公司长久以来对高校人工智能教育的支持。感谢郑州航空工业管理学院、中原工学院、郑州工商学院、商丘师范学院、常州工程职业技术学院、山东女子学院等多个高校提供的教学反馈和建议。感谢河南理工大学教务处、河南理工大学计算机科学与技术学院对人工智能通识课教学的长期支持。特别感谢河南理工大学人工智能通识课教学团队，是你们的不离不弃，我们今天才能走得这么远。

感谢参与本书所用数据集制作、数据标注、案例测试的河南理工大学计算机科学与技术学院人工智能与机器视觉实验室多名教师、研究生和其他本科生，由于人员众多，此处就不一一列出。

本书受到教育部产学合作协同育人项目（220700001152909、220900007145551）、河南省"十四五"普通高等教育规划教材建设项目、河南省哲学社会科学教育强省研究项目（2025JYQS0246）、河南省高等教育研究项目（2021SXHLX161）的资助和支持，在此一并致谢。

在计算机和人工智能领域，有一句话叫"不要重复造轮子"，这句话默认的含义是计算机和人工智能专业培养的是造轮子的人，而其他专业培养的是用轮子的人。只有有人用轮子，造轮子的人才能生存。所以，从某种意义上讲，人工智能通识课是在培养未来人工智能产品开发的需求发起方。希望本书的出版不仅能够做好当下的"X+AI"人才培养，更希望使得这些"X+AI"型人才能够持续丰富人工智能的应用领域、挖掘更多的人工智能应用场景，为人工智能产业发展、人工智能生态繁荣贡献自己的力量，积沙成塔、汇溪成河！

考虑到人工智能技术在不断更新和发展，对应的教学内容、教学平台、教学案例等也会随之更新，读者在使用当中也会遇到各种各样的问题。为此请读者和教师关注公众号：人工智能通识教育。作者将会通过公众号为大家提供更好、更全面、更实时的服务，特别是教学案例、实验指导和学科竞赛等多方面的最新信息。

本书为新形态教材，配套资源丰富，包括教学课件、电子教案、微视频、案例素材和拓展阅读等，可在高等教育出版社数字课程网站下载。

限于作者水平和仓促的编写时间，书中难免出现纰漏，希望大家不吝赐教，发送邮件到 lubibo@hpu.edu.cn 或在公众号留言，以督促作者不断进行改进。

作　者

2025 年 1 月

目 录

第 1 章　人工智能概论　　／1

1.1　人工智能概念 ··· 1
　　1.1.1　人工智能定义 ·· 1
　　1.1.2　四次工业革命 ·· 2
1.2　人工智能发展 ··· 3
　　1.2.1　人工智能的起源：图灵测试 ··· 3
　　1.2.2　人工智能发展阶段 ··· 3
　　1.2.3　人工智能三大流派 ··· 5
　　1.2.4　近年国际人工智能发展标志事件 ··· 6
　　1.2.5　中国人工智能发展重要事件 ··· 7
1.3　人工智能要素 ··· 8
　　1.3.1　数据 ·· 8
　　1.3.2　算法 ·· 9
　　1.3.3　算力 ·· 10
1.4　人工智能模型训练与基础设施 ··· 10
　　1.4.1　人工智能模型训练 ··· 10
　　1.4.2　人工智能模型评价 ··· 12
　　1.4.3　人工智能基础设施 ··· 14
1.5　人工智能技术特点与"人工智能＋高等教育" ··· 15
　　1.5.1　人工智能技术特点 ··· 15
　　1.5.2　人工智能在高等教育领域的应用 ··· 15
本章小结 ··· 19
习题 ··· 19

第 2 章　人工智能能力认知　　/ 21

- 2.1　人工智能典型应用技术 ……………………………………………… 21
  - 2.1.1　机器视觉 …………………………………………………… 22
  - 2.1.2　语音处理 …………………………………………………… 23
  - 2.1.3　自然语言处理 ……………………………………………… 23
- 2.2　现阶段 AI 能力认知 …………………………………………………… 23
  - 2.2.1　图像识别 …………………………………………………… 25
  - 2.2.2　图像增强与特效 …………………………………………… 27
  - 2.2.3　人脸与人体识别 …………………………………………… 29
  - 2.2.4　语音技术 …………………………………………………… 40
  - 2.2.5　语言理解 …………………………………………………… 44
  - 2.2.6　语言生成 …………………………………………………… 48
  - 2.2.7　通用文字识别 ……………………………………………… 49
  - 2.2.8　卡证文字识别 ……………………………………………… 54
  - 2.2.9　交通文字识别 ……………………………………………… 58
  - 2.2.10　票据文字识别 ……………………………………………… 62
  - 2.2.11　其他文字识别 ……………………………………………… 66
- 2.3　人工智能前沿能力 …………………………………………………… 67
  - 2.3.1　自动驾驶 …………………………………………………… 67
  - 2.3.2　科学研究范式与 AI for Science …………………………… 68
  - 2.3.3　通用人工智能 ……………………………………………… 69
  - 2.3.4　具身智能 …………………………………………………… 70
- 本章小结 ……………………………………………………………………… 70
- 习题 …………………………………………………………………………… 71

第 3 章　大语言模型与应用　　/ 73

- 3.1　背景介绍 ……………………………………………………………… 73
- 3.2　大语言模型概论 ……………………………………………………… 74
  - 3.2.1　语言模型的发展历程 ……………………………………… 74
  - 3.2.2　大语言模型的特点 ………………………………………… 75

- 3.3 大语言模型的应用 ··· 75
  - 3.3.1 大语言模型相关的术语 ··· 75
  - 3.3.2 国内主流大语言模型平台 ·· 76
  - 3.3.3 大模型应用典型案例 ··· 99
- 3.4 提示词工程 ·· 112
  - 3.4.1 提示词工程概论 ·· 112
  - 3.4.2 提示词设计的原则、要素与流程 ······························ 113
  - 3.4.3 提示词设计策略 ·· 115
  - 3.4.4 提示词工程实战 ·· 118
- 本章小结 ··· 133
- 习题 ·· 134

第 4 章　AIGC 与多媒体　　　　　　　　　　　　　　　 / 135

- 4.1 AIGC 概述 ·· 135
  - 4.1.1 AIGC 定义 ··· 135
  - 4.1.2 AIGC 的发展历程 ·· 136
  - 4.1.3 多模态大模型 ·· 137
- 4.2 多媒体创作 ·· 138
  - 4.2.1 AI 图像生成 ··· 139
  - 4.2.2 AI 视频生成 ··· 143
  - 4.2.3 AI 音乐生成 ··· 155
  - 4.2.4 AIGC 综合案例 ··· 161
- 4.3 AIGC 在其他领域的应用 ·· 166
  - 4.3.1 数字人生成 ·· 166
  - 4.3.2 画布 ·· 168
  - 4.3.3 代码小浣熊 ·· 171
  - 4.3.4 彩页制作 ··· 171
  - 4.3.5 3D 生成 ··· 174
- 本章小结 ··· 176
- 习题 ·· 177

第 5 章　智能体开发与应用　　　　　　　　　　　　　　　　　　　　　/ 179

5.1　智能体概述 ··· 179
5.2　智能体的技术特点与典型开发平台 ······································· 182
　　5.2.1　技术优势与特点 ··· 182
　　5.2.2　应用前景 ··· 184
　　5.2.3　国内常见的智能体平台 ·· 185
5.3　智能体案例体验 ··· 188
　　5.3.1　Python 课程学习助手 ·· 188
　　5.3.2　一位赏景作诗之人 ·· 193
5.4　智能体零代码开发 ·· 195
　　5.4.1　基本开发流程 ··· 196
　　5.4.2　开发实例介绍 ··· 196
本章小结 ·· 215
习题 ·· 215

第 6 章　人工智能模型与开发　　　　　　　　　　　　　　　　　　　　/ 217

6.1　人工智能模型开发方式 ··· 217
　　6.1.1　零代码人工智能开发 ··· 218
　　6.1.2　交互式人工智能开发 ··· 219
　　6.1.3　低代码人工智能开发 ··· 219
　　6.1.4　纯代码人工智能开发 ··· 220
6.2　交互式图像分类模型开发 ·· 221
　　6.2.1　图像分类处理流程 ·· 221
　　6.2.2　基于 PaddleX 的图像分类模型训练 ····························· 222
6.3　交互式物体检测模型开发 ·· 236
　　6.3.1　物体检测 ··· 236
　　6.3.2　基于 PaddleX 的物体检测模型训练 ····························· 237
本章小结 ·· 246
习题 ·· 246

第 7 章　人工智能赋能学生发展　　/ 249

- 7.1 人工智能学科竞赛……………………………………………………249
  - 7.1.1 《全国普通高校大学生竞赛分析报告》竞赛目录………… 249
  - 7.1.2 人工智能专项学科竞赛………………………………… 253
  - 7.1.3 综合类学科竞赛中的人工智能赛项 …………………… 254
  - 7.1.4 新兴人工智能比赛 ……………………………………… 255
  - 7.1.5 创新创意类人工智能比赛准备 ………………………… 257
- 7.2 AI+ 赋能行业应用典型案例……………………………………………258
  - 7.2.1 盘古大模型 ……………………………………………… 258
  - 7.2.2 数字文博大平台 ………………………………………… 259
- 本章小结…………………………………………………………………… 261
- 习题………………………………………………………………………… 262

第 8 章　人工智能伦理　　/ 263

- 8.1 人工智能伦理概述………………………………………………………263
  - 8.1.1 人工智能伦理概述……………………………………… 263
  - 8.1.2 伦理、道德与法律的关系 ……………………………… 265
  - 8.1.3 伦理困境与道德责任 …………………………………… 266
  - 8.1.4 人工智能伦理要求 ……………………………………… 267
- 8.2 人工智能伦理挑战………………………………………………………269
  - 8.2.1 人工智能数据相关的伦理挑战 ………………………… 270
  - 8.2.2 人工智能算法相关的伦理挑战 ………………………… 272
  - 8.2.3 人工智能应用相关的伦理挑战 ………………………… 275
  - 8.2.4 人工智能伦理风险应对 ………………………………… 277
- 8.3 人工智能伦理治理………………………………………………………280
  - 8.3.1 人工智能治理概述 ……………………………………… 280
  - 8.3.2 人工智能治理原则 ………………………………………281
  - 8.3.3 人工智能伦理治理政策 …………………………………281
- 本章小结…………………………………………………………………… 284
- 习题………………………………………………………………………… 285

附录 A 物体检测图像标注 / 287

A.1　图像标注工具——labelImg …………………………………………287
A.2　使用 labelImg 标注物体检测数据 …………………………………288

附录 B ModelArts 自动学习的图像分类 / 295

B.1　创建桶 ……………………………………………………………………296
B.2　创建数据集 ………………………………………………………………301
B.3　创建项目 …………………………………………………………………302
B.4　数据标注 …………………………………………………………………303
B.5　模型训练 …………………………………………………………………306
B.6　模型部署 …………………………………………………………………307

参考文献 / 311

第 1 章

人工智能概论

教学课件：
第1章 人工智能概论

电子教案：
第1章 人工智能概论

1.1 人工智能概念

1.1.1 人工智能定义

人工智能（artificial intelligence，AI），意为"人工的智能"。在给出具体的人工智能定义之前，不妨先了解一下与人工智能相对的另外一种智能：自然智能（natural intelligence，NI）。自然智能是生物系统中的人类、动物和植物等生命体所拥有的智能，如人类可以思考、婴儿生下来就会哭、鸟儿会飞、鱼儿会游泳、植物能进行光合作用，这些能力是生命体经历了长期演化和升级得到的能力。

人类惊叹于大自然的种种非凡能力，一个很自然的想法就是希望能制造出类似的机器和设备，并模拟甚至超越某种自然智能对应的能力。1903年，美国人莱特兄弟制造的飞机试飞成功，实现了人类对鸟类飞行能力的模仿，完成了人类翱翔天空的梦想，极大地扩展了人类的出行距离，并且随着技术的不断进步，飞机在飞行速度、飞行高度和飞行距离上都远超鸟类。飞机的发明是仿生学研究的成果，仿生学主要研究生物体的结构、功能和工作原理，受启发后设计出新的设备和工具。

人工智能是指通过计算机等系统或设备模拟人类智能的能力，使其能够执行通常需要人类智力的任务，如学习、推理、问题解决、理解自然语言、感知和决策等。虽然看起来都是模仿，但人工智能与仿生学还是有些不同，人工智能模拟的是人脑的识别、分析、决策等功能，而计算机或其他形式的机器是能力模拟所必须依赖的物理载体。

在过去的几十年里，人工智能在理论研究和应用方面已经取得了丰硕的成果，并且仍然在快速发展中。人工智能技术的迅速发展将深刻改变人类学习、生活、生产的方式，并且带来整个社会全方位的变革。在人类发展的历史上，曾经发生过四次类似的大变革，我们称之为工业革命。

1.1.2 四次工业革命

工业革命是人类社会发展过程中的重要里程碑，每一次工业革命都带来了显著的技术创新和深远的社会变革。

第一次工业革命是机械革命，主要发生在 18 世纪 60 年代到 19 世纪 40 年代之间。机械革命以蒸汽机的发明和广泛应用为主要标志，开创了以机器代替手工劳动的时代，机械化生产逐渐取代了传统的手工业，极大地提高了生产效率，导致了大规模工厂的出现。随着机械革命的发展，在交通领域出现了铁路和蒸汽船，显著缩短了运送时间，促进了经济的全球化和城市化进程。

第二次工业革命是电气革命，主要发生在 19 世纪 60 年代后期到 20 世纪初之间。电气革命的典型特征是电力的普及和内燃机的应用。电力不仅改善了生产工艺，提升了劳动生产率，还使得家庭和城市的生活方式发生了巨大变化。在交通领域出现了电力机车，使用电动机而不是蒸汽机或内燃机驱动车辆前行。

第三次工业革命是信息技术革命，发生在 20 世纪四五十年代到 20 世纪末，其标志是信息技术和原子能的广泛应用。在此期间，电子设备和计算机的广泛应用使得信息的处理和传播变得更加高效，自动化技术提高了工业流程的灵活性和效率。同时，数字化技术和互联网技术的出现，深刻影响了人们的沟通与社交方式，极大提升了信息传播的速度。

第四次工业革命是自 21 世纪初开始的人工智能革命，其核心是人工智能技术，同时也深度融合了机器人、物联网、新能源、智能制造等一系列新技术。

每次工业革命会和之前工业革命的技术融合，产生新的产品和功能。如目前市面上常见的机器人，融合了第一次工业革命的机械制造、第二次工业革命的电力供应、第三次工业革命的信息传输，再加上第四次工业革命的人工智能技术，可以实现观察、识别、分析、决策和运动控制功能，从而实现对人类多种能力的综合模拟。

汽车的结构和功能也随着工业革命关键技术的发展不断演进。汽车最初的发展主要集中在机械制造方面，1885 年卡尔·本茨发明的三轮汽油内燃机汽车主要由发动机、底盘和车身等基本部分组成，发动机是机械制造的核心。随着电气革命时代的到来，汽车开始装备更多的电气设备：汽车上开始出现收音机等简单的电子设备，为驾驶者提供了一定的娱乐功能；在汽车的控制系统方面，发电机和起动机成为汽车的标准配置并实现了车辆的电启动，取代了早期的手摇启动方式，大大方便了用户使用。第三次工业革命带来了数字化、信息化和网络化的技术，为汽车增加了许多新的功能，如卫星定位、地图导航等。虽然第四次工业革命刚刚起步，但多项人工智能和大数据技术已经极大丰富了汽车的功能，如驾驶员可以使用语音控制车窗升降/空调启停，地图导航可以智能提醒驾驶员前方红绿灯时间。未来的人工智能技术可以实现汽车的自动驾驶，并作为"人—车—路—网"中的重要组成部分融入智能交通体系。

1.2 人工智能发展

1.2.1 人工智能的起源：图灵测试

图灵测试（Turing test）是由艾伦·图灵在1950年提出的一个关于判断机器是否具有智能的著名试验。在该测试中，所有参与测试者或机器都会被分开在不同房间。测试者与另一个被测试者及一台机器通过键盘进行交流。测试者通过问答来判断哪一个是真人，哪一个是机器。如果测试者无法区分哪个是机器哪个是真人，那就说这个机器通过了图灵测试。这个测试旨在探究机器能否模拟出与人类相似或无法区分的智能，至今仍被用于评估机器是否具有人类水平智能的标准，该测试也为人工智能的未来研究奠定了理论基础。

图灵因其在人工智能领域的卓越贡献，被称为"人工智能之父"。美国计算机协会（ACM）于1966年设立了图灵奖，专门奖励对计算机事业做出重要贡献的个人。图灵奖是计算机领域的国际最高奖项，被称为"计算机界的诺贝尔奖"。2021年7月，英国的中央银行英格兰银行宣布，图灵将成为英国50英镑纸币的票面人物，以表彰艾伦·图灵在人工智能等方面做出的贡献，而之前英国流通的50英镑纸币的背面人物是开启第一次工业发明和推广蒸汽机的詹姆斯·瓦特和马修·博尔顿。

1.2.2 人工智能发展阶段

人工智能的发展历程并非一路顺风，而是经历了漫长而曲折的演变过程。为了更清晰地呈现这一复杂的发展过程，可以将人工智能的历程划分为以下六个主要阶段。

1. 起步发展期：1956年~20世纪60年代初

1956年，约翰·麦卡锡、马文·闵斯基、克劳德·香农等学者在美国汉诺斯小镇召开了达特茅斯会议，共同讨论机器模拟智能的一系列问题，这次会议的召开标志着人工智能的诞生。人工智能概念提出后，相继取得了一批突破性的研究成果，如机器定理证明、跳棋程序等，掀起了人工智能发展的第一个高潮。

2. 反思发展期：20世纪60年代~70年代初期

人工智能发展初期的突破性进展激发了人们对人工智能的期望，人们开始尝试更具挑战性的任务。但研发结果并不能令人满意，这使得人工智能的发展走入第一个低谷。一些难以解决的问题暴露出来，如自然语言理解、机器翻译、常识推理等。如1974年，哈佛大学沃伯斯（Paul Werbos）博士论文里，首次提出了通过误差的反向传播（BP）来训练人工神经网络，但在该时期未引起重视。

3. 应用发展期：20世纪70年代初~80年代中期

20世纪70年代出现的专家系统模拟人类专家的知识和经验解决某个特定领域的问题，实现了人工智能从理论研究走向实际应用、从一般推理策略探讨转向运用专门知识的重大突破。斯坦福大学开发的DENDRAL系统，其目的是对火星土壤进行化学分析，这也是早期知名的专家系统。之后斯坦福大学开发的MYCIN专家系统则用于传染性血液病的研究，该系统成为后来专家系统的重要典范之一。专家系统在医疗、化学、地质等领域取得成功，推动了人工智能走向实用化。

4. 低迷发展期：20世纪80年代中期~90年代中期

随着人工智能应用规模的扩大，专家系统存在的局限性逐渐显现，如知识获取困难、推理方法单一、缺乏学习能力等。同时，日本政府启动了第五代计算机计划，试图建立一个基于逻辑推理的通用人工智能系统，但最终以失败告终。这导致了人工智能的第二次低谷。

5. 稳步发展期：20世纪90年代中期~21世纪初期

互联网技术的发展，加速了信息技术和数据资源的积累，为人工智能提供了新的动力和平台。在这一时期，出现了一些标志性的事件和成果，如IBM深蓝超级计算机战胜国际象棋世界冠军卡斯帕罗夫、IBM提出"智慧地球"的概念等。杨立昆（Yann LeCun）提出了LeNet5卷积神经网络模型并用于手写字体识别，其结构被后来的网络广泛借鉴。

6. 蓬勃发展期：21世纪初期至今

2006年，杰弗里·辛顿在世界顶级学术期刊Science上发表了一篇文章，首次提出了深度学习的概念。2012年，杰弗里·辛顿和他的学生阿莱克斯设计的深度学习模型AlexNet在ImageNet图像识别大赛中夺冠，引起了广泛关注。2016年，基于深度学习技术开发的AlphaGo以4：1的比分战胜国际顶尖围棋高手李世石，不仅改变了大众对人工智能的认识，也激发了更广泛的社会关注。近年来，以深度神经网络为核心的人工智能技术迅猛发展，在图像识别、语音识别、自然语言处理、人机互动以及无人驾驶等多个领域取得了显著突破,掀起了人工智能的新一轮热潮。

1.2.3 人工智能三大流派

人工智能在长期发展中演化出了不同的流派,大体上可以分为符号主义、连接主义和行为主义。

符号主义,又称逻辑主义或认知主义,是人工智能的先驱流派,它认为人工智能源于数理逻辑。符号主义认为人类认知和思维的基本单元是符号,智能是符号的表征和运算过程,计算机也是一个物理符号系统,因此可以将智能形式化为符号、知识、规则和算法,并用计算机实现这些表征和计算,以模拟人的智能行为,其代表性成果包括专家系统、知识工程等。此外,符号主义还在数学定理证明领域取得了显著成果。符号主义的代表人物包括约翰·麦卡锡和艾伦·纽厄尔,特别是麦卡锡提出的"人工智能 = 计算 + 逻辑"的观点,对后来的人工智能发展产生了深远影响。

连接主义,又称仿生学派或神经网络学派,该流派受到人脑神经元网络的启发,认为智能源于大量简单单元(类似神经元)的相互连接和互动。连接主义者认为使用人工神经网络可以模仿人脑学习识别物体的过程,通过调整网络中的权重,让网络能够学习和识别模式。由神经元连接而成的神经网络是目前深度学习算法的基本架构,深度学习通过构建深层神经网络,能够自动提取特征并进行分类,取得了显著的成果。连接主义的代表人物包括弗兰克·罗森布拉特和杰弗里·辛顿。其中,罗森布拉特提出了感知机模型,为神经网络的发展奠定了基础;而辛顿则通过反向传播算法解决了多层神经网络的学习问题,推动了深度学习的兴起,在语音识别、图像识别等领域取得了巨大成功。

行为主义,又称进化主义或控制论学派,该流派关注智能体如何通过与环境的交互来学习和适应。行为主义者认为,智能的本质在于能够根据环境反馈调整行为,通过构建能够与环境进行交互的智能体,让智能体在不断尝试和错误中学习,并根据结果调整行动策略。行为主义的例子包括机器人在未知环境中寻找目标,机器人通过感知环境、制定行动策略并执行行动,然后根据环境的反馈调整策略,最终找到目标。行为主义的代表人物包括罗德尼·布鲁克斯和恩斯特·迈岳,他们的工作推动了智能体与环境交互的研究,不仅推动了人工智能技术的发展,也为自动驾驶、机器人控制等前沿领域的应用提供了有力的技术支撑。

人工智能三大流派各有优劣,符号主义擅长逻辑推理和问题解决,连接主义在模式识别和自动学习方面表现出色,而行为主义则强调智能体的适应性和学习能力。从数据的角度来看,符号主义原则上不需要数据,而连接主义和行为主义依赖大量的数据进行训练。

1.2.4 近年国际人工智能发展标志事件

1. AlphaGo

AlphaGo 是由 Google DeepMind 开发的一款围棋人工智能程序。围棋是一种古老的策略游戏，因其复杂的规则和巨大的搜索空间，长期以来被视为人工智能难以攻克的难题。AlphaGo 的设计结合了深度学习和强化学习技术，在围棋比赛中展现出超人的水平。2016 年 3 月，AlphaGo 与韩国围棋九段职业棋手李世石进行了一场五番棋比赛，最终以 4∶1 的总比分获胜。AlphaGo 的成功不仅是人工智能在围棋领域取得的历史性突破，更重要的是它展示了人工智能技术的巨大潜力和广泛应用前景。因此，该事件吸引了全社会的目光，社会各界开始关注人工智能技术的飞速发展。

2. ChatGPT

ChatGPT（chat generative pre-trained transformer）是 OpenAI 公司研发的一款聊天机器人程序，于 2022 年 11 月 30 日发布。ChatGPT 是人工智能技术驱动的自然语言处理工具，它能够基于在预训练阶段所见的模式和统计规律来生成回答，还能根据聊天的上下文进行互动，真正像人类一样来聊天交流。ChatGPT 强大的自然语言处理能力和多模态转化能力使之可用于多个场景和领域，它可用来开发聊天机器人，编写和调试计算机程序，撰写邮件，进行媒体、文学相关领域的创作，包括创作音乐、视频脚本、文案、童话故事、诗歌和歌词等。它还可以用作自动客服、语音识别、机器翻译、情感分析、信息检索等。

3. Sora

Sora 是美国人工智能研究公司 OpenAI 于 2024 年 2 月发布的人工智能文生视频大模型。Sora 可以根据用户的文本提示创建最长 60 秒的逼真视频，该模型了解这些物体在物理世界中的存在方式，可以深度模拟真实物理世界，能生成具有多个角色、包含特定运动的复杂场景。Sora 还具备根据静态图像生成视频的能力，能够让图像内容动起来，并使得生成的视频更加生动逼真，这些功能在动画制作、广告设计、视频编辑、电影特效等领域都具有很好的应用前景。

4. 人工智能相关研究者获得诺贝尔奖

作为全球最重磅的科技奖项之一，诺贝尔奖是科学界和工程界最高荣誉的象征。获得诺贝尔奖的研究成果和创新理念会被广泛传播和应用，对后续的科学研究和技术发展产生深远的影响。因"用于通过人工神经网络实现机器学习的基础性发现和发明"，约翰·霍普菲尔德和杰弗里·辛顿获得了 2024 年诺贝尔物理学奖。2024 年诺贝尔化学奖颁发给了三位研究者：戴维·贝克、德米斯·哈萨比斯、约翰·江珀，其中德米斯·哈萨比斯和约翰·江珀因为在"蛋白质结构预测"方面成就斐然而获奖，他们开发的人工智能模型 AlphaFold2 能够准确预测蛋白质的三维结构，解决了生物学领域一个长期存在的难题，为生命科学的发展和相关药物的研发提供了重要支持。

人工智能相关研究人员在同一年获得诺贝尔物理学奖和化学奖，一方面是对获奖者卓越研究工作的表彰，另一方面也展示了人工智能在科学研究领域的广阔潜力。

1.2.5 中国人工智能发展重要事件

1. 吴文俊提出几何定理机器证明的吴方法

使用机器证明数学定理是早期人工智能研究的重要领域之一。在此方面，我国杰出的科学家吴文俊成功地将中国传统数学思想融入初等几何定理的判定过程中，创新性地提出了平面几何及微分几何的判定方法，这一方法被学术界尊称为"吴文俊消元法"或简称"吴方法"。2019 年，吴文俊因其卓越贡献荣获国家"人民科学家"的崇高荣誉，并在 2001 年 2 月获得 2000 年度国家最高科学技术奖。此外，为表彰吴文俊在中国人工智能领域所取得的杰出成就，以其名字命名设立了"吴文俊人工智能科学技术奖"，这也是中国智能科学技术领域的最高奖项。

2. 中国的"达特茅斯会议"

1979 年 7 月 23 日到 30 日，中国电子学会下属的计算机学会（中国计算机学会的前身）在吉林大学召开了"计算机科学暑期研讨会"，吉林大学王湘浩院士担任会议领导小组组长。人工智能是此次会议最重要的一个方向，会议的召开有力地推动了国内人工智能研究的发展，这次会议也被称为中国的"达特茅斯会议"。

3. 文心一言

文心一言是百度公司研发的首个国产大语言模型，于 2023 年 3 月 16 日发布。文心一言结合了知识增强和语义理解技术，融合了百度搜索引擎的海量数据，知识覆盖面广泛。文心一言的发布，标志着国产大语言模型进入快速发展阶段，掀起了国产大语言模型的研发热潮。

4. DeepSeek

2024 年 12 月 26 日，人工智能公司深度求索（DeepSeek）发布 DeepSeek-V3 版本的大语言模型。该模型以其训练成本低、性能优异且开源的特点迅速成为业界乃至整个社会关注的焦点。DeepSeek-V3 被广泛应用于商业、科研和教育等多个领域，为国内人工智能产业发展和人工智能生态建设注入了新的活力。

1.3 人工智能要素

人工智能在 21 世纪进入了快速发展阶段,其发展依赖于三个核心要素:数据、算法、算力。这三个要素相互依赖、相互促进,共同推动了人工智能的发展。没有足够的数据,人工智能就无法学习;没有先进的算法,数据的价值就无法被充分挖掘;而没有强大的计算能力,算法的运算就无法在合理的时间内完成。

1.3.1 数据

数据是人工智能的基础,也是人工智能的燃料,大量、完整、具有代表性的高质量数据用于训练模型,使其具备识别模式、进行预测和决策的能力,数据的多样性和准确性直接影响到 AI 系统的性能。数据相关的处理步骤包括数据采集、数据清洗、数据标注、数据增强等。

ImageNet 是一个大规模视觉数据库,该项目始于 2007 年,由斯坦福大学李飞飞教授领导并于 2009 年在计算机视觉与模式识别会议(CVPR)上发布。ImageNet 包含超过 1 400 万张、超过 22 000 个类别的图像,覆盖了生活中的大部分场景和物体,被广泛用于图像分类、目标检测、图像分割等多种图像识别任务。自 2010 年以来,ImageNet 每年举办一次比赛,即 ImageNet 大规模视觉识别挑战赛(ILSVRC),极大地推动了图像识别技术的发展。

在使用数据训练模型时,一般需要把数据集划分为训练集、验证集和测试集。

(1)训练集

在模型训练过程中,训练集用于训练神经网络模型,通过不断地学习数据特征,更新网络模型参数。

(2)验证集

验证集用于检验模型的效果。若模型验证效果良好,在验证集上的各项指标均满足要求,后面需要继续用测试集进行模型评估。

(3)测试集

测试集用来评价模型的泛化能力(generalization ability)。泛化的英文为 generalization,意为"推广、一般化"。因此,泛化能力指的是训练得到的算法是否具有推广能力和对新问题的适应能力,即模型在训练集和验证集上学习到的能力能否很好地推广到新的数据集 – 测试集上。若在测试集上的识别率较高,则表明模型的泛化能力较强;若在训练集上识别率较好但测试集上的识别率较低,则需要调整训练策略;若在训练集和测试集上表现均不佳,表明模型欠拟合[1]。

1.3 人工智能要素

下面讨论训练集、验证集和测试集三者的关系。首先，三个集合中的数据应该具有某种一致性，即数据的关键属性、数据特征和应用场景等情况是一致的。其次，训练前无法拿到测试集，因此测试集在训练过程中是不可见的，原因在于人工智能应用中的数据是未知的。最后，需要将训练之前拿到的数据进行合理划分，划分为不重叠的训练集、验证集和测试集。通常采用随机选取的方式划分训练集、验证集和测试集，常见的数据比例为 8∶1∶1 或者 7∶2∶1，也可以根据实际情况设定。

关于三个集合的关系有一个形象的比喻，若将训练集比喻为课堂练习题，那么验证集是家庭作业题，测试集是期末考试题，如图 1.1 所示。学生通过长时间学习课程获得知识和能力，然后通过课后作业检验学生学习效果，最后通过考试检验学生学习水平。通常课后作业和课堂教学内容不一样但紧密相关，考试的题目应该是平时没有见过的。此外，考试题目应该与课堂教学和课后作业的难度、知识点基本一致，否则就超纲了。

微视频 1-1：数据集划分

| 训练集 | 验证集 | 测试集 |
| 课堂练习题 | 家庭作业题 | 期末考试题 |

图 1.1 数据集划分和学生学习中各类题目的对应关系

1.3.2 算法

算法是人工智能的核心，也是人工智能的大脑，算法可以从数据中快速提取有价值的信息和特征，实现各种智能任务并进行决策。算法的优化是提升人工智能能力的关键。从数据是否标注的角度出发，人工智能中的算法可以分为监督算法、无监督算法和半监督算法。

监督算法利用带有标签的训练数据，学习输入与输出之间的映射关系，实现对新数据的预测。典型代表有支持向量机（SVM）、决策树、神经网络和线性回归等。这些算法在分类、回归等任务中表现出色，广泛应用于医疗诊断、信用评分等领域。目前主流技术是利用深度神经网络模型进行模型训练，模型需要训练确定大量的参数。

无监督算法则处理没有标签的数据，试图从数据中找到模式、结构或关系。常见算法包括 K 均值聚类、主成分分析（PCA）、自编码器等。无监督学习通常用于聚类、降维和密度估计等任务，在图像识别、市场细分等方面有广泛应用。

半监督算法介于监督和无监督之间，它使用同时包含带有标签和没有标签的数据的混合数据集进行训练。代表算法有自训练、深度生成模型（如 GAN）和标签传播等。半监督学习在部分数据有标签的情况下进行训练，能够充分利用现实世界中的数据，提高模型的泛化能力。

1.3.3 算力

算力即计算能力，指的是执行算法所需的硬件资源。算力不仅是数字经济的底座，也是人工智能的引擎，它代表了计算资源的处理能力，常见的算力设备包括 CPU（中央处理器，central processing unit）、GPU（图形处理器，graphics processing unit）等。强大的算力能够支持复杂模型的训练，大幅度降低模型训练所需要的时间。

根据任务类型不同，算力分为通用算力、超算算力和人工智能算力三种。

① 通用算力是指 CPU 提供的基础计算能力，适用于处理各种常规任务。

② 超算算力则是由超算中心提供的算力，主要用于航天、国防、石油勘探、气候建模及行星模拟、药物分子设计、基因分析等尖端科学领域。超算中心是基于超级计算机或大规模计算集群的数据中心，提供大规模计算、存储和网络服务等功能。截至 2024 年，科学技术部批准建立的国家超级计算中心共有 14 所，分别是国家超级计算北京中心、上海中心、广州中心、天津中心、济南中心、深圳中心、长沙中心、太原中心、无锡中心、成都中心、武汉中心、青岛中心、昆山中心、郑州中心。

③ 人工智能算力指的是面向人工智能算法模型训练、推理与运行服务的计算能力，强大的算力可以极大加速模型训练速度和推理能力。

若算力设备部署在用户本地，可以实现快速计算、保证实时性，并且可以保护数据安全和隐私。与本地算力对应的是云算力，"云"是对计算机集群和基础设施的一种形象比喻，一个计算机集群包括上万台或者十几万台主机，好像飘浮在天上的云团。虽然使用云算力需要将数据传输到云端，但云算力可以按需使用，避免了本地算力设备长期闲置，普通用户不需要购买昂贵的算力设备，也不需要专人进行维护，因此云算力使用起来更加灵活。

云主机是一种整合了计算、存储与网络资源的信息技术基础设施，能提供基于云计算模式的按需使用和服务器租用服务。用户可以通过 Web 界面进行登录和操作，部署所需的服务器和开发环境。

1.4 人工智能模型训练与基础设施

1.4.1 人工智能模型训练

前面虽然提到了人工智能三要素，但是初学者对于人工智能如何训练还不能完全理解。下面通过一个很多人在生活中都玩过的猜体重游戏，来说明有监督人工智能算法训练过程，并介绍一些基本术语。

在猜体重游戏中，一般通过查看一个人的体型估计他的年龄，根据其性别大概猜出其体重。但若想准确猜出一个人的体重，甚至面对成百上千个人的时候，依然能够较为准确地猜出他们的体重，我们需要考虑的是估计体重建立一个含参数的计算公式（此时参数值未确定），然后利用很多人的体重数据（和体重相关的其他数据）确定公式中的各个参数，若对很多人验证之后发现公式基本正确，就可以用这个参数完全确定的公式去猜下一个人的体重了。在上述过程中，建立公式的过程称之为建模，确定公式中未知参数的值的过程称之为训练，使用这个参数完全确定的公式去预测下一个人的体重即为预测。下面继续以体重预测为例，分别介绍建模、训练和预测。

1. 建模

影响体重的因素很多，如性别、年龄、身高、体型等。为方便起见，我们暂时忽略其他因素，假设一个人的体重与其站立情况下的身高、宽度、厚度有关，其中宽度指的是两肩自然垂立时的水平距离，厚度指的是前胸和后背之间的距离。为书写方便，记体重为 y、身高为 x1、宽度为 x2、厚度为 x3。又假设体重与身高、宽度、厚度之间为线性关系，对体重的影响分别为 w1、w2 和 w3，则可以建立如下的数学模型：

$$y = w1 \times x1 + w2 \times x2 + w3 \times x3$$

2. 训练

微视频 1-2：
人工智能模型
训练过程

建模之后就可以开始进行训练。请注意在模型训练时，对于某个人而言，应假设其体重 y、身高 x1、宽度 x2 和厚度 x3 都是已知的，权重参数 w1、w2 和 w3 是未知的，训练过程就是要确定权重这个参数。在训练过程中，每个人都是一个样本，其体重及身高、宽度、厚度等信息被称为样本的数据。

由于上式中有 3 个未知数，因此至少需要 3 个人的体重及其相关信息上述方程才有解。但在实际中，可能需要更多数量的人员及其体重信息，比如有 100 个样本的数据信息。需要特别提醒注意的是，我们的目标是保证猜 100 个人的体重都比较准，而不是猜三四个人的体重很准、其余人的体重不准，因此不能完全从解方程的角度来求解上述问题。

下面简述训练过程：首先根据经验或随机给出权重值，这个方式称为参数初始化。然后将初始化后的参数代入公式，分别乘以多个样本数据的身高、宽度和厚度，就可以估计出每个样本的体重。由于权重不够精确，因此每个样本的体重估计值与真实值之间必然存在误差，然后计算多个样本的总误差，通过极小化误差的方式来调整权重参数。第一次调整之后得到新的参数值，然后继续根据新参数值猜测体重。通常情况下第二次猜测的体重值也是不准确的，因此需要不断迭代、重复上述过程，直至误差较小或达到了设定的迭代次数即可停止，上述过程即为模型训练过程。

由于参数并非一开始就是正确的，而是根据样本数据不断动态调整，当达到较为准确的值才将其确定下来，参数也经历了从不准确到基本准确的演变，通常把上述过程称为参数的学习过程。

3. 预测

训练结束后，对应的参数也随之确定下来。当来了一个新样本需要预测时，将其身高、宽度、厚度数据代入公式，即可估计出其体重，这个过程称之为预测。

图 1.2 给出了上述过程抽象之后的示意图，从中也可以更好理解人工智能算法"先学后用"的过程。

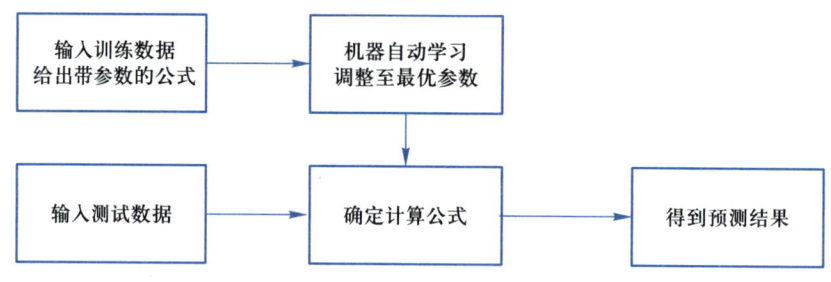

图 1.2　有监督算法的学习和训练过程

这个例子虽然简单，但是大致上勾勒出了人工智能模型训练的过程。对于上述例子，需要特别指出如下几点。

（1）关于模型训练的复杂性

实际的模型训练远比上述过程要复杂，这里只是举了一个简单的例子，旨在帮助读者理解深度神经网络模型训练的过程。

（2）关于模型训练背后的数学知识

模型训练需要大量的数学知识，这些知识分布在高等数学、线性代数、概率论与数理统计、数值方法、最优化理论等课程中，其中最基础的导数、梯度、求极值、链式法则等知识会在高等数学课程中介绍。

（3）关于训练时间和预测时间

人工智能模型都有"训练时间长、预测时间短"的特点，这与中国传统成语"养兵千日用兵一时"所揭示的规律不谋而合。一般来说，模型训练时间与数据量、模型参数量、算力等因素直接相关。

1.4.2　人工智能模型评价

得到训练好的模型之后，需要对训练结果进行评价，即需要通过一些客观指标进行描述以评判模型性能的优劣[2]。下面介绍几种常见的模型评判指标。

1. 准确率

准确率（accuracy）是图像分类、文本分类、声音分类等分类模型的衡量指标，定义为正确分类的样本数与总样本数之比，比值越接近1，模型效果越好。计算准确率公式如下式所示：

$$\text{accuracy} = \frac{TP+TN}{TP+FP+FN+TN}$$

其中，TP（true positives）表示正样本被正确识别为正样本；TN（true negatives）表示负样本被正确识别为负样本；FP（false positives）表示假的正样本，即负样本被错误识别为正样本；TN（false negatives）表示假的负样本，即正样本被错误识别为负样本。

2. 查准率

查准率又称精确率。对某类别而言，查准率（precision）等于正确预测为该类别的样本数与预测为该类别的总样本数之比，具体计算公式如下式所示：

$$\text{precision} = \frac{TP}{TP+FP}$$

3. 查全率

查全率又称找召回率。对某类别而言，召回率（recall）等于正确预测为该类别的样本数与该类别的总样本数之比，具体计算公式如下：

$$\text{recall} = \frac{TP}{TP+FN} = \frac{TP}{\text{所有为真实值的样本数量}}$$

4. F1-score

F1-score 定义为对某类别而言为查准率和查全率的调和平均数，该指标越高效果越好。F1-score 的计算公式如下：

$$\text{F1-score} = \frac{2 \cdot \text{precision} \cdot \text{recall}}{\text{precision} + \text{recall}}$$

其中，precision 表示查准率，recall 表示查全率。

5. top1~top5

在模型结果评估中，top1~top5 指的是针对一个数据进行识别时，模型会给出多个结果，top1 为置信度最高的结果、top2 次之……正常业务场景中，通常会采信置信度最高的识别结果，重点关注 top1 的结果即可。

6. 人工智能模型评价实例

在不同的场景中，需要重点考虑不同的评价指标。如在地震预测中，考虑到地震损害结果巨大，因此更期望在地震预测中能宁肯错报，也不能漏报，因此在地震预测中更看重查全率。但在人脸识别或指纹识别中，更期望提高查准率，其原因在于在这些场景中，希望出错的概率小一些，否则会有大量的异常情况需要处理。

设在地震预测中，张某预测会发生 1 次地震，李某预测会发生 4 次地震，实际上发生了 2 次地震。则张某预测的查全率是 50%、查准率也是 50%；李四预测的查全率是 100%、查准率是 40%，具体计算情况如表 1.1 所示。从表 1.1 中可以看到，虽然两人预测的查准率相同，但是李某预测的查全率更高。

表 1.1 地震预测结果评价

预测人	预测地震发生次数	地震实际发生测试	查全率	查准率
张某	1	2	1/2=50%	1/2=50%
李某	4	2	2/2=100%	2/4=50%

1.4.3 人工智能基础设施

人工智能基础设施是支持人工智能技术发展和应用的重要基础架构，可以整合高质量的数据资源、先进的算法框架和强大的算力资源，为人工智能技术的发展和产业落地提供坚实的基础。

人工智能基础设施包括硬件设施和软件设施两部分。硬件设施包括数据采集、数据传输、数据存储、模型训练等方面的硬件，包括摄像头、网络、存储设备、芯片等。软件基础设施包括数据资源、算法框架、云服务和计算平台。

人工智能算力中心和平台是人工智能基础设施的关键组成部分。科技部于 2022 年启动国家新一代人工智能公共算力开放创新平台推荐申报工作，旨在依托人工智能行业技术领军企业，以应用需求为牵引，促进人工智能与实体经济深度融合，并强调普惠性和开放性，通过共享算力资源、降低企业研发成本等方式，促进人工智能技术的普及和应用，更好地服务我国人工智能创新与经济社会发展。2023 年，科学技术部批复了武汉人工智能计算中心、成都智算中心、天津天河智能计算开放创新平台等 25 家国家新一代人工智能公共算力开放创新平台，其中包括 9 家立项建设平台和 16 家筹建平台。

中国人工智能企业华为公司不仅在国内建立了多个数据中心和云计算基地，而且在全球进行算力布局，其海外数据中心和云计算基地遍布欧洲、亚太地区、中东、非洲、美洲等地，分布在英国、德国、法国、意大利、新加坡、马来西亚、澳大利亚、阿联酋、南非、埃及、加拿大、墨西哥、巴西等国，为当地客户提供算力服务，彰显了中国企业在人工智能算力方面的强大实力。

1.5 人工智能技术特点与"人工智能+高等教育"

1.5.1 人工智能技术特点

人工智能技术以其"普适性、迁移性和渗透性"的特点，已经在多个领域得到广泛应用，必将长期、深入地改变人类社会的生产、生活方式。

人工智能技术的普适性指的是其在不同领域和行业中的广泛应用能力，即可以应用到不同行业和领域中，任何行业和领域都可以和人工智能相结合，从而催生出新的技术和产品。人工智能技术普适性的基础是人工智能能够将人类现有知识进行数据化处理，通过海量数据输入和深度学习模拟人类思维方式，学习远超人脑所能容纳的知识量，并能对信息化知识进行重新组合与创造性运用。

人工智能技术的迁移性指的是某项人工智能技术在应用过程中，可以很快地从一个领域迁移到另外一个领域去，其背后的逻辑一方面源自人工智能底层技术的普适性，另一方面源自迁移学习技术的发展。迁移学习利用在一个任务或数据集上获得的知识来提高另一个相关任务或不同数据集上的模型性能。这种方法允许计算机将在一个任务上学到的知识应用到其他任务上，减少新任务的学习成本和时间。迁移学习在数据稀缺情况下的学习、领域自适应、模型初始化和预训练、跨模态学习等方面有着广泛的应用。

人工智能技术的渗透性指的是人工智能具备与经济社会各行业、生产生活各环节相互融合和渗透的能力，也表明了人工智能和各个行业结合的形式和速度。从形式上讲，人工智能渗透到行业的形式是多样的，渗透渠道是多路径而非单路径。从速度上讲，人工智能技术渗透到不同领域的速率是不同的，渗透到某个领域多个方面的速率也是不同的，可能是一个长期的过程。

1.5.2 人工智能在高等教育领域的应用

高等教育是指在完成高级中等教育基础上实施的教育，承担着培养高级专门人才的任务。高校既是高等教育实施的载体，也是人才汇集的高地。人工智能技术也已经逐步渗透到高等教育和人才培养的各个方面。教育部高教司在 2024 年 4 月和 11 月公布了两批"人工智能+高等教育"应用场景典型案例，给出了在人工智能技术应用上具有代表性、前瞻性且能够产生积极影响的高等教育实践案例。

下面给出部分典型案例的简介，透过这些"人工智能+高等教育"典型案例，一方面可以初步了解高校人才培养体系中的多个关键环节，如高考招生、教学督导、学业预警等；另一方面也可以很好理解人工智能在英语、计算机、代码编程、大学物理、电工电子等课程学习中的作用；此外，也可以理解人工智能在课程答疑、实验教学管理、师范生技能培养中的作用。

1. 人工智能赋能招生选拔——基于 ChatTJ 的智慧招生管理平台建设与应用

招生工作是高等教育的起点，生源质量是高校人才培养的基础。在高考志愿填报的高峰期，考生与家长的咨询量很大，高校招生部门常常面临巨大的咨询压力，很难做到 24 小时及时回复。同济大学使用人工智能咨询服务助手"ChatTJ"，为考生和家长提供 24 小时全天候、不断线的咨询服务，缓解高校在高峰期的答疑压力。"ChatTJ"可以根据考生和家长输入的指令，通过自动化分析后生成专属同济大学的参考信息。咨询者只要给出主题或者关键词，几秒钟就能得到权威、详细、贴心的答案。

2. 打造 AI 赋能督导新模式，启动教学质量提升新引擎

高校中的教学督导是一项重要的教学质量保障措施，其主要目的是通过监督、检查和评估教学活动，确保教学质量的持续提升。高校会聘任具有丰富教学经验和教学管理经验的教师担任督导员，并建立校级与院级两级督导组。督导员通过随堂听课，对课堂教学管理、教学内容、教学方法、教学效果等进行监督和评价。

西安电子科技大学教学督导中心从不同角度进行数据的跟踪分析，实现对教学质量的有效监控。基于人脸识别、人体识别及人体姿态识别等人工智能技术，实现对学生课堂行为的智能识别，自动计算到课率、前排率、学生课堂行为等数据，识别学生的身体姿态和动作并判断其是否在认真听讲、做笔记或存在其他行为，丰富了课堂过程评价数据，实现了课堂教学智能化管理。

3. 构建智能学业预警与协同帮扶机制，助力学生成长

学业预警制度是高等教育管理中的一项重要措施，旨在加强学生学业的过程管理，提高学生的学业成功率和学校的教学质量。学业预警一般分为学业警示、学业警告、留级、延期毕业四种类型。学校主要是通过在学习进度推进的不同阶段，密切关注学生动态，对缺课达到一定数目的学生采取提醒、课程成绩不达标、学分不足等预先警示方式予以指出并责令改正。针对不同级别的预警，高校会制定个性化的帮扶方案，如安排导师进行一对一指导、提供学业辅导课程、组织学习小组等。此外，学校还会与学生家长进行沟通，共同促进学生学业状况的改善。学校通常设立专门的学业预警工作领导小组或帮扶小组，负责预警工作的统筹、管理和实施。教务处、学生处等部门会定期检查和监督学业预警工作的落实情况。但由于高校在校生数量多、学生情况各异，因此学业预警工作处理起来存在较大难度。

华中科技大学利用人工智能技术，积极开展学生学业问题预警与帮扶工作。该校基于课程成绩历史大数据，运用 AI 技术建立了智能学业预警模型和预警系统，该模型可对学

生学习情况进行智能分析，预测学生当前学期的学业情况，对学生在学习方面的问题和困难进行分级预警，帮助学校精准开展学业指导帮扶工作。该智能学业预警系统面向党委学生工作部和全校院系开放使用，并建立了校、院、班三级协同联动的学业帮扶机制，及时根据预警信息开展干预，协同帮扶，多措并举，帮助学生完成学业，助力学生成长。

4. 基于 AI 技术的大规模个性化英语教学创新实践

国家开放大学英语学习者每年超过 300 万，学习需求多样化，英语教学需要充分交互、及时反馈及个性化的学习支持服务。为此，国家开放大学构建了大规模个性化智慧教学体系，其中包括英语口语智能训练系统，从不同维度给予及时反馈；英语作文智能批改系统，提供及时评阅和修改建议；定制虚拟教师课程资源，探究新型生成性教学资源制作模式；基于知识图谱打造学位英语自适应学习系统，学生可根据个人需求进行自主学习；AI 虚拟教师智能问答，可在提供 24 小时学习知识服务的同时，展示专业知识问题的关联知识点和引用资源。

5. 基于知识图谱和大模型的计算机通识课程智能数字教师

山东大学针对计算机通识教学中的难点，充分利用知识图谱、大模型等人工智能技术，从教师、学生、管理、服务几个方面入手，为教学全流程赋能。主要功能包括 AI 助手（面向教师）、AI 助教（面向学生）、编程助手（面向学生）、数字化考试（面向管理）等，解决了计算机通识课程授课过程中学生数量众多、师资不足且水平参差不齐等问题。面向教师的 AI 助手支持教师编辑授课讲稿并自动生成 PPT 和授课视频，搜索科研文献及相关图片，为教师备课提供高效支持。面向学生的 AI 助手可以在知识图谱导航下，实现对学生问题的答疑解惑、教学资源的智能推荐及学习路径规划，面向学生的 AI 编程助手可以为学生提供智能代码纠错、差异化代码修改对比、1 对 1 启发式编程辅导等服务，缓解教师辅导答疑工作压力，提高学生编程学习效率和代码质量，实现"老师轻松教，学生高效学"的目标。

6. "码上"——大模型赋能的智能编程教学应用平台

"码上"平台基于人工智能大模型，采用北京邮电大学自研核心技术，为学生提供实时、智能、个性化、启发式的编程辅导服务，可有力支撑学校的有组织编程教学，提高学生学习效率，减轻教师工作负担，促进教育数字化转型。"码上"的亮点功能是一对一辅导，提供代码纠错、问题答疑、代码解释等智能辅导。数据显示，当前，"码上"对于占学生群体人数 80% 以上的编程新手的编程问题能够提供较高质量/准确率的辅导（修改后代码的运行成功率达 60%~80%），提升了人才培养效果。

7. 大学物理课程智慧 AI 助教系统

作为高等院校工科专业和部分理科专业的一门必修课，大学物理主要讲授力学、热学、电磁学、光学等近代物理知识，课程涉及面广、知识点多。东南大学的"大学物理课程智慧AI助教系统"运用人工智能技术全程、全方位赋能"大学物理"课程教学，为教师提供了智慧管理和智能决策支持、为学生提供了自适应学习路径和个性化学习指导，全面提升了课程的教学质量和学生学习体验。通过建立大学物理课程的知识图谱实现了知识的可视化，帮助学生构建完整、准确的知识体系；通过知识点关联各类教学资源以及学生信息和学习数据的记录，形成精准的学生画像，实现个性化的资源推荐和学习指导；教师能更好地了解学生的学习状态和学习需求，及时调整改进教学策略；以人机对话实现学习陪伴和智能问答，激发学生的学习兴趣和内驱力，培养学生的自主学习能力与终身学习素养。

8. 人工智能技术在自主学习模式下电工电子实验教学中的应用

电工电子实验是高等院校多个工科专业需要学习的一门实验课，主要介绍电工技术实验、电子技术实验、电气测量的基础知识、常用仪器仪表和软件的使用。该课程涉及多种设备和软硬件操作。哈尔滨工业大学电工电子国家级实验教学示范中心采用面向学生自主学习能力培养的全开放实验教学模式，学生根据个人情况自主选择实验时间和地点，利用数字化教学资源自主学习，教师不再进行传统课堂形式的讲解，学生通过独立分析、探索、质疑、实践等方法实现教学目标，教师由指导变为引导，由讲授变为启发，学生成为学习的主体，教师成为学习的帮促者。将人工智能技术融入实验教学平台、资源建设和教学过程后，实现了实验教学视频资源的快速更新和制作。基于远程在线实验教学平台，可以利用人工智能专家系统对学生的远程实验操作进行实时指导，专家系统实时判断学生的操作是否正确，并提供必要的错误提示与实验指导。在教学中，还引入了基于大模型的AI智能助教，结合电工电子领域的专业知识，提供一对一的学习互动，实时回答学生的问题，并针对性地给出相关教材和视频片段，有效地辅助教师的教学和学生的自主学习。

9. 北大问学——智能教学平台

北大问学平台是北京大学结合最新生成式语言模型技术建设的高等教育AI助教应用。该平台提供的AI助教会参考课程的教材给出更精准的回答，AI助教会优先根据教材内容而不是基于网络资料给出回答，因此提供的答案会更加贴近教材内容。此外，平台内置了启发式问答的提示词，即AI助教不会直接输出大段的回答，而是通过不断的反问引导学生独立思考。如一位学生可能会问我喜欢写程序，可以学什么专业，AI助教在参考了学校提供的培养方案后，不会直接给出答案，而是通过反问引导学生思考自己的兴趣。

10. "有教灵境"智慧实验室实验教学管理系统

华中农业大学建立了"有教灵境"智慧实验室实验教学管理系统。通过该系统，教师可将示教台画面及课件资料推送至大屏及学生交互终端展示，学生无须围观，即可清晰观看示教全过程及课件资料内容。通过该系统，老师可实时查看各实验台实验画面，掌握学生实操水平，给予针对性指导，实现差异化教学。老师还可任意调取多个实验台的实验画面推送至智慧大屏及学生交互终端展示，进行对比教学。教师示教和学生操作过程自动录制并上传平台，实现实验教学全过程回溯，促进专业课程资源沉淀。

11. 人工智能助力师范生教学基本技能训练的创新实践

师范生是基础教育教师队伍的源头活水，其培养过程中有独特的要求。华南师范大学围绕师范生教学基本技能建立了20余项数据指标，并使用人工智能技术进行智能评价：在教学语言表达方面评价发音清晰度、音量合理性、语速合理性、口头语控制性等方面，在教学姿态控制方面评价姿态丰富度、姿态转换度、肩部平稳度、腿部直立度、姿态语音配合度等方面；在教学表情应用技能方面评价表情多样性、表情极性、正向表情应用度；在板书设计技能方面评价字体规范度（楷体）、书写规整度、布局均衡性、色彩数量。

本 章 小 结

本章概述了人工智能的概念，回顾了人工智能的发展历程。人工智能发展如此迅速，三要素数据、算法、算力缺一不可。在算法方面，本章给出了一个"猜体重"的例子，简要介绍了人工智能的基本术语和模型训练过程，希望能够揭开人工智能模型训练的神秘面纱。当然，人工智能模型训练还是一个非常复杂的过程，涉及数学理论、程序实现、数据结构、算法设计、优化方法等多方面的知识，读者若有兴趣，可以继续学习后续相关课程。

考虑到通识课学生主要在低年级学习本课程，因此着重介绍了人工智能在高等教育中的应用，一方面希望能够以高等教育为载体介绍人工智能应用，另外一方面也希望能够通过此部分的学习，使读者了解和认识高校教育体系和教学管理的诸多方面。

习　　题

1. 机器人通常包括机械系统、驱动系统、控制系统、传感系统和人工智能系统。从四次工业革命的角度出发，分析上述五个系统分别使用了四次工业革命中的哪些核心技术？

2. 有 1 000 幅图片，里面有 200 幅是猫，200 幅是狗，600 幅是老鼠，对上述照片进行识别、预测，得到结果如下。

（1）200 幅猫的图片中，有 180 幅正确识别为猫，而有 20 幅误判为狗。

（2）200 幅狗的图片全部正确判断为狗。

（3）600 幅老鼠图片中，有 550 幅正确识别为老鼠，还有 30 幅被误判为猫、20 幅误判为狗。

计算如下客观指标。

（1）计算预测猫的查全率。

（2）计算预测狗的查准率。

（3）计算预测老鼠的查全率。

3. 人工智能模型训练需要大量 GPU，特别是大语言模型的训练。设某型号 GPU 的功耗是每小时 400 W，计算当使用 1 000 张此 GPU、连续训练 1 个月，需要耗费多少电能？

第 2 章

人工智能能力认知

教学课件：
第 2 章 人工智能能力认知

电子教案：
第 2 章 人工智能能力认知

人工智能在长期而曲折的发展中，形成了种类繁多、精彩纷呈的技术和能力，并呈现出多学科交叉综合、渗透力和支撑性强、高度复杂等特点。2021年年末，教育部在北京大学启动实施计算机领域本科教育教学改革试点工作（简称"101 计划"），建设计算机领域的"101 计划"核心教材。其中，面向计算机科学与技术本科专业学生的"人工智能引论"课程中设置了 10 个模块，分别是人工智能基础模型与历史发展、知识表达与推理、搜索探寻与问题求解、机器学习、神经网络与深度学习、强化学习、人工智能博弈、人工智能伦理与安全、人工智能架构与系统、人工智能应用[3]。这些模块纵横交织、相互支撑，将算法、模型、系统、应用和伦理规范等有机结合，展现了人工智能庞大而丰富的技术体系。

作为通识课教程，本书无法也没有足够的篇幅介绍人工智能技术体系中的所有技术，只能以管中窥豹的方式介绍部分主要技术。为此，本章首先介绍人工智能典型应用技术，然后以平台操作的方式引导读者感知人工智能现阶段的主流处理能力，最后面向未来介绍人工智能的前沿能力。

2.1 人工智能典型应用技术

人类处理信息的前提是获取信息，而获取信息的器官主要是人类的五官：眼、耳、鼻、口和舌。研究表明，在人类各种感觉器官从外界获得的信息中，视觉信息占 65%，听觉信息占 20%，触觉信息占 10%，味觉信息占 3%，嗅觉信息占 2%，图 2.1 以饼图形式给出了各类信息来源的比例分布[1]。从图中可以看出，视觉和听觉合计获取了85%的外界信息，而人工智能技术目前处理最多的也是视觉信息和听觉信息，此外，文字作为语言的载体，也是人工智能处理的主要对象之一。

2.1.1 机器视觉

机器视觉（machine vision，MV）是人工智能AI领域中的一项核心技术，它使机器能够"看懂"并理解图像和视频中的信息，其输入是摄像头、相机或其他设备采集或反演得到的图像

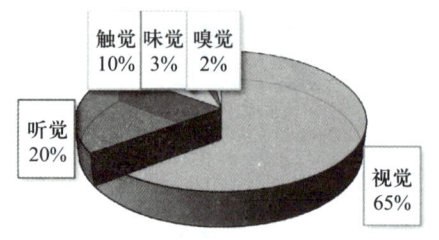

图 2.1　人体感觉器官从外部世界获取各类信息的比例

或视频，输出为人类期望得到的结果，其结果可能是更美观的图像/视频，如美颜之后的照片，也可以是图像或视频中包含的信息，如给出图像/视频中的描述。

与机器视觉密切相关的技术包括计算机视觉、数字图像处理等。机器视觉技术可以应用到人脸识别、车牌识别、工业瑕疵检测、医学影像分析、文字识别、监控视频分析等丰富的场景[4]。典型的机器视觉技术包括图像分类、物体检测、图像分割等，下面进行简单介绍。

① 图像分类：将图像根据其内容分配给一个或多个预定义的类别标签的过程。
② 物体检测：用长方形框体标出图像中物体的位置，并给出物体的类别。
③ 图像分割：将图像分成若干具有相似性质的区域，并标识出区域的精确位置。

对图 2.2（a）所示输入图像，其分类结果为一个标签"叶子"，物体检测结果是定位感兴趣目标"叶子"的位置，并用一个矩形框标记"叶子"所在的规则矩形区域（图 2.2（b）），而图像分割结果精确标记物体所占据的区域（图 2.2（c））。由此可见，图像分类、物体检测、图像分割都描述了图像中包含物体的信息，但是三者之间的描述程度是越来越精细、越来越准确：图像分类描述物体是什么，物体检测进而描述物体在哪里，而图像分割可以精确描述物体的形状。

(a) 输入图像　　　　(b) 物体检测结果　　　　(c) 图像分割结果

图 2.2　物体检测和图像分割的区别与联系

2.1.2 语音处理

语音处理（speech signal processing，SSP）指的是研究语音发声过程、语音信号的统计特性、语音的自动识别、机器合成以及语音感知等各种处理技术的总称，目前主要专注于声音的识别、合成和生成等。语音识别技术能够将语音转换为文本，为语音助手、智能客服等应用提供坚实的基础；语音合成技术则能够将文本转化为自然流畅的语音，广泛应用于有声读物、导航系统等场景，为用户带来更加丰富的听觉体验。

2.1.3 自然语言处理

自然语言指的是人类交流的语言，如中文、英文、法语等，具有复杂的语法规则、丰富的词汇和语境依赖性，语言学就是专门研究自然语言的一门学科。与自然语言相对的是程序设计语言或者编程语言，指的是用于书写计算机程序或指示计算机执行任务的语言，很多专业都有相关的课程用来学习一种或多种程序设计语言，如 C、Python、C++、Java 等。

自然语言处理技术（natural language processing，NLP）则让机器/计算机能够理解、解释和生成人类的语言，成为连接人与机器之间的重要桥梁[5]。广义的 NLP 对象包括文字和语音，但考虑到语音可以通过语音识别转化为文字，因此狭义的 NLP 主要指对文字和文本进行处理。常见的 NLP 技术包括文本分类、情感分析、机器翻译、问答系统等。近年来，随着技术的不断进步，NLP 领域涌现出了许多令人瞩目的成果，如 ChatGPT 等生成式 AI 模型能够以极高的准确率和流畅度与用户进行文字对话，极大地提升了用户体验。

综上所述，机器视觉、语音处理和自然语言处理均属于人工智能的典型技术和核心能力，它们共同构成了人工智能在多个领域的应用基础，使得机器能够执行复杂的任务和处理大量的数据，并推动着 AI 在各个行业中的广泛应用和深入发展。

2.2 现阶段 AI 能力认知

人工智能技术已经在多个领域得到广泛应用，分散在生活、消费、娱乐、交通等多个场景。下面以百度 AI 能力体验中心为例，集中介绍现阶段人工智能强大且丰富的能力，带领读者以直观的方式认识人工智能、以交互的操作感知人工智能、以沉浸的体验享受人工智能。

在网页搜索"百度 AI 能力体验中心—百度智能云",点击即可进入百度 AI 能力体验中心网站,页面如图 2.3 所示。手机端可以在百度 App 中搜索"百度 AI 能力展厅"智能小程序进行体验,由于网页端功能更多,因此后面将以网页端为例进行介绍,手机端体验就不再赘述了。

图 2.3 百度 AI 能力体验中心

基于机器视觉、语音处理、自然语言处理技术,百度 AI 能力体验中心提供了图像识别、图像增强与特效、人脸与人体识别、语音技术、语言理解、语言生成、通用文字识别、卡证文字识别、交通文字识别、票据文字识别和其他文字识别共 11 类 81 个体验项目,表 2.1 给出了 11 个类别的输入、输出以及体验项目数量。

每个体验项目介绍中给出了功能演示、功能介绍、应用场景、使用方式等内容。在功能演示方面,不仅预置了输入数据供用户直接浏览进行展示性体验,而且支持用户自己上传数据进行沉浸式体验。此外,每个功能提供了帮助文档,支持用户使用代码调用该功能。

表 2.1 百度 AI 能力体验中心体验功能

类别序号	类别	输入数据	输出结果	项目数量
1	图像识别	图像	图像类别或主体	11
2	图像增强与特效	图像	增强之后的图像	10
3	人脸与人体识别	图像	图像中人体和人脸包含的目标数据及传达信息	12

续表

类别序号	类别	输入数据	输出结果	项目数量
4	语音技术	文本	文本生成的语音	8
5	语言理解	文本	文本的结构、情感、关键信息	6
6	语言生成	文章/主题词	文本、文章创作、分类、关键信息提取	6
7	通用文字识别	图像/二维码	图像/二维码中的文字信息	7
8	卡证文字识别	图像	卡证图像中的关键字段信息	6
9	交通文字识别	图像	交通图像中的关键字段信息	6
10	票据文字识别	图像	票据图像中的关键字段信息	7
11	其他文字识别	图像	其他行业相关图像中的关键字段信息	2

2.2.1 图像识别

在图像识别类别中，涵盖了通用物体与场景识别、植物识别、动物识别、菜品识别、地标识别、果蔬识别、红酒识别、货币识别、图像主体检测、车型识别以及车辆检测11个体验项目，使用技术主要是图像分类和物体检测。限于篇幅，下面介绍菜品识别与车辆检测两种能力。

（1）菜品识别

菜品识别功能以包含菜品的图像作为输入、以图像对应的文字描述即"标签"作为输出。该功能可识别超过9 000种不同的菜品，并精确识别图片中的菜品名称，同时提供相关的百科信息，适用于多种客户识别菜品的业务场景。

图2.4给出使用默认图像作为输入的菜品识别例子，在界面右上角给出了识别结果，包括菜品类别、对应的置信度和每百克菜品产生的热量。考虑到结果使用的灵活性，共给出5种置信度最高的菜品类别名称。系统支持用户以两种方式上传自选图像，第一种是单击"本地上传"按钮选择计算机中的本地图片，第二种是上传网络图像的网址——统一资源定位器URL（uniform resource locator）。需要特别注意的是，图片格式支持PNG、JPG、JPEG、BMP，目前暂不支持Webp格式和JFIF格式，大小不超过2 MB。

微视频2-1：菜品识别

菜品识别的应用场景广泛，如在餐饮健康领域，通过拍摄照片识别菜品名称，获取参考卡路里含量和百科信息，可进一步结合识别结果提供饮食推荐、健康管理方案等功能；在智能结算方面，通过识别图片中的菜品名称和位置，能够显著提高结算效率，降低人工录入成本，可以在餐饮行业中应用。

图 2.4 菜品识别实例

（2）车辆检测

车辆检测功能输入为图像、输出为图像中所有车辆的类型与位置，并针对小汽车、卡车、巴士、摩托车、三轮车这五类车辆进行分别计数。图 2.5 给出车辆检测的结果。在图 2.5（a）中右侧可以看到返回的结果，图中有 3 个 "car"、1 个 "truck" 共 4 个目标。单击右上角红色小汽车的缩略图，会得到图 2.5（b），图中显示了类型对应的中文名称和检测框信息，给出了小汽车目标左上角的左坐标和顶坐标，并给出了目标的宽度和高度信息，利用这些信息可以确定目标的位置和大小。

(a) 检测结果

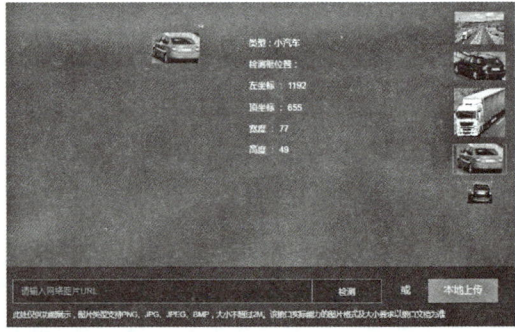
(b) 目标对应的检测框信息

图 2.5 车辆检测实例

车辆检测的应用场景主要包括以下两个方面：一是违章停车监测，该技术可用于监控并分析城市道路、园区、厂区等公共场所的车辆停放情况。通过结合区域围栏等手段，可以准确判断核心区域内是否存在违章停车行为，并进一步分析违停车辆的类型与数量，为交通管理部门提供有力支持。二是智能停车场管理，在室外停车场中，车辆检测技术可以实时监控车位状态，自动识别并统计停放车辆的数量与位置，从而替代传统的人工计数方式。这一应用可以显著降低人工巡查的工作量，提升了停车调度的效率，为车主提供了更加便捷、高效的停车体验。

2.2.2 图像增强与特效

图像增强与特效类技术涵盖了诸多功能，包括黑白图像上色、图像风格转换、人像动漫化、图像去雾、图像对比度增强、图像无损放大、拉伸图像复原、图像修复、图像清晰度提升以及图像色彩增强 10 个体验项目。接下来以图像风格转换、图像无损放大以及图像修复项目为例，具体阐述图像增强与特效的应用。

（1）图像风格转换

图像风格转换提供了多种艺术风格的特效转换服务，并支持用户自定义风格图像进行风格迁移。该功能不仅可用于开展趣味活动，还可集成到美图应用中对图像进行风格转换。具体而言，提供两类风格转换：第一类是标准版风格转换，提供卡通画、铅笔画、彩色铅笔画、彩色糖块油画、神奈川冲浪里油画、薰衣草油画、奇异油画、呐喊油画、哥特油画 9 种精选艺术风格，可将输入图片自动进行风格转换；第二类是自定义版风格转换，可输入原图和指定风格图，按照指定风格图片对输入图片进行风格处理，实现自定义风格结果输出，并支持拖动查看输出结果。图 2.6 给出标准图像风格转换实例和自定义风格转换实例。

该技术的应用场景广泛，如图像趣味处理，可将服务集成到美图应用、趣味活动页面等，用户只需上传图片，即可迅速将照片转换为动画、素描或其他多种风格，欣赏原图的多样风格。

(a) 标准风格转换实例

(b) 自定义风格转换实例

图 2.6　图像风格转换实例

（2）图像无损放大

图像无损放大技术能够将图像在长宽方向各放大两倍，保持图像质量无损，图 2.7 给出图像无损放大实例。

在视频监控的应用场景中，特别是在安防监控和车载系统等环境下，图像无损放大技术能够对视频中的关键帧或图像进行无损放大处理，重建更可辨析的监控材料，展示更多细节。此外，在彩印照片美化的应用中，图像无损放大技术同样发挥着重要作用。它能够帮助彩印工作室在彩印前优化处理照片，毫秒级时间内即可将图片的长宽各放大两倍并保持质量无损，减轻设计师工作量。

图 2.7　图像无损放大实例

2.2 现阶段 AI 能力认知

（3）图像修复

图像修复技术可集成到图像美化、创意处理等软件中，对图片进行智能修复，去除图片中不需要的物体，并使用背景内容进行填充；也可用于内容生产平台批量优化图像质量。图 2.8 给出图像修复实例。

在具体应用场景中，图像修复技术可以集成到图像美化、创意处理等软件中，对用户上传的照片进行处理，去除图像中不需要的遮挡物；也可用于内容生产平台、图像处理厂商提升图像质量。此外，图像修复技术还可用于破损照片的修复，用户上传破损照片，用画笔标注出破损位置，即可获得修复后的照片。

图 2.8　图像修复实例

2.2.3　人脸与人体识别

人脸与人体识别类别涵盖人脸检测与属性分析、人脸对比、人脸搜索、人体关键点识别、人体检测与属性识别、人流量统计、手势识别、手部关键点识别、驾驶行为分析、人脸融合、人像分割以及人脸属性编辑共计 12 个体验项目，接下来将介绍部分体验项目。

（1）人脸检测与属性分析

人脸检测与属性分析可快速检测人脸并返回人脸框位置，并输出多种属性信息：图像中一张或多张人类的定位和坐标信息；人类的年龄、表情、脸形、性别等人脸属性信息；脸颊、眉毛、眼睛、嘴巴、鼻子等五官及轮廓等 72、150 个关键点的定位信息；愤怒、厌恶、恐惧、高兴、伤心、惊讶、嘟嘴、鬼脸以及无情绪 9 种情绪信息；人脸遮挡度、模糊度、光照强度、姿态角度、完整度以及大小等图片质量控制参数；基于单张图片中人像的破绽（如摩尔纹、成像畸形等）判断图片是否为二次翻拍，并过滤掉不符合标准的人脸。

图 2.9 给出人脸分析实例，图 2.9（a）、图 2.9（b）分别给出了人脸 72 个和 150 个关键点的示意图，图 2.9（c）显示了人脸属性选择功能，单击界面右上角检测到的人脸缩略图，可以得到图 2.9（d）显示的人脸属性："年龄：23 岁""性别：女性"，在右侧显示的返回接口文档中，可以看到情绪参数"expression"的返回值为"smile"、是否为男性的参数"female"的返回值为"none"、是否佩戴眼镜参数"glasses"的返回值为"none"、脸型参数"face_shape"的返回值为"oval"，表明这位脸形椭圆、未戴眼镜的女性正在微笑。

该技术应用场景广泛：在智慧校园管理中，将人脸识别技术应用于摄像头监控，对学生、教职工及陌生人进行实时检测定位，满足校园安防监控、校内考勤、学生自助服务等场景的需求；基于人脸关键点能够自动精准定位人脸五官及轮廓，并支持用户自定义对人脸特定位置进行修饰美颜；根据表情、情绪等人脸属性信息，可实现特效相机、动态贴纸等互动娱乐功能。

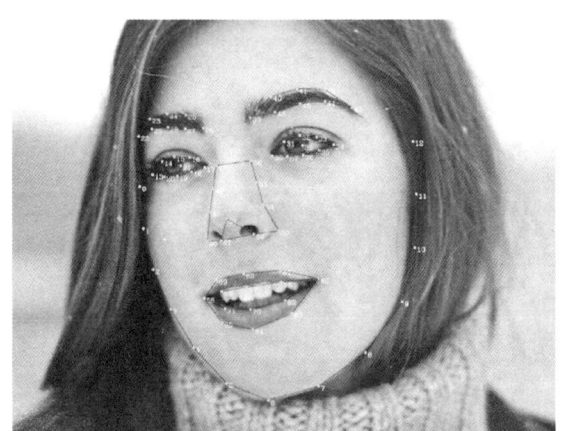

(a) 人脸 72 个关键点分布示意图

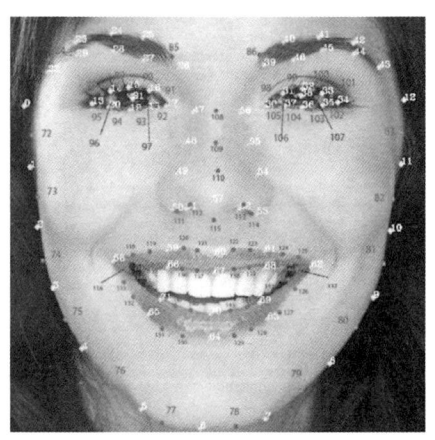

(b) 人脸 150 个关键点分布示意图

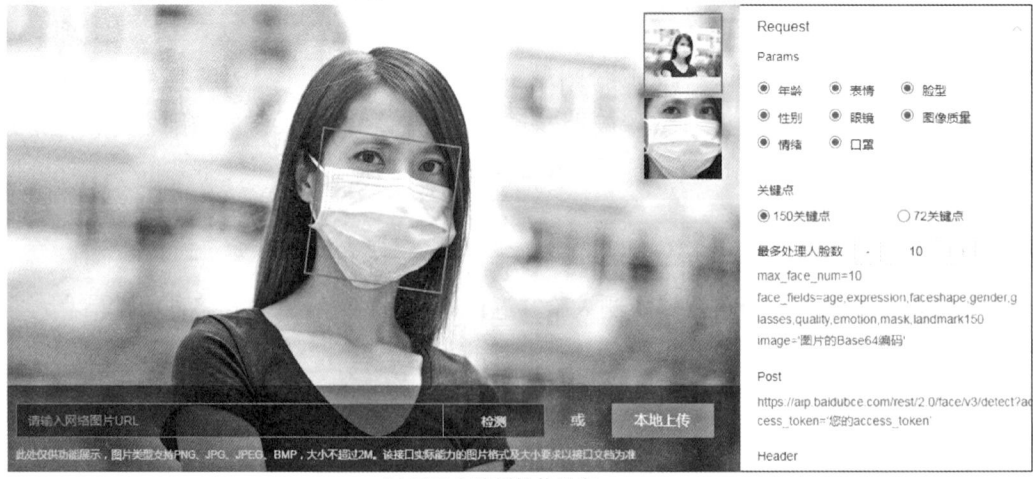

(c) 返回人脸属性的设定

2.2 现阶段 AI 能力认知

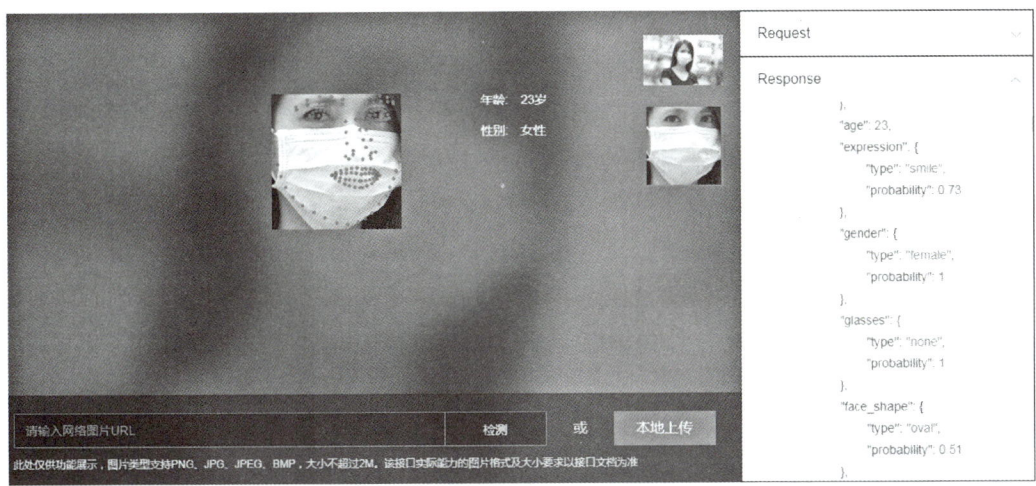

(d) 返回人类属性

图 2.9 人脸检测与属性分析实例

（2）人脸对比

人脸对比技术是对两张人脸进行 1∶1 精确比对，以获取它们之间的相似度，该技术可以对比两张图片中的人脸并返回相似度数值，数值越大表明是同一个人的可能性越高。该功能支持生活照、证件照、身份证芯片照、带网纹照、红外黑白照 5 种图片类型的人脸对比，并具备在线图片活体检测功能，识别目标对象否为真人，确保比对效果真实可靠。

图 2.10 给出人脸对比实例，输入为一个人两个不同角度、不同动作的照片，返回的相似度为 94%，表明两张图片为同一个人的可能性极高。

图 2.10 人脸对比实例

（3）人脸搜索

人脸搜索技术是对给定的一张照片，将其与包含 N 张人脸的人脸库中执行 1∶N 比对，并找出与给定照片最相似的一张或多张人脸，并返回相应的相似度分数。该功能广泛应用于身份核验、人脸考勤、刷脸通行等多种场景，当检索结果超过某个设定的阈值，即认为是数据库中包含该人员，具有通行权限。图 2.11 给出人脸比对实例，从右侧的返回结果中可以发现，2 幅人脸返回的相似度分别为 99.99% 和 23.99%。

人脸搜索技术的应用场景十分广泛：在智能安防监控领域，结合人脸识别技术，能够在工厂、学校、商场、餐厅等人流密集的场所进行高效监控、自动统计、识别和追踪人流，标记存在安全隐患的行为及区域，并发出告警提醒；在工厂安全生产方面，该技术提供软硬件结合的安全生产监控方案。

图 2.11 人脸搜索技术实例

（4）人体关键点识别

人体关键点的输入为图像，输出为图像中的人体 21 个核心关键点的位置，包含头顶、五官、颈部、四肢主要关节部位。从图 2.12 给出的实例中可以看出，右侧的返回数据中包含 "nose" 和 "right_knee" 的具体位置坐标信息。

(a) 人体关键点示意图

(b) 人体关键点检测结果

图 2.12　人体关键点识别实例

人体关键点识别应用场景广泛：在体育健身领域，根据人体关键点信息，可以深入分析人体姿态、运动轨迹及动作角度，进而辅助运动员进行体育训练，评估健身锻炼效果，促进教学效率的提升；在娱乐互动方面，可以基于人体检测和关键点分析技术，增添身体道具、体感游戏等互动形式，极大地丰富娱乐体验；在安防监控领域，能够实时监测并定位人体，判断特殊时段或核心区域是否存在人员入侵情况。

（5）人流量统计

人流量统计功能可以统计图像中的人体个数，以头肩为主要识别目标统计人数，无须正脸、全身照，适应人群密集、各种出入口场景。其功能特性包括静态人数统计和动态人数统计。静态人数统计功能适用于 3 m 以上的中远距离俯拍场景，通过识别头部来统计图片中的瞬时人数，且不受人数上限的限制；动态人流量统计针对门店、通道等出入口场景，以头肩为识别目标进行人体检测和追踪，通过判断目标轨迹来确定进出区域的方向，从而实现动态人数统计，并返回各区域的进出人数。图 2.13 给出人流量统计实例，左上角给出图像中包含人员数量为"140"。

微视频 2-2：
人流量统计 api 调用

图 2.13　人流量统计实例

该功能展现出多样化的应用场景：在安防监控领域，实时监测机场、车站、展会、展馆、景区、学校、体育场等公共场所的人流量，及时导流、限流，预警核心区域人群过于密集等安全隐患；在驾驶监测方面，针对客运车辆，实时监控上下车和车内乘客数量，分析站点客流量、车内超载情况，为线路规划、站台设计提供精准的参考依据。和其他功能一样，用户可以使用代码调用该功能。

（6）手势识别

手势识别功能可以识别图片中的手部位置和手势类型，可识别 24 种常见手势，包括拳头、OK、比心、作揖、作别、祈祷、我爱你、点赞、Diss、Rock、竖中指、数字等。该功能可以检测图像中的所有手部并识别手势类型，不限手势数量；支持单手手势和双手手势。上述 24 类以外的其他手势会划分到 other 类，除识别手势外，若图像中检测到人脸，会同时返回人脸框位置。图 2.14 给出手势识别实例，其中图 2.14（a）给出检测到的手和脸的具体位置，单击图像右上角的手部缩略图，结果如图 2.14（b）所示。

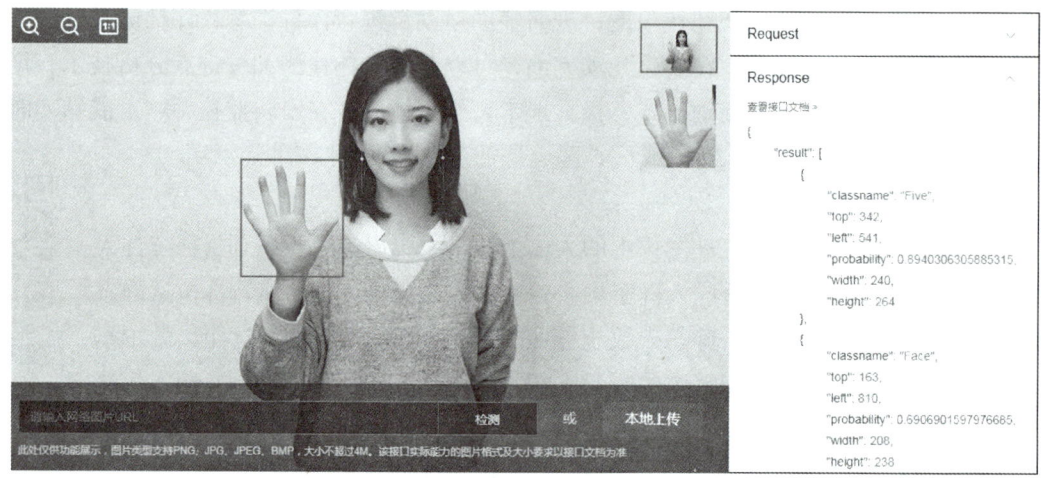

(a) 手势识别与返回结果

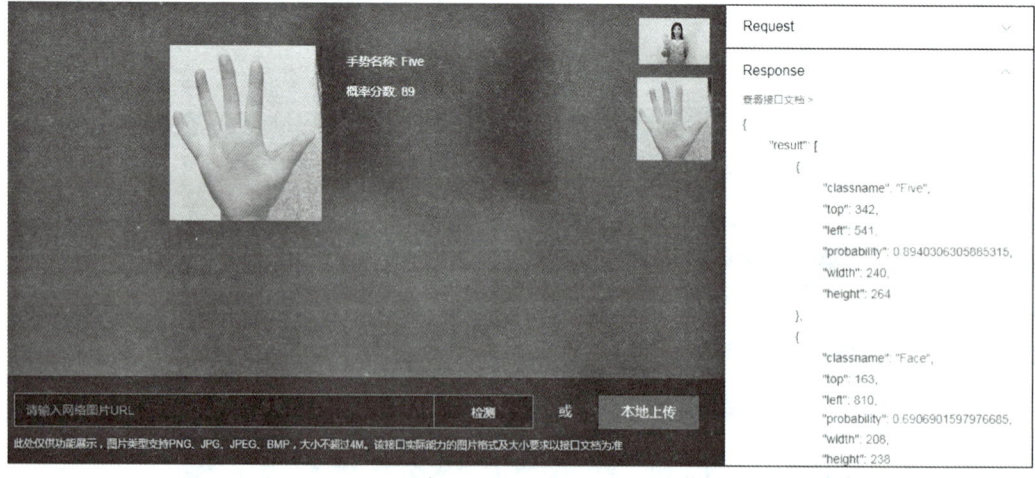

(b) 手势名称与概率分数

图 2.14　手势识别实例

该功能应用场景包括，在智能家居领域，智能家电、家用机器人、可穿戴设备、儿童教具等硬件设备，通过用户的手势控制对应的功能，人机交互方式更加智能化、自然化；在智能驾驶领域，将手势识别应用到驾驶辅助系统中，使用手势来控制车内的各种功能、参数，一定程度上解放双眼，将更多的注意力放在道路上，提升驾车安全性。

（7）手部关键点识别

手部关键点识别功能检测图片中的手部并返回手部矩形框位置、给出手部 21 个骨节点的坐标信息。图 2.15 给出手部关键点识别实例，包括 21 个手部关键点位置示意图以及图像识别后的结果。

在应用场景方面，可应用于 AR 特效，短视频、直播等娱乐交互场景中，基于指尖点检测和指骨关键点检测，可实现手部特效、空间作画等多种创意玩法，丰富交互体验；对于自定义手势识别，根据手部骨节坐标信息，可灵活定义业务场景中需要用到的手势，例如，面向智能家电、可穿戴等硬件设备的操控类手势，面向内容审核场景的特殊手势。

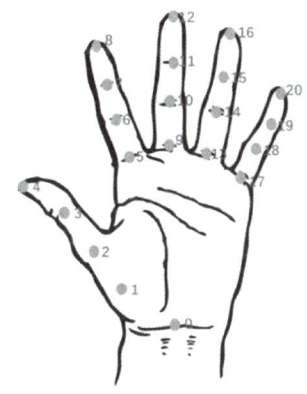

(a) 21个关键点对应位置示意图

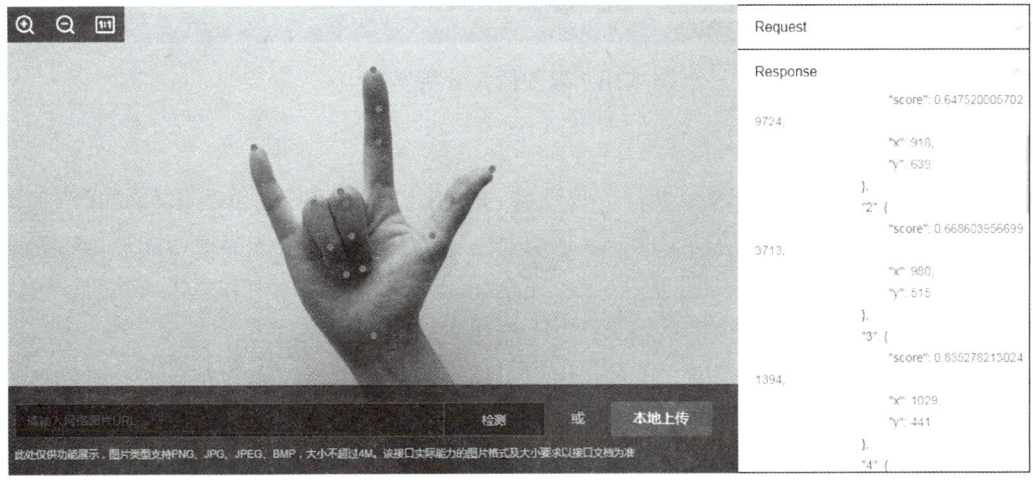

(b) 手部关键点识别结果

图 2.15 手部关键点识别实例

（8）驾驶行为分析

驾驶行为分析针对车载场景，对于输入的一张车载驾驶员监控图片，识别图像中是否有人体，若检测到至少 1 个人体，将目标最大的人体作为驾驶员，进一步识别驾驶员的属性行为，可识别使用手机、抽烟、未系安全带、双手离开方向盘、视线未朝前方、未佩戴口罩、闭眼、打哈欠、低头 9 种典型行为姿态。图 2.16 给出驾驶行为分析实例。

在应用场景方面，其可应用于营运车辆驾驶监测，针对出租车、客车、公交车、货车等各类营运车辆，实时监控车内情况，识别驾驶员抽烟、使用手机、未系安全带、未佩戴口罩、疲劳、视线偏离等违规行为，及时预警，降低事故发生率，保障人身财产安全；同时对于社交内容分析审核，汽车类论坛、社区平台，对配图库以及用户上传的图片进行分析识别，自动过滤出涉及危险驾驶行为的不良图片，有效减少人力成本并降低业务违规风险。

图 2.16　驾驶行为分析实例

（9）人脸融合

人脸融合中，对两张人脸进行融合处理，生成的人脸同时具备两张人脸的外貌特征。目标图建议选择正脸清晰图像，模板图要求被融合的人脸边缘需要与图片边缘保持一定距离，保证被融合的人脸的核心区域完全在图片中。当图片中有多张人脸时，可以指定某一张人脸与模板图进行融合。图 2.17 给出人脸融合实例。

该功能可应用于美颜相机，通过让用户上传两张人脸图片，实现对目标人脸进行美颜的目的，增加美颜功能的种类，提升用户体验；也可应用在影视剧宣传，电影、电视剧或游戏在宣传时可采用人脸融合功能将需要宣传的人物对象形成模板，进行市场活动推广，强化观众或用户对影视/游戏产品的认知。

2.2 现阶段 AI 能力认知

图 2.17 人脸融合实例

（10）人像分割

人像分割功能识别图像中的人体轮廓，将人体与背景进行分离，适应单人、多人体、复杂背景、各类人体姿态，返回分割后的二值图、灰度图、PNG 格式的透明背景人像前景图，支持多人体、复杂背景、遮挡、背面、侧面等各类人体姿态。图 2.18 给出人像分割实例，其中图 2.18（a）给出人像分割前后对比，图 2.18（b）给出透明背景显示的人像分割结果，图 2.18（c）给出人像分割结果的二值图，在该图中白色区域表示分割得到人像的位置、黑色表示图像背景所在区域。

该功能广泛应用于人像抠图美化、照片背景替换、证件照制作、隐私保护等场景，并可进一步用于人像背景虚化；也可应用于人体特效，视频直播过程中，识别用户的人体轮廓，为人像实时增加各种设定的背景特效、贴纸道具，提供更加丰富的娱乐体验。

(a) 人像分割对比

(b) 透明背景显示的人像分割结果图

(c) 人像分割结果二值图

图 2.18　人像分割实例

（11）人脸属性编辑

人脸属性编辑功能对人脸属性特征进行编辑，实现性别互换、年龄改变等特效，为用户生成多种特效照片，可应用在趣味社交、短视频等娱乐场景。其功能特性包括性别转换，基于高密度的人脸关键点、改变男女性别面部特征，实现人物性别转换；变老人，对人脸年龄改变过程进行预测，将人脸变为老人面孔；变小孩，对人脸年龄改变过程进行推演，将人脸变为小孩面孔。图 2.19 给出人脸属性编辑实例，分别给出一男性优化前、变老人、变小孩、变女性的效果。

该功能生动有趣，在社交领域，可以使用人脸属性编辑功能打造创意社交活动；在短视频中，实现趣味人脸属性编辑的短视频制作；在广告媒体领域，应用人脸属性编辑特效制作创意内容，让用户体验"好玩"的人工智能技术。

(a) 优化前

(b) 变老人

(c) 变小孩

(d) 变女性

图 2.19　人脸属性编辑实例

2.2.4　语音技术

语音技术类别涵盖了语音合成、语音识别、定制音库、有声阅读、呼叫中心、语音数字大屏、智能语音会议以及智能语音指令 8 个体验项目，表 2.2 给出每个项目的功能和应用场景，图 2.20 给出语音合成和有声阅读实例。

表 2.2　语音技术项目的功能与应用场景

序号	项目名称	功能描述	应用场景
1	语音合成	基于深度神经网络技术，提供高度拟人、流畅自然的语音合成服务，让用户的应用、设备开口说话，更具个性	（1）阅读听书 使用语音合成技术的阅读类 App，能够为用户提供多种音库的朗读功能，释放用户的双手和双眼，提供更极致的阅读体验 （2）资讯播报 提供专为新闻资讯播报场景打造的特色音库，让手机、音箱等设备化身专业主播，随时随地为用户播报新鲜资讯 （3）订单播报 可应用于打车软件、餐饮叫号、排队软件等场景，通过语音合成进行订单播报，让用户便捷获得通知信息 （4）智能硬件 可集成到儿童故事机、智能机器人、平板设备等智能硬件设备，使用户与设备的交互更自然、更亲切

续表

序号	项目名称	功能描述	应用场景
2	语音识别	采用语音语言一体化建模算法,将语音快速准确识别为文字,支持手机应用语音交互、语音内容分析、机器人对话等多个场景	(1)手机应用语音输入 将语音实时识别为文字,适用于语音聊天、语音输入、语音搜索、语音下单、语音指令、语音问答等多种场景 (2)机器人对话 通过语音识别实现人机对话。将语音对话实时识别为文字,实现自然流畅的人机对话 (3)语音内容分析 将音频内容识别为文字进行返回,从中提取关键信息,对内容进行追踪、处理及打标签等操作 (4)实时语音转写 可将会议记录、笔记、总结、音视频直播内容等音频实时转写为文字,进行内容记录、实时展示
3	定制音库	提供高还原、高清晰、高稳定的音库定制服务和专属音库,助力打造个性化品牌营销与智能产品。广泛适用于品牌营销、有声阅读、智能硬件、AIGC配音、智能客服、新闻播报等业务场景	(1)创造全新个性化声音营销 通过联合明星代言人、知名主播、角色IP等进行专属音库打造,结合AI技术打破真人带来的时间、地域等诸多限制,为品牌、产品及用户创造更具互动性、趣味性的个性化互动玩法,全面提升品牌特色的同时,为业务吸引更多用户关注与参与 (2)无障碍阅读,打造独家听书体验 全面释放用户的双手双眼,同时为视障人士、老年人提供无障碍阅读,随时随地带来更极致、更便捷的沉浸式阅读体验。结合定制明星音库、特色声优音库,进一步为阅读听书产品增加闪光点,在众多同类产品中脱颖而出,为业务创造更多用户活跃与消费转化 (3)先"声"夺人,引领人机交互新时代 通过为手机助手、智能音箱、智能台灯、智能机器人以及AI客服定制高度拟人的专属音库,告别千篇一律的"机器声",为用户带来更真实且有情感、有温度的人机交互体验,提升用户黏性与产品忠诚度,同时助力企业产品力与影响力双向拓展
4	有声阅读	提供高度拟人、自然流畅的文本转语音服务,打通人机交互闭环,支持多角色、多情感的音色选择与个性化音库定制,全面解决传统有声制作成本高、效率低等问题,满足泛阅读、智能播报、人机交互等各类场景的语音合成需求	(1)全自动化有声书制作 AI智能画本,根据上下文自动区分角色和情感,实现有声书、广播剧超自然多声演播,替代成本高昂、周期漫长的真人制作方案 (2)AI主播智能播报 无须聘请专业主播,快捷对接AI语音合成服务,即可实现资讯内容智能播报,发音准确、清晰流畅,让内容传播声量更大、时效更高

续表

序号	项目名称	功能描述	应用场景
			（3）降低文本识读门槛 AI播报各类文本内容，让网页和应用发声，降低识读门槛，解放用户双手，让产品业务受众更多、使用场景更广 （4）助力智能创作AIGC视频 将小说等内容生成AIGC短视频，快速吸引用户视听，提升内容消费时长，可利用语音合成降低短视频配音生产成本，助力智能化创作
5	呼叫中心	针对呼叫中心、智能客服等业务，提供自动化智能外呼、音频质检与分析等全链路AI语音解决方案；有效降低人工成本，同时提升获客转化与业务管理效率。广泛适用于语音通知、营销触达、客服质检等场景	（1）信息通知 电商、快递、互联网等行业客户，在电商信息通知、快递取货通知、告警信息等各类场景中均可使用AI外呼能力，实现通知信息精准触达，用户反馈高效收集 （2）营销触达 汽车、保险、信用卡等客户在进行到店试驾邀约、优惠推荐、车险续约、开户邀请等业务时，可在特定时间内完成批量外呼，并对通话进行实时分析，进而实现对座席人员进行话术提醒，全面提升营销触达质量 （3）客户回访 政务、IT服务商、医疗、教育等客户，进行满意度调研、业务回访、活动邀约等时，可将用户语音精准识别为文字，并结合语义理解技术判断客户意图，通过语音合成进行流畅自然的多轮问答引导 （4）客服质检 云通信平台、企业服务商，在为第三方客户提供外呼能力时，可与语音质检服务组合售卖，提升整体解决方案的商业价值，实现精准识别客服通话，及时发现风险、违规内容，高效监控外呼服务质量 （5）数据挖掘 通过高性价比的AI服务，对海量音频数据，快速完成批量文字转写，大幅降低通话录音分析成本，并实现智能化自动关键词提取，精细化助力数据服务、数据分析等业务，全面挖掘海量通话数据中的潜在商业机会
6	语音数字大屏	基于多项AI能力，提供集大屏显示、实时交互、智慧感知为一体的大屏+指令整体解决方案，综合解决大屏应用中效率低、易用性差等问题，全面提升数据获取效率，辅助业务快速决策	（1）智能运营指挥大厅 面向政务指挥中心等场景，通过语音数据大屏解决方案助力企业通过集中化的智能，满足着对日常运营洞察下的需求，优化运营效率并改善流程管理等。提供智能化、智慧化的运营管理方式，推动智慧化体系、智慧化管理的现代建设

续表

序号	项目名称	功能描述	应用场景
			（2）能源电力行业调度 　　对于能源电力行业指挥调度控制中心，语音数字大屏解决方案可协助人工调度员进行电力配网调度、控制检修等工作。释放重复性劳动，助力电网企业提升精细化、互联网化、智能化运营分析能力 （3）企业智慧大脑 　　基于语音数字大屏解决方案，将企业内部数据实时展示，助力企业数字化运营。依靠"智慧大脑"产生洞察、发现运营问题、形成商业决策、跟踪优化效果等，是企业持续推进数字化转型、获得业务价值的关键抓手
7	智能语音会议	面向会议场景，提供以语音识别为核心功能的一站式产品解决方案，助力企业节省会议纪要人力成本，提高工作效率	（1）门诊病历转写、医疗会议转写等 　　书写工作严重影响医院工作效率，基于百度智能会议解决方案解放医生双手，多场景智能语应用提升医生工作效率 （2）公安审讯、检察院办案等 　　对于公安司法行业，存在许多场景需要记录双方对话内容，人工录入效率低，成本高。百度语音智能会议解决方案提供完整、安全、高效、便捷的产品方案，极大提升办案效率与准确率 （3）采访、面试、销售等双人会谈 　　采用百度便捷版解决方案，随身携带，可自动区分发音人，不受地理位置限制，可随时随地开会 （4）峰会演讲报告 　　报告厅、发布会、峰会等场景，用户演讲，语音转写生成字幕，实时上屏，便于会议演讲内容实现多方位信息触达 （5）政、企事业单位多人会议 　　政、企事业单位大型会议，多人发言，可实现区别发音人对会议内容全程记录，准确转写，快速出稿，提高会议精神传达效率
8	智能语音指令	基于语音识别、语义理解等技术，打造智能一体化的语音指令系统，广泛应用于手机App、智慧大屏指令交互、结构化信息语音录入等场景，提高人机交互效率	（1）智慧办公 　　企业OA系统集成，通过语音指令，完成OA系统审批、会议室预订、通讯录查找等功能 （2）智慧大屏 　　工作人员通过语音口述指令，如"打开某页面，查看某地点某编号的摄像头"等操作，系统即刻解析指令意图，从而完成相应的系统控制，提升人机交互效率

续表

序号	项目名称	功能描述	应用场景
			（3）智能语音搜索 企业机构内每日处理大量的图表统计工作，期望在大量级的数据报表中快速得知某个具体数据，用户通过智能语音检索，高效精准地定位到客户需要的信息，从而提高搜索效率

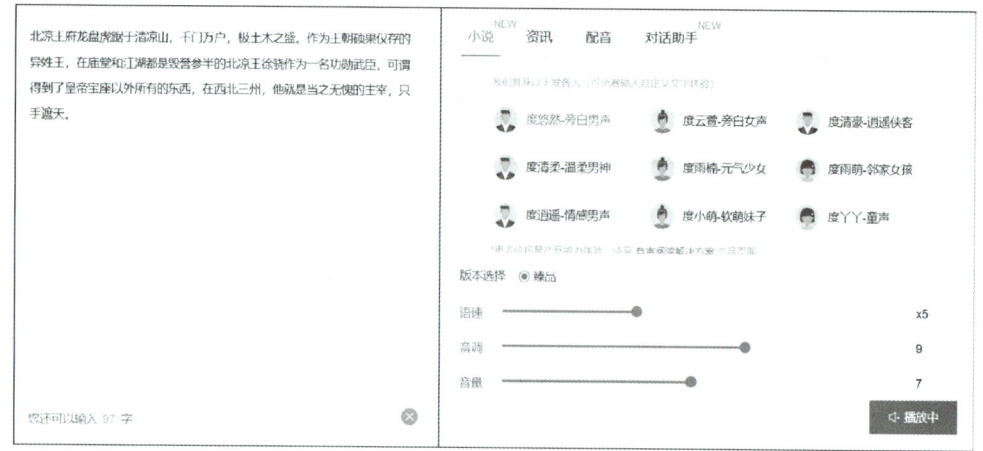

(a) 语音合成实例

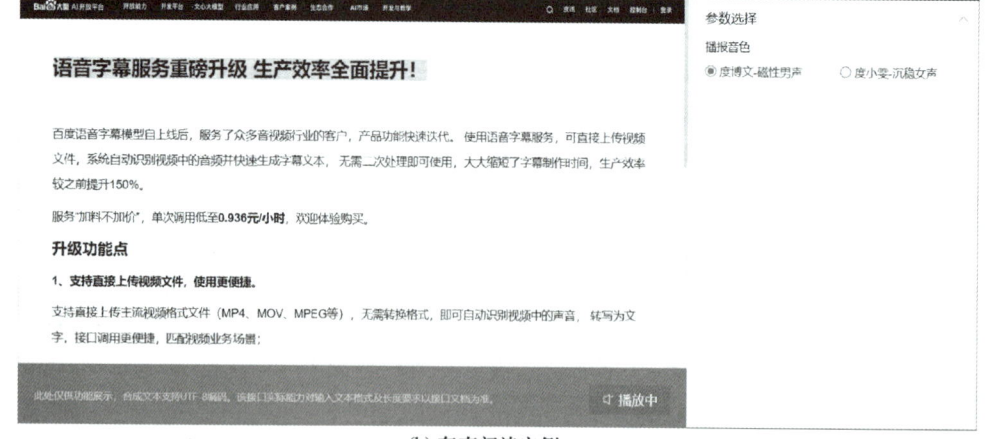

(b) 有声阅读实例

图 2.20　语音技术实例

2.2.5　语言理解

语言理解类项目涵盖了词法分析、文本纠错、情感倾向分析、评论观点抽取、对话情绪识别以及地址识别 6 个体验项目。表 2.3 给出每个项目的功能和应用场景。

表 2.3 语言理解项目的功能与应用场景

序号	项目名称	功能描述	应用场景
1	词法分析	基于大数据和用户行为的分词、词性标注、命名实体识别，定位基本语言元素，消除歧义，支撑自然语言的准确理解	（1）语音指令解析 以分词和词性标注为基础，分析语音命令中的关键名词、动词、数量、时间等，准确理解命令的含义，提高用户体验 （2）多轮交互式搜索 通过专名识别定位多轮对话中的核心实体，自动判断后续对话中对该实体的进一步信息需求 （3）法律术语识别 分析处理法律案由与案例信息，提取法律行业专业术语做信息结构化 （4）新闻人物信息提取 以定制词表为基础，提取新闻源中涉及的参会代表的人名和机构名、职务等，进行精准匹配，为所有参会代表提供专属的新闻档案 （5）品牌舆情信息提取 通过定制化词法分析，准确定位网络文章中的品牌舆情关键词，并通过词性判断提炼出与品牌词强关联的话题，助力品牌舆情监测及社交推广参考
2	文本纠错	识别文本中有错误的片段，进行错误提示并给出正确的建议文本内容，支持多类型文本内容纠错，并为更多场景提供专属定制服务	（1）写作辅助 在内容写作平台上内嵌纠错模块，可在作者写作时自动检查并提示错别字情况。从而降低因疏忽导致的错误表述，有效提升作者的文章写作质量，同时给用户更好的阅读体验 （2）公文纠错 针对公文写作场景，提供字词、标点、专名、数值内容纠错，包含领导人姓名、领导人职位、数值一致性等内容的检查与纠错，辅助进行公文审阅校对 （3）搜索纠错 用户在搜索时经常输入错误，通过分析搜索 query 的形式和特征，可自动纠正搜索 query 并提示用户，进而给出更符合用户需求的搜索结果，有效屏蔽错别字对用户真实需求的影响 （4）语音识别对话纠错 将文本纠错嵌入对话系统中，可自动修正语音识别转文本过程中的错别字，向对话理解系统传递纠错后的正确 query，能明显提高语音识别准确率，使产品整体体验更佳

续表

序号	项目名称	功能描述	应用场景
3	情感倾向分析	对包含主观信息的文本进行情感倾向性判断，为口碑分析、话题监控、舆情分析等应用提供帮助	（1）评论分析与决策 　通过对产品多维度评论观点进行倾向性分析，给用户提供该产品全方位的评价，方便用户进行决策 （2）电商评论分类 　通过对电商评论进行情感倾向性分析，将不同用户对同一商品的评论内容按情感极性予以分类展示 （3）舆情监控 　通过对需要舆情监控的实时文字数据流进行情感倾向性分析，把握用户对热点信息的情感倾向性变化
4	评论观点抽取	自动抽取和分析评论观点，帮助实现舆情分析、用户理解，支持产品优化和营销决策	（1）商品口碑分析 　对商品点评内容进行观点提取和分析，为每个商品定义点评标签，让购买者和售卖者直观了解商品在用户中的口碑 （2）辅助消费决策 　通过对比同一类型产品不同商品或商家的评论观点信息，可以辅助用户进行消费决策 （3）互联网舆情分析 　商家对自己产品的评论观点进行分析监控，可以及时发现用户对产品的评价及舆情信息
5	对话情绪识别	自动检测用户日常对话文本中蕴含的情绪特征，帮助企业更全面地把握产品体验、监控客户服务质量	（1）客服质检与监控 　识别用户在客服咨询中的情绪，在自动回复系统外，如检测出用户负面不满情绪，则触发人工客服介入。在人工客服场景下，也可用于监控客服人员的服务态度 （2）闲聊机器人 　识别用户在聊天中的情绪，帮助机器人产品选择出更匹配用户情绪的文本进行回复 （3）任务型对话 　识别用户的情绪，根据不同的对话情绪，选择不同的回答策略进行答复（例如，回复语速和文本简洁程度差异等）
6	地址识别	精准提取快递填单文本中的姓名、电话、地址信息，通过自然语言处理辅助地址识别，生成标准规范的结构化信息，大幅提升企业效率	快递单据识别：解析并提取快递单据中的文本信息、标准规范的输出结构化信息，包含姓名、电话、地址，帮助快递或电商企业提高单据处理效率

下面介绍词法分析功能。词法分析是计算机和人工智能科学中将字符序列转换为单

词序列的过程。图 2.21 给出词法分析实例，从实例中可以发现，词法分析可以实现三个功能。

① 中文分词：将连续的自然语言文本切分成具有语义合理性和完整性的词汇序列。

② 词性标注：为自然语言文本中的每个词汇赋予一个词性，例如名词、动词、形容词等。

③ 命名实体识别：识别自然语言文本中具有特定意义的实体，主要包括人名、地名、机构名、时间日期。

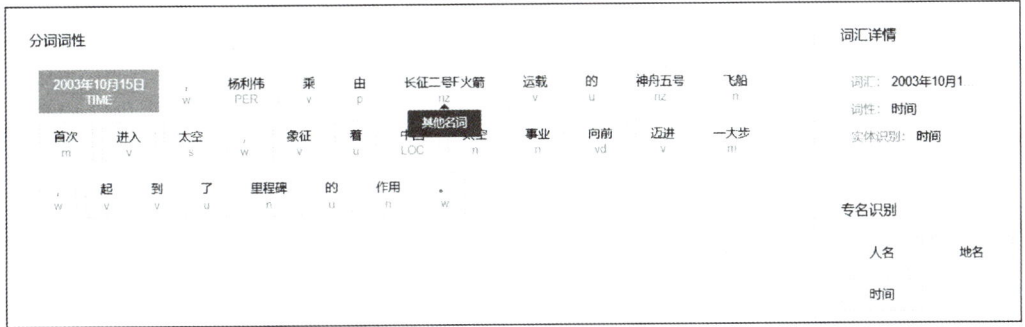

(a) 词法分析结果

词性	含义	词性	含义	词性	含义	词性	含义
n	普通名词	f	方位名词	s	处所名词	t	时间名词
nr	人名	ns	地名	nt	机构团体名	nw	作品名
nz	其他专名	v	普通动词	vd	动副词	vn	名动词
a	形容词	ad	副形词	an	名形词	d	副词
m	数量词	q	量词	r	代词	p	介词
c	连词	u	助词	xc	其他虚词	w	标点符号

(b) 词性缩略说明

缩略词	含义	缩略词	含义	缩略词	含义	缩略词	含义
PER	人名	LOC	地名	ORG	机构名	TIME	时间

(c) 专名识别缩略词含义

图 2.21　词法分析实例

2.2.6 语言生成

语言生成大类提供智能创作、文章标签、文章分类、新闻摘要、智能春联以及智能写诗 6 类体验项目，具体功能和应用场景见表 2.4。

表 2.4 语言生成项目的功能与应用场景

序号	项目名称	功能描述	应用场景
1	智能创作	智能创作平台基于百度领先的大模型技术，致力于打造更符合企业应用场景的 AIGC 创作产品，将 AI 赋能创意设计，助力媒体、金融、汽车等行业实现高效内容创作	（1）媒体行业 引领传媒行业革新，为 IPTV 和资讯创作分发等业务量身打造一站式解决方案。从内容创意生产到媒资管理分发，全程提供文生文、文生视频、高光混剪等多种应用能力。让内容创作与分发变得更简单、更高效 （2）泛互联行业 面向泛互联网行业的社交媒体、电子商务、在线教育、AIGC、新零售等多个领域的内容生产、管理及营销分发场景提供全链路解决方案。提供更加丰富、便捷和安全的数字内容体验 （3）金融行业 智能内容平台，全方位满足展业宣传与数字金融等核心营销需求。依托先进的大模型技术，提供展业营销内容的智能创作与分发，提升创新生产效率。提高投资教育转化率，推动业务增长 （4）汽车行业 针对汽车行业的营销内容创作、智能座舱互动体验以及私域内容平台建设等场景，提供一系列智能化的服务。旨在提升营销效率，优化车主的互动体验，使汽车品牌与车主之间的连接更加紧密。助力汽车行业实现数字化转型，提升品牌影响力
2	文章标签	对文章进行核心关键词分析，为新闻个性化推荐、相似文章聚合、文本内容分析等提供技术支持	（1）个性化推荐 通过对文章的标签计算，结合用户画像，精准地对用户进行个性化推荐 （2）话题聚合 根据文章计算的标签，聚合相同标签的文章，便于用户对同一话题的文章进行全方位的信息阅读
3	文章分类	对文章按照内容类型进行自动分类，首批支持娱乐、体育、科技等 26 个主流内容类型，为文章聚类、文本内容分析等应用提供基础技术支持	（1）主题划分 对新闻资源进行主题划分，支持垂类资源建设，满足各类应用需求 （2）个性化推荐 通过对文章的主题分类计算，结合用户画像，精准地对用户进行个性化推荐

续表

序号	项目名称	功能描述	应用场景
4	新闻摘要	基于深度语义分析模型，自动抽取新闻文本中的关键信息并生成指定长度的新闻摘要。可用于热点新闻聚合、新闻推荐、语音播报、App 消息推送等场景	（1）语音播报 语音播报场景往往有严格的字数要求，新闻摘要能够自动生成符合字数规范且表达通顺的信息，在提升用户体验的同时，也提升了播报效率 （2）智能写作 通过对大量的新闻文本进行语义分析和快速摘要，可以快速形成热点汇总类、新闻聚合类、事件盘点类的新闻稿件，进行自动写作和辅助写作，提升新闻生产效率 （3）新闻展示和推送 对新闻文本的内容进行分析，快速抽取核心内容摘要并展示或推送给用户，吸引用户点击并提升用户阅读效率
5	智能春联	基于百度自主创新的神经网络生成技术，实现根据用户输入的命题关键词，自动生成包括上联、下联和横批的春联	（1）节日送祝福 AI 生成春联，不仅能增添节日的喜庆气氛，表达人们对美好愿景、幸福生活的殷殷期盼；而且能让人感受到万家团圆、和和美美、喜气洋洋的节日氛围 （2）内容生产 根据用户输入的命题关键词，自动生成包括上联、下联和横批的春联，为内容创作提供灵感，辅助内容生产
6	智能写诗	基于百度自主创新的神经网络序列生成技术，实现根据用户输入的任意主题词，自动生成与主题相关的七言绝句	（1）智慧教育 AI 赋能教育场景，用户通过关键字即可创作出相关诗词，极大地提升了学生对编程课程的学习兴趣和学习积极性 （2）内容生产 根据用户输入的任意主题词，自动生成与主题相关的七言绝句，为内容创作提供灵感，辅助内容生产

2.2.7　通用文字识别

在通用文字识别类中，提供了 7 大体验项目，分别是通用文字识别、网络图片文字识别、办公文档识别、数字识别、手写文字识别、二维码识别以及印章识别。接下来将分别详细阐述各个体验项目。图 2.5 给出了通用文字识别项目的功能与应用场景，图 2.22 给出通用文字识别的 7 个实例。

表 2.5 通用文字识别项目的功能与应用场景

序号	项目名称	功能描述	应用场景
1	通用文字识别	多场景、多语种、高精度的整图文字检测和识别服务，多项 ICDAR 指标居世界第一，可识别中、英、日、韩、法、俄、西、葡、德、意等 20 多种语言	（1）拍照/截图识别 使用通用文字识别技术，实现拍照文字识别、相册图片文字识别和截图文字识别，可应用于搜索、书摘、笔记、翻译等移动应用中，方便用户进行文本的提取或录入，有效提升产品易用性和用户使用体验 （2）纸质文档电子化 识别提取各类医疗单据、金融财税票据、法律卷宗等纸质文档中的文字信息，并可基于位置信息进行比对、结构化处理，提高信息录入、存档、检索的效率 （3）内容分析与监管 自动提取图像中的文字内容，结合文本审核技术识别违规内容，提示相应风险，协助进行违规处理，可应用于电商广告审核、舆情监管等场景，帮助企业有效规避业务风险 （4）视频内容分析 检测识别视频中的字幕、标题、弹幕等文字内容，并根据文字位置判断文字类型，可应用于视频分类和标签提取、视频内容审核、营销分析等场景，有效提升内容分类、检索的效率
2	网络图片文字识别	针对网络图片进行专项优化，支持识别艺术字体或背景复杂的文字内容，还可返回文字的位置信息、行置信度、单字符内容和位置等	内容审核：使用网络图片文字识别技术，实现对艺术字体或背景复杂的文字内容进行识别，应用于社交、电商、短视频、直播等场景，同时结合图像审核技术对图片或视频进行审核，识别其中存在的违规、广告内容，有效规避业务风险
3	办公文档识别	可对办公类文档的版面进行分析，输出图、表、标题、文本、印章、栏、页眉、页脚和脚注等位置和分版块内容的 OCR 识别结果，支持表格识别、印章识别和单字置信度输出，支持中、英、日、韩、法等 20 多种语言类型，手写、印刷体混排多种场景	办公场景文档识别：对办公场景的各类文档进行结构化识别，如企业年报、论文、行业报告等，可以分别返回标题、图片、表格、文本、印章、栏、页眉、页脚、页码和脚注的信息，并支持返回单行、单字结果，支持表格和印章识别，方便对文档类图片进行结构化分析

续表

序号	项目名称	功能描述	应用场景
4	数字识别	对图片中的数字进行提取和识别，自动过滤非数字内容，仅返回数字内容及其位置信息，识别准确率超过99%	（1）快递面单识别 识别提取快递面单、物流单据、外卖小票中的电话号码，大幅度提升收货人信息的录入效率，方便进行收件通知，同时可识别纯数字形式的快递三段码，有效提升快件分拣速度 （2）仪表读数识别 自动识别各类仪器仪表的读数，应用于对仪器仪表读数具有定时记录、数据统计、实时监控等需求的场景，有效降低人工录入成本，控制仪器使用风险
5	手写文字识别	多场景、高精度的手写文字识别服务，支持中、英、日、韩、法等20多种语言类型，识别准确率可达90%以上；支持涂改痕迹识别与候选字输出，可适用于手写作文、签名等多种场景	（1）智能阅卷 对学生日常作业及考试试卷中的手写内容进行自动识别，实现学生作业、考卷的线上批阅及教学数据的自动分析，提升教职人员工作效率，促进教学管理的数字化和智能化 （2）书摘笔记电子化 自动识别手写书摘、读书笔记、课堂笔记等内容，便于用户对书摘及笔记内容进行存储记录、快速编辑、查找及传输，提升内容管理效率，优化用户使用体验 （3）手写表单电子化 识别提取活动签到表、信息登记表、数据统计表等纸质表单内的手写文字，对纸质表单内的相关信息进行统计整理、数据计算，降低人工录入成本，便于登记信息的保存和传输
6	二维码识别	对图片中的二维码、条形码进行检测和识别，自动返回存储的内容	物品信息管理：解析识别各类物品的二维码或条形码信息，应用于商品、药品出入库管理及货物运输管理等场景，轻松一扫即可快速完成对物品信息的读取、登记和存储，简化物品管理流程
7	印章识别	检测并识别合同文件或常用票据中的印章，输出文字内容、印章位置信息以及相关置信度，支持识别印章编码，可覆盖圆章、椭圆章、方章等常见类型的印章	合同、票据合法性检测：检测合同文件、常用票据中有无印章，快速确认合同及票据的合法性，并可识别文字内容、定位印章位置，提取、对比印章内容，提高验证效率，降低财税及商务合同签订过程的业务风险

(a) 通用文字识别实例

(b) 网络文字识别实例

(c) 办公文档识别实例

(d) 数字识别实例

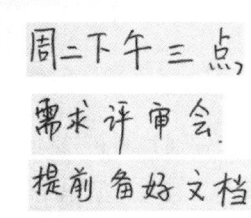 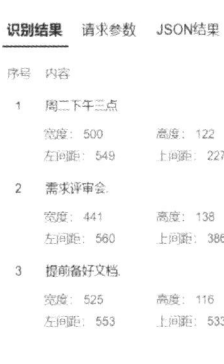

(e) 手写文字识别实例

(f) 二维码识别实例

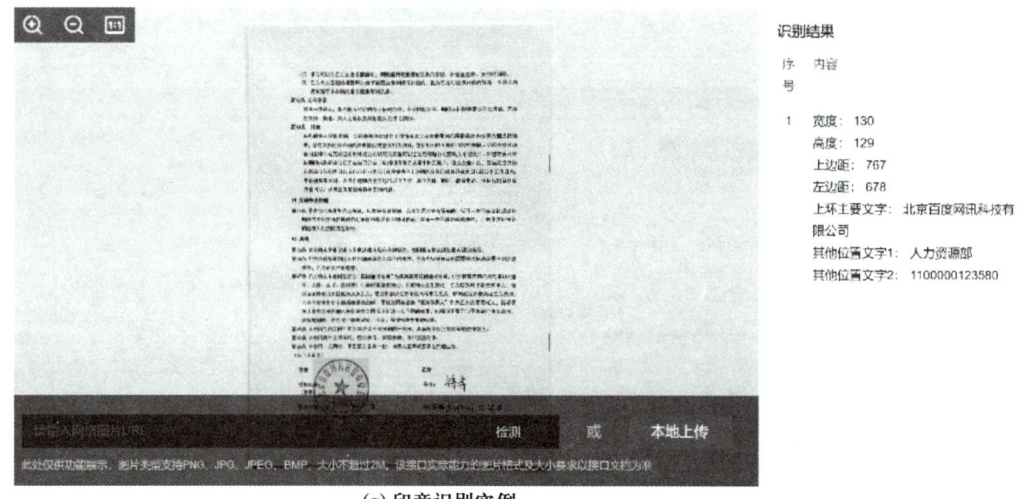

(g) 印章识别实例

图 2.22　通用文字识别实例

2.2.8　卡证文字识别

在卡证文字识别类中，提供了 6 大体验项目，分别是身份证识别、银行卡识别、营业执照识别、护照识别、户口本识别、结婚证识别。表 2.6 给出卡证文字识别的功能与应用场景，图 2.23 给出卡证文字识别实例。

表 2.6　卡证文字识别项目的功能与应用场景

序号	项目名称	功能描述	应用场景
1	身份证识别	结构化识别二代居民身份证正反面所有 8 个字段，识别准确率超过 99%；支持识别混贴身份证，适用于同一张图上有多张身份证正反面的场景；支持检测身份证正面头像，并返回头像切片的 base64 编码及位置信息	远程身份认证：使用身份证识别和人脸识别技术，自动识别录入用户身份信息，可应用于金融、保险、电商、O2O、直播等场景，对用户、商家、主播等进行实名身份认证，有效降低用户输入成本，控制业务风险
2	银行卡识别	结构化识别多款主流银行卡的卡号、有效期、发卡行、卡片类型、持卡人 5 个关键字段，识别准确率超过 99%	（1）金融远程身份认证 综合应用银行卡和身份证识别技术，结构化识别录入客户银行账户和身份信息，可应用于金融场景用户实名认证，有效降低用户输入成本，提升用户体验

续表

序号	项目名称	功能描述	应用场景
			（2）电商支付绑卡 　　接入银行卡识别 API 服务实现拍照识别，或集成移动端离线 SDK 实现设备端扫描识别，结构化返回卡号、卡片类型等信息，有效提升信息录入的准确性，并降低用户手工输入成本，提升用户使用体验
3	营业执照识别	支持结构化识别各类版式的营业执照，返回证件编号、社会信用代码、单位名称、地址、法人、类型、成立日期、有效日期、经营范围等关键字段信息	（1）商家资质审查 　　自动识别录入企业信息，应用于电商、零售、O2O 等行业的商户入驻审查场景，实现商户信息的自动化审查和结构化录入，大幅度提升服务标准和运营效率 （2）企业金融服务 　　自动识别录入企业信息，应用于企业银行开户、抵押贷款等金融服务场景，大幅度提升信息录入效率，并有效控制业务风险
4	护照识别	支持对中国大陆护照个人资料页 15 个字段进行结构化识别，包括国家码、护照号、姓名、姓名拼音、性别、出生地点、出生日期、签发地点、签发日期等	（1）境外旅游 　　结构化识别和录入用户护照信息，可应用于境外旅游产品预订、酒店入住登记等场景，满足护照信息自动录入的需求，有效提升信息录入效率，降低用户输入成本，提升用户使用体验 （2）留学信息登记 　　结构化识别和录入用户护照信息，可应用于留学机构信息收集或个人留学手续办理等场景，满足护照信息自动录入的需求，有效提升信息录入效率，降低用户输入成本，提升用户使用体验
5	户口本识别	结构化识别户口本内常住人口登记卡的全部 22 个字段以及户主页的 5 个关键字段，包括户号、姓名、与户主关系、性别、出生地、民族、出生日期、身份证号、曾用名、籍贯、宗教信仰等	（1）身份信息登记 　　识别户口本上的姓名、性别、出生地、出生日期、身份证号等信息，应用于新生儿建档、户口迁移、个人信贷申请、社会救济金申请等政务办理场景，帮助政务部门快速完成核验和登记，提升办事效率 （2）亲属关系登记 　　识别提取户口本上的姓名、与户主关系、身份证号等信息，应用于婚姻登记、遗产继承、子女入学登记等需证明亲属关系的民政业务场景，帮助政务部门快速提取申请人身份信息及关系，完成登记，提升办理效率
6	结婚证识别	结构化识别结婚证的全部 14 个字段，包括姓名、身份证件号、出生日期、国籍、结婚证字号、持证人、备注、登记日期等，可应用于婚姻关系证明、财产公证等业务场景	亲属关系登记：识别提取结婚证上的姓名、身份证号、结婚证字号等信息，应用于婚姻关系证明、财产公证、购房贷款、房屋更名等业务场景，帮助政务部门快速提取申请人身份信息及关系，完成登记，提升办理效率

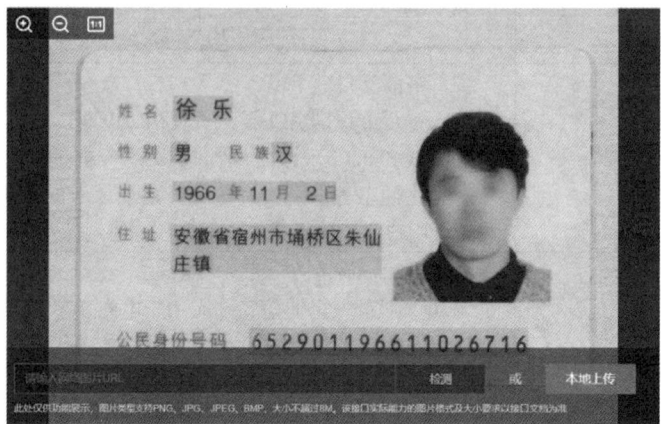

(a) 身份证识别

(b) 银行卡识别

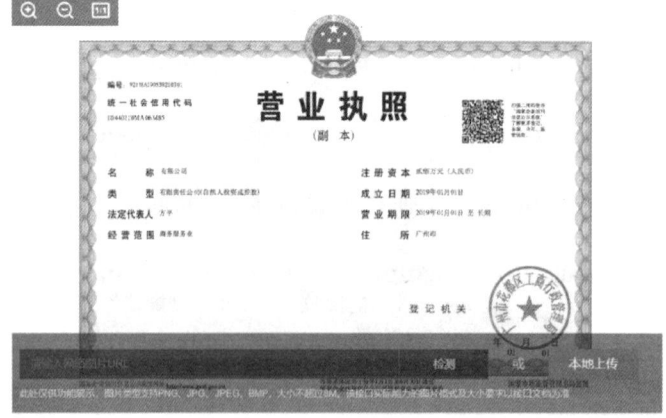

(c) 营业执照识别

2.2 现阶段 AI 能力认知

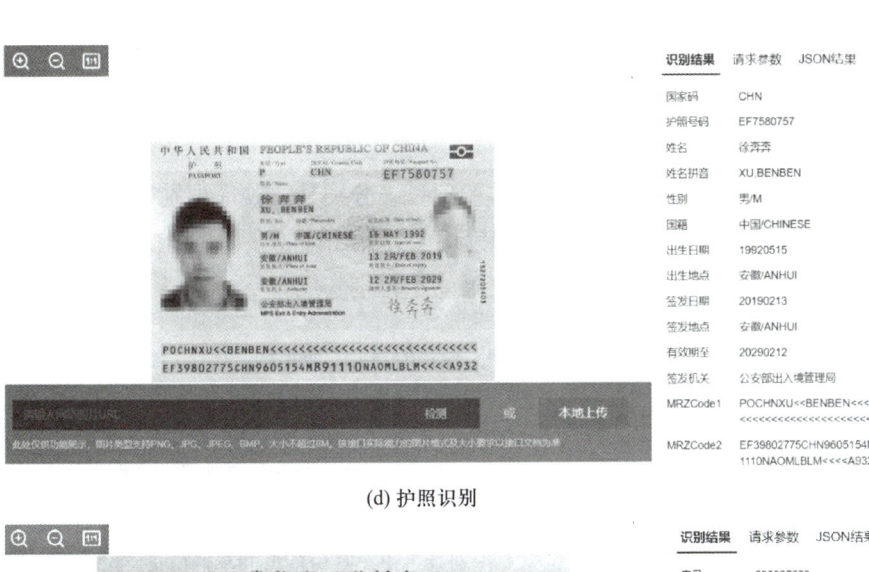

(d) 护照识别

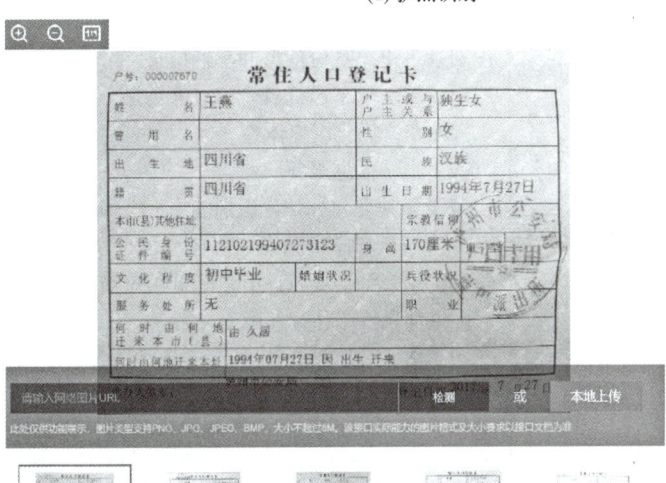
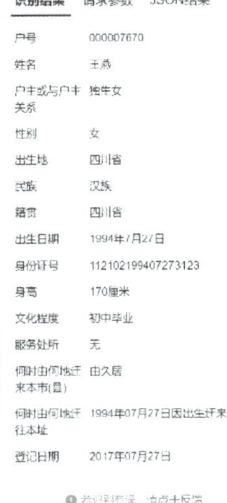

(e) 户口本识别

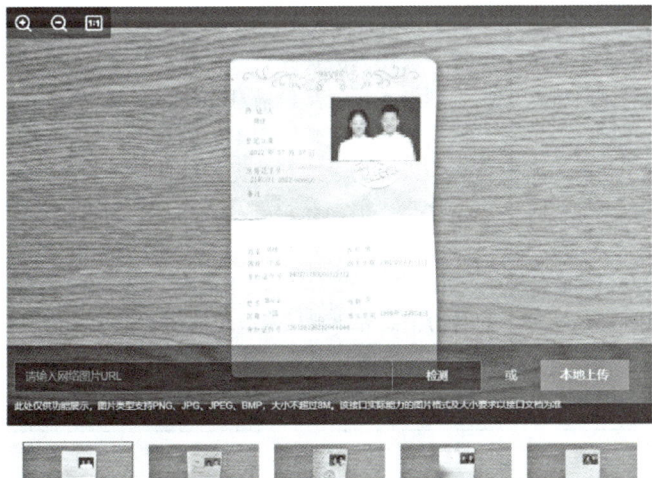

(f) 结婚证识别

图 2.23 卡证文字识别实例

2.2.9　交通文字识别

在交通文字识别类中，提供了 6 个体验项目，分别是行驶证识别、驾驶证识别、车牌识别、车架 VIN 码识别、车辆合格证识别、二手车销售发票识别。表 2.7 给出交通文字识别的功能与应用场景，图 2.24 给出交通文字识别实例。

表 2.7　交通文字识别项目的功能与应用场景

序号	项目名称	功能描述	应用场景
1	行驶证识别	对机动车行驶证主页及副页所有 22 个字段进行结构化识别，包括号牌号码、车辆类型、所有人、品牌型号、车辆识别代码、发动机号码、核定载人数、检验记录、发证单位等	（1）司机身份认证 综合应用行驶证、驾驶证和身份证识别技术，自动识别录入用户身份信息和车辆信息，可应用于网约车用户注册、货车司机身份审查等场景，有效提升信息录入效率，优化用户体验 （2）车主信息服务 基于驾驶证和行驶证识别能力，结构化识别录入用户身份信息和车辆信息，可应用于个性化信息推送、违章信息查询等场景，有效降低用户输入成本，为用户提供信息推送和查询服务 （3）汽车后市场服务 使用汽车场景下多种卡证和票据识别服务，结构化识别录入用户身份信息和车辆信息，可应用于新能源汽车国家补贴申报、汽车金融保险、维修保养等后市场服务场景，有效提升信息录入效率，优化用户体验
2	驾驶证识别	结构化识别机动车驾驶证正页及副页所有 15 个字段，包括证号、姓名、住址、初次领证日期、准驾车型等。同时支持识别交管 12123 App 发放的电子驾驶证正页，包括证号、姓名等全部 15 个字段	（1）司机身份认证 综合应用驾驶证、行驶证和身份证识别技术，自动识别录入用户身份信息和车辆信息，可应用于共享汽车用户注册、网约车司机身份审查、货车车主信息录入等场景，有效提升信息录入效率，优化用户体验 （2）车主信息服务 基于驾驶证和行驶证识别能力，结构化识别录入用户身份信息和车辆信息，可应用于个性化信息推送、违章信息查询等场景，有效降低用户输入成本，为用户提供信息推送和查询服务

续表

序号	项目名称	功能描述	应用场景
3	车牌识别	识别中国大陆各类机动车车牌信息，支持蓝牌、黄牌（单双行）、绿牌、大型新能源（黄绿）、领使馆车牌、警牌、武警牌（单双行）、军牌（单双行）、港澳出入境车牌、农用车牌、民航车牌，并能同时识别图像中的多张车牌	（1）车辆进出场识别 自动识别车辆车牌信息，应用于停车场、小区、工厂等场景，实现无卡、无人的车辆进出场自动化、规范化管理，有效降低人力成本和通行卡证制作成本，大幅度提升管理效率 （2）交通违章检测 自动识别定位违章车辆信息，实时检测并记录交通违章行为，有效降低人力监控成本，提升管理效率
4	VIN码识别	识别车辆挡风玻璃处的车架号码，可应用于4S店车辆出入库管理、车辆出租管理等场景，快速完成车辆信息统计及管理	（1）车辆信息管理 自动识别录入各种车辆车架号码，可应用于4S店车辆出入库管理、车辆出租管理等场景，快速完成车辆信息统计及管理，有效降低人工录入成本，实现车辆管理的自动化 （2）车辆维修登记 精准识别车辆信息，应用于车辆维修保养场景，作为唯一识别信息，登记并读取车辆型号、制造厂商、发动机型号等关键信息，降低维修人员的信息录入成本
5	车辆合格证识别	结构化识别车辆合格证的28个关键字段，包括合格证编号、发证日期及制造企业名、品牌、名称、型号等车辆信息等	（1）车辆信息登记 自动识别购买车辆的各项关键信息，应用于车辆信息核对、车辆上户、车牌申领等场景，快速录入车辆信息，有效降低人工成本，实现车辆信息登记的自动化 （2）汽车后市场服务 对车辆信息进行结构化识别，应用于汽车金融保险办理、车辆抵押贷款等场景，自动化录入车辆信息，有效降低车主手动输入成本，提升用户使用体验
6	二手车销售发票识别	可结构化识别二手车销售发票的25个关键字段，包括发票代码、发票号码、开票日期、买方、卖方、车牌号、车辆类型、二手车市场等	（1）二手车交易服务 快速识别录入买方信息、卖方信息、车辆信息、二手车市场等内容，帮助二手车交易平台高效完成信息管理，有效降低人工录入成本 （2）汽车后市场服务 结构化识别车辆发票信息，可应用于汽车金融保险办理、车辆购置税缴纳、年审、过户等场景，降低车主输入成本，提升用户使用体验

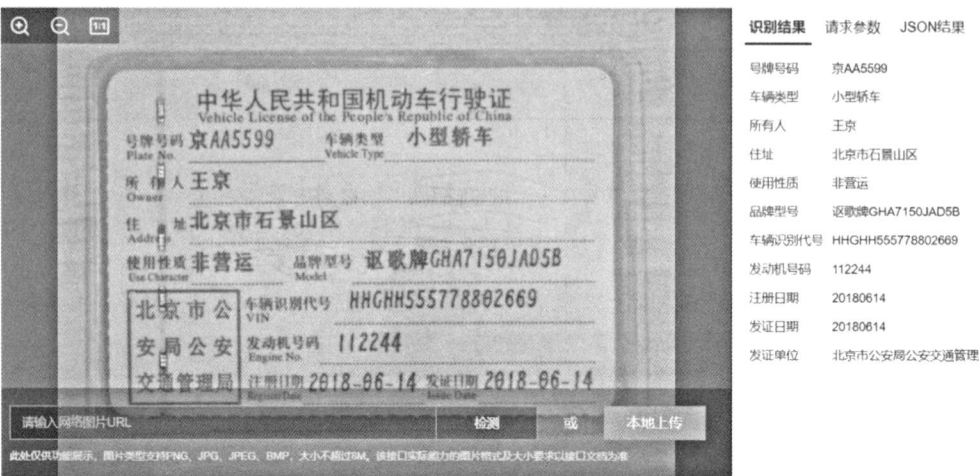

(a) 行驶证识别

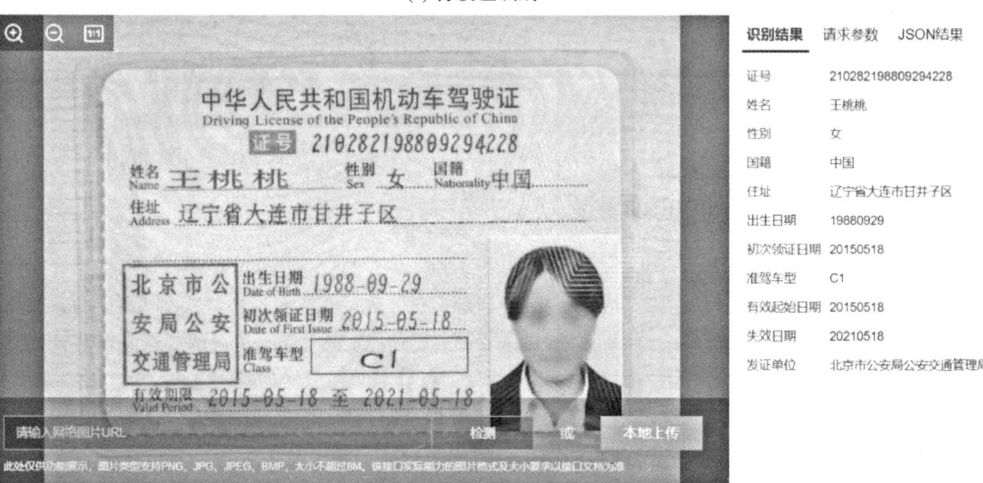

(b) 驾驶证识别

(c) 车牌识别

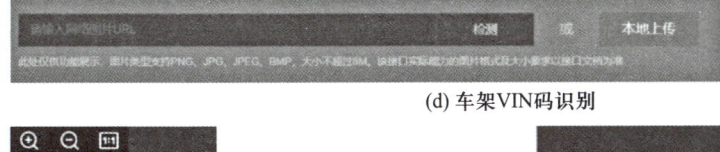

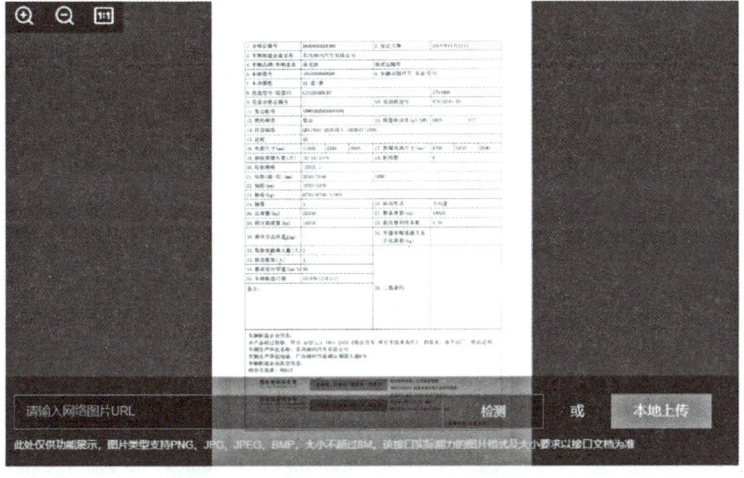

(d) 车架VIN码识别

(e) 车辆合格证识别

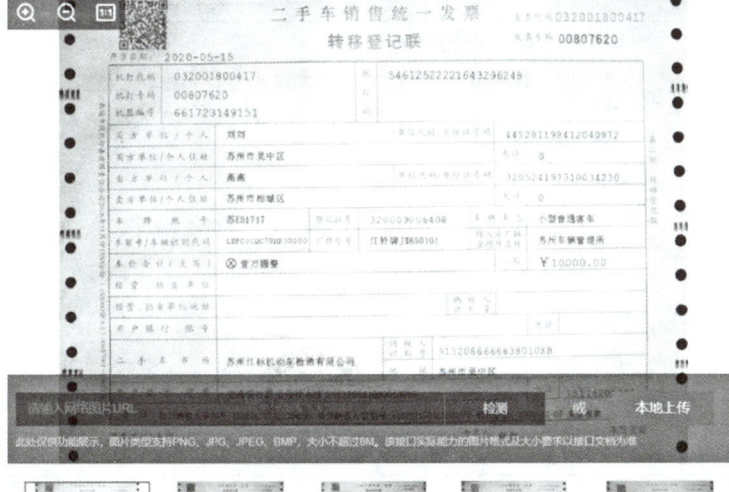

(f) 二手车销售发票识别

图 2.24 交通文字识别实例

2.2.10 票据文字识别

在票据文字识别类中，提供了七大体验项目，分别是智能财务票据识别、银行回单识别、增值税发票识别、火车票识别、出租车票识别、飞机行程单识别、网约车行程单识别。表 2.8 给出票据文字识别的功能与应用场景，图 2.25 给出票据文字识别实例。

表 2.8 票据文字识别项目的功能与应用场景

序号	项目名称	功能描述	应用场景
1	智能财务票据识别	针对财务场景中 13 类常见票据，进行智能分类及结构化识别，无须提前进行手动分类处理，上传图片即可完成自动分类、识别及信息提取。助力企业内部报销、代理记账等业务场景效率升级，降低企业运营成本	（1）财税报销 针对企业员工提交的原始票据粘贴单，快速完成各类报销凭证的自动切分及结构化识别，应用于内部报销、核算、记录等场景，减轻员工报销难度，提升财务核算效率，简化报销流程 （2）代理记账 应用智能票据识别能力，帮助代理记账企业实现票面信息采集、结构化信息提取、发票验真、财务核算等全流程自动化，有效提升代账企业的服务效率
2	银行回单识别	支持对各大银行不同版式的收/付款回单进行结构化识别，包括标题、收/付款人户名、收/付款人开户银行、收/付款人账号、大/小写金额、回单编号等 14 个关键字段	财税记账：使用银行回单识别技术，对企业对外交易产生的银行回单凭证进行识别和录入，可应用于企业内部做账及税务核算等场景，能够有效减少人工录入工作量，实现财税报销的自动化
3	增值税发票识别	结构化识别增值税普票、专票、卷票、区块链发票、全电发票的所有关键字段，包括发票基本信息、销售方及购买方信息、商品信息、价税信息等，其中五要素识别准确率超过 99%	（1）财税报销 快速识别录入增值税普票或专票各字段信息，应用于企业税务核算及内部报销等场景，有效减少人工核算工作量，实现财税报销的自动化 （2）发票验真 智能识别发票代码、号码、开具金额、开票日期四个关键字段，以便快速接入税务机关发票查验平台进行真伪查验，有效降低人力成本，控制业务风险 （3）账单记录 对发票金额、开票日期等信息进行自动识别和录入，应用于理财记账场景，帮助用户快速录入账单信息，降低用户输入成本，提升使用体验

2.2 现阶段 AI 能力认知

续表

序号	项目名称	功能描述	应用场景
4	火车票识别	支持对红、蓝火车票的13个关键字段进行结构化识别，包括车票号码、始发站、目的站、车次、日期、票价、席别、姓名、座位号、身份证号、售票站、序列号、时间	（1）财税报销 使用火车票识别技术，实现对始发站、目的站、乘车人、票价等信息的自动识别和录入，应用于企业税务核算及内部报销等场景，能够有效减少人工核算工作量，降低人力成本，实现财税报销的自动化 （2）日程记录 使用火车票识别技术，实现对车次、日期等信息的识别和录入，可应用于个人行程规划与记录类移动应用，高效准确的识别服务可以满足用户快速录入行程信息的需求，有效降低用户输入成本，提升用户使用体验
5	出租车票识别	识别全国各大城市出租车票的16个关键字段，包括发票号码、代码、车号、日期、总金额、燃油附加费、叫车服务费、上下车时间等	（1）财税报销 自动识别并录入出租车票的关键字段，应用于企业税务核算及内部报销等场景，能够有效减少人工核算工作量，降低人力成本，实现财税报销的自动化 （2）日程记录 自动识别并录入乘车日期、时间等信息，可应用于个人行程规划与记录类移动应用，用户无须手动录入行程信息，有效提升使用体验
6	飞机行程单识别	对飞机行程单的24个字段进行结构化识别，包括电子客票号、印刷序号、姓名、始发站、目的站、航班号、日期、时间、票价、身份证号、承运人、保险费、燃油附加费、其他税费、合计金额、订票渠道等；同时，可识别单张行程单上的多航班信息	（1）财税报销 自动识别录入乘机人姓名、日期、始发站、目的站、票价等信息，应用于企业内部报销等场景，有效减少人工录入、核算成本，实现财税报销的自动化 （2）日程记录 快速录入航班号、日期、始发站、目的站等信息，应用于个人行程规划与记录类移动应用，一键录入行程信息，有效降低用户输入成本，提升使用体验
7	网约车行程单识别	对各大主要服务商的网约车行程单进行结构化识别，包括滴滴打车、花小猪打车、高德地图、曹操出行、阳光出行，支持识别服务商、行程开始及结束时间、车型、总金额等14个关键字段。可用于企业税务核算及内部报销等场景，有效提升财税报销的业务效率	财税报销：使用网约车行程单识别技术，自动识别录入服务商、行程开始时间、行程结束时间、车型、总金额等字段信息，应用于企业税务核算及内部报销等业务场景，有效减少人工核算工作量，降低人力成本，实现财税报销的自动化

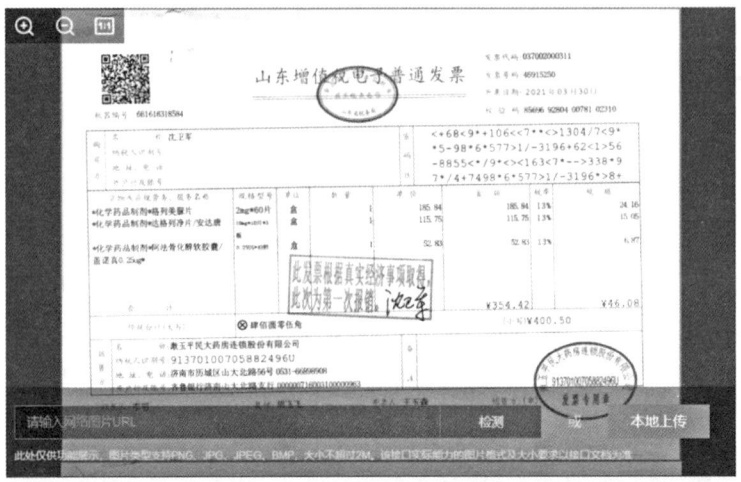

(a) 智能财务票据识别

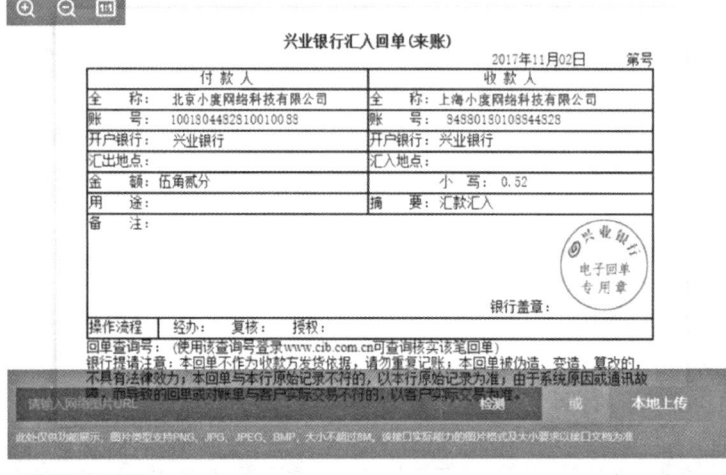

(b) 银行回单识别

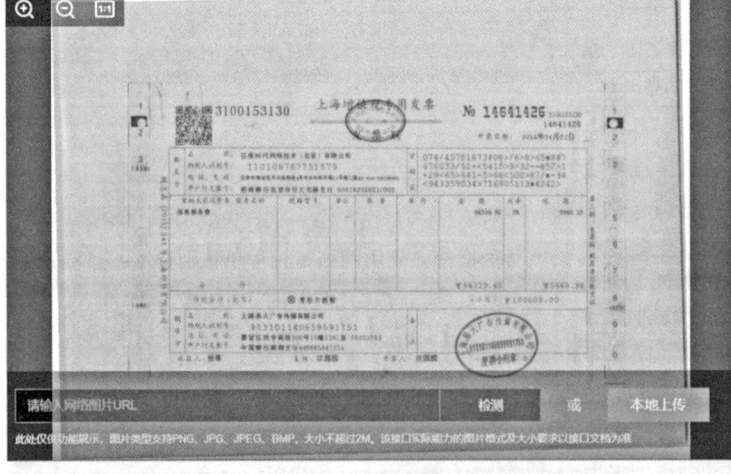

(c) 增值税发票识别

(d) 火车票识别

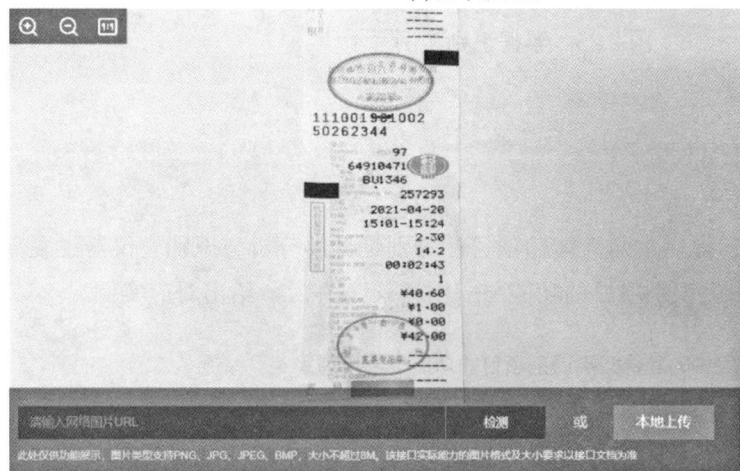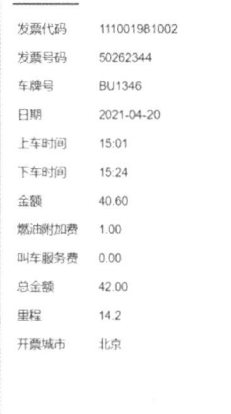

(e) 出租车票识别

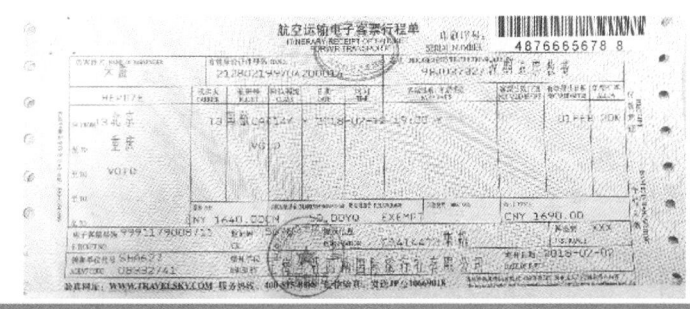

(f) 飞机行程单识别

(g) 网约车行程单识别

图 2.25　票据识别实例

2.2.11　其他文字识别

在其他文字识别类中，提供了两大体验项目，分别是试卷分析与识别、仪器仪表盘读数识别。表 2.9 给出这两类识别项目的功能与应用场景，图 2.26 给出对应实例。

表 2.9　其他文字识别项目的功能与应用场景

序号	项目名称	功能描述	应用场景
1	试卷分析与识别	对试卷、教材等内容进行整页识别，输出其中的图、表、标题、文本等元素的文字信息和位置信息。支持扫描和拍照场景，支持印刷、手写文字的分类与识别，支持公式识别和手写竖式识别。适用于智能批改、题目检索等智慧教育场景	智能阅卷：通过拍照设备将纸质作业、作文、试卷信息转化为图片，自动提取识别题目、答题内容，可在提取结果上二次开发，如与答案库进行正确性匹配，方便教师快速判卷，提升工作效率及质量，促进教学管理的数字化和智能化
2	仪器仪表盘读数识别	检测和识别表盘上的数字、英文和符号，适用于不同品牌和型号的仪器仪表盘读数，支持各类血糖仪、血压仪、燃气表、电表等液晶屏或字轮表的多种表型	仪器仪表数据快速录入：自动识别采集到的仪器仪表数值信息，快速录入到业务系统中，有效解决人工抄录过程中抄错、抄漏等问题，减少人工录入工作量，降低企业人力成本

2.3 人工智能前沿能力

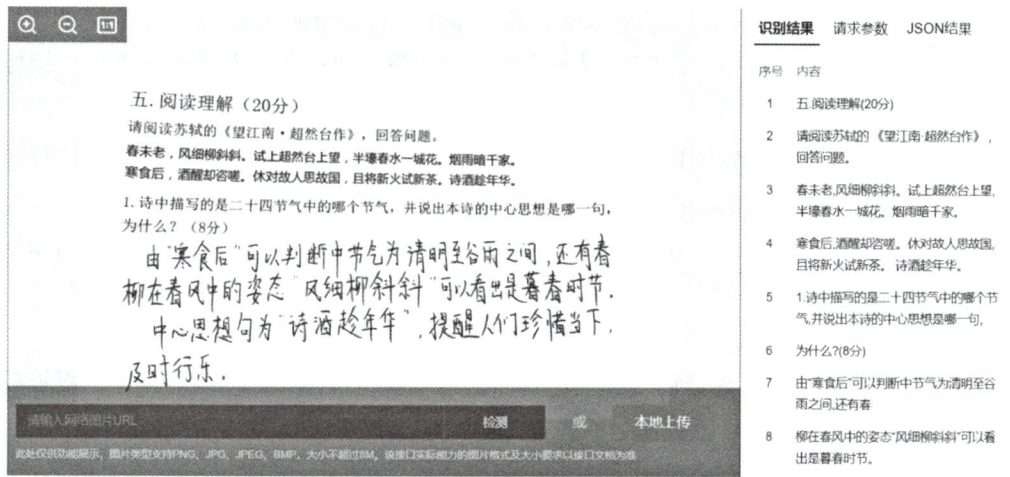

(a) 试卷分析与识别

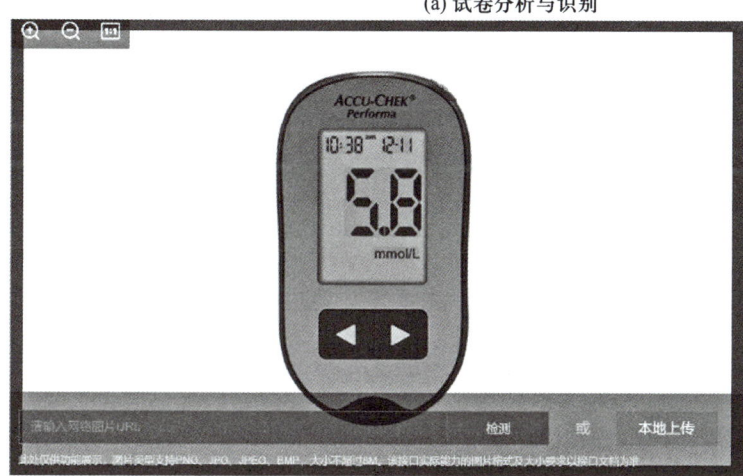

(b) 仪器读数识别

图 2.26 其他文字识别实例

2.3 人工智能前沿能力

2.3.1 自动驾驶

自动驾驶系统是通过车载传感系统感知道路环境，并根据感知所获得的道路、车辆位置和障碍物信息，控制车辆的转向和速度，从而使车辆能够安全、可靠地在道路上行驶并到达预定地点的功能。自动驾驶通过计算机系统实现无人驾驶，自动驾驶汽车依靠人工智能、视觉计算、雷达、监控装置和全球定位系统协同合作，让计算机可以在没有任何人类主动的操作下，自动安全地操作机动车

微视频 2-3：
自动驾驶

辆。自动驾驶整体框架是一个复杂的系统，涉及多个关键组件和技术。

在自动驾驶整体框架中，感知层用来代替人的眼睛，通过传感器（激光雷达、摄像头、毫米波雷达、高精地图等）来采集驾驶员行驶过程中涉及的驾驶信息；决策层用来代替人的大脑，通过获取到的信息进行计算，制订相应的控制策略；执行层则是代替人的手脚，将接收到的控制策略进行执行，其中包括加减速、转向等。

自动驾驶技术根据其自动化程度的不同，被划分为不同的等级。根据《SAE 国际标准（J3016）》对自动驾驶分级的定义，自动驾驶从 L0（无自动化）到 L5（完全自动驾驶）共分为六个级别。

L0 级：无自动驾驶，完全由驾驶员进行操作驾驶，包括转向、制动、加速踏板等都由驾驶员自行判断，汽车只负责命令的执行。

L1 级：辅助驾驶，车辆具备基本的驾驶辅助功能，如自动泊车、自适应巡航等，但仍需要驾驶员监控和随时接管。

L2 级：部分自动驾驶，车辆可以在特定条件下自动进行加速、刹车和转向控制，但驾驶员必须始终保持注意力并准备接管。

L3 级：有条件自动驾驶，在特定场景下（如高速公路），车辆可以实现自动驾驶，驾驶员可以暂时将注意力从驾驶任务中转移，但在系统请求时需要接管。

L4 级：高度自动驾驶，车辆能够在限定条件下（如特定区域或天气条件）实现完全自动驾驶，无须驾驶员干预。但在不适合的条件下，系统会请求接管。

L5 级：完全自动驾驶，在任何可行驶条件下持续地执行全部动态驾驶任务和执行动态驾驶任务接管，不需要人为关注，完全自动化，甚至可能不会有方向盘或制动踏板。

这些等级反映了自动驾驶技术从辅助驾驶到完全自动驾驶的演进过程，每个等级都有其特定的技术要求和应用场景。随着技术的发展，自动驾驶的等级也在不断提升，逐步实现更高级的自动化驾驶功能。

2.3.2　科学研究范式与 AI for Science

在长期的科学研究实践中，研究人员总结出四种科学研究范式，即在科学研究中常用的 4 种方法论框架，分别是实验范式、理论范式、计算范式和数据范式。

实验范式的核心思想是通过控制变量和实验操作来验证假设和理论，该范式基于经验观察总结规律，它被广泛应用于物理学、化学、生物学等自然科学领域以及心理学、经济学等部分社会科学领域。该范式的研究方法是通过设计实验、控制实验条件、观察和记录实验结果、对比实验组和对照组的结果来验证假设，如大家耳熟能详的比萨斜塔实验。该范式的优点是能够直接验证因果关系，结果具有较高的可重复性和可靠性，能够直接验证因果关系，其缺点是实验条件可能与实际情况有差异，实验结果的普适性可能受到限制。

理论范式的核心思想是通过数学建模和逻辑推理来构建理论体系和解释现象，该范式被广泛应用于物理学、数学、经济学等理论性较强的学科。其研究方法是通过建立数学模型和理论推导，利用逻辑推理，提出新的理论或解释，如物理学中经典的牛顿定律。该范式的优点在于能够提供系统的理论框架、解释复杂现象，但其缺点也很明显，即理论的建立需要高度抽象和理想化的假设，与实际应用可能存在差距。

随着计算机和信息技术的发展，计算范式在气候科学、天体物理学、生物学、社会科学等复杂系统的研究中被广泛应用，其核心思想是利用计算机模拟和数值计算来研究复杂系统和现象。在该范式的研究中，需要构建计算机模型，进行数值模拟和计算，分析模拟结果，验证理论或假设，如在气候科学中可以通过计算机模拟全球气候变化过程，使天气预测从经验总结的玄学进化到了科学。该范式的优点在于能够处理复杂的非线性系统和大规模数据，模拟现实世界中难以直接观察的现象，其缺点在于计算结果的准确性依赖于模型的准确性和计算资源，可能存在计算误差。

数据范式的核心思想是通过大数据分析和机器学习技术，直接从海量数据中挖掘规律、发现模式并预测趋势，而非依赖先验理论假设或数学模型。数据范式强调数据本身作为科学发现的核心资源，通过统计关联性揭示现象间的潜在联系。数据范式广泛应用于数据密集型学科，包括计算机科学、生物信息学、社会科学、金融与商业分析、医学、环境科学等涉及高维度、非线性问题的学科。该范式的优点在于可以高效处理发展问题、发现未知规律，但其缺点在于高度依赖数据质量，而且可解释性不足，难以追溯因果机制。

科学研究的四种范式各有特点和优势，在实际研究中常常相互结合和补充。例如，在研究复杂生物系统时，可能需要通过实验来获取数据、利用计算范式进行模拟、再结合理论范式进行解释和预测、最后通过数据范式来验证和优化模型。这种多范式结合的研究方法能够更全面地揭示科学问题的本质，推动科学的深入发展。

"AI for Science"是指利用人工智能技术解决科学研究中复杂问题和挑战的新兴领域。随着计算能力的快速增长和机器学习算法的进步，该方法能否成为科学研究的第五范式尚未可知，但其在各个科学领域的应用日益广泛，持续推动科学前沿不断发展。如在生命科学领域中，在人工智能的帮助下，药物研发过程中的大部分实验可以像汽车、飞机等工业领域实现仿真模拟，通过计算手段进行测试和筛选，再通过真实实验进一步验证和筛选，能够大幅减少真实实验带来的时间和经济成本的消耗，加速药物研发过程、减少药物研发成本。

2.3.3 通用人工智能

在前面已经介绍和感受了人工智能的多种能力，但这些能力只是人类众多能力中的一种或几种，如人工智能的人脸识别功能只能识别人脸而不是识别动物，但人却可以识别人、动物、车辆、建筑等。图灵测试中测试的也只是测试机器与人对话的能力，而对话能力只是人类众多能力的冰山一角。

机器是否能拥有与人类同等的认知能力？这个问题至少目前还没有答案，但研究人员已经开始憧憬并努力向为实现通用人工智能（artificial general intelligence，AGI）而努力。区分一般人工智能和通用人工智能的关键在于通用性：人工智能系统通常针对特定任务进行设计，并且只能在该任务范围内表现出智能，而通用人工智能能够学习和执行广泛的任务，而无须进行重新编程或重新设计。

咖啡测试是一个知名的通用人工智能测试，主要用于测试机器在生活空间中的操作技能：将一部机器带到任何一个普通的家庭中，要求它在不经刻意设计的条件下，泡好一杯咖啡。为此，机器需要主动在陌生空间中认识咖啡机、咖啡、水、杯子等物品，然后控制机械手的运动、拿起杯子并放好，然后按下正确的按键以冲泡咖啡。

与传统的图灵测试不同，咖啡测试需要综合利用机器视觉、机器人学、自动化、控制、机械等多种学科的知识，实现环境感知、问题分析、决策制定、机械控制整个流程。

2.3.4　具身智能

具身智能（embodied intelligence，EI）顾名思义，是赋予"身体"或"载体"的人工智能，可以让机器（无论是否是人形的机器）能够像人类一样，通过物理交互实现智能的不断提升。具身智能不仅依赖算法和数据，还通过感知和行动与物理世界进行交互，从而在行动中学习与进化。具身智能涉及多个学科的融合，不仅包括人工智能相关技术，也包括传统机器人领域的机械制造、自动化、嵌入式、控制优化等，它有望成为迈向通用人工智能的重要推动力，并在工业、医疗、自动驾驶等多个领域带来深远影响。

在机器人领域，传统的机器人是在已知环境完成一系列重复动作，为实现精确控制需要事先编程，人工智能时代的机器人可以借助类人的感知方式（视觉、听觉、语言、触觉等）、使用大语言模型和语音识别与人交互，而未来的具身智能会实现机器人自主学习和处理问题，在环境变化或不确定时进行自动调整、自动规划和自动控制。如在工业制造领域，具身智能有望实现让机器人通过自然语言和大语言模型交流，然后根据交流结果来控制机械臂、无人机、移动机器人等。

本 章 小 结

本章深入探讨了人工智能（AI）的能力范畴，从典型技术能力到现阶段的应用认知，再到前沿能力的探索，全方位地揭示了 AI 技术的核心竞争力和巨大潜力。

在典型技术能力方面，详细介绍了机器视觉、自然语言处理和语音处理三大领域。

机器视觉使机器能够"看"并理解图像和视频中的信息；自然语言处理技术则让机器能够理解、解释和生成人类语言，成为连接人与机器之间的重要桥梁，极大地提升了信息检索和社交媒体分析的效率和准确性；语音处理技术则专注于声音的识别、理解和生成，为语音助手、智能客服等应用提供了坚实的基础。

在现阶段 AI 能力认知方面，以百度 AI 能力体验中心为例，展示了 AI 技术特别是机器视觉、自然语言处理和语音处理等方面的丰富应用场景。通过互动体验的方式，使用者能够亲身感受到 AI 技术如何深刻改变着我们的生活和工作方式，从而深刻理解并直观体会到 AI 如何逐步重塑世界，推动社会进步与产业升级。

在前沿能力探索方面，介绍了自动驾驶、AI for Science、通用人工智能、具身智能等新兴研究方向。

综上所述，AI 领域正经历着前所未有的变革和创新，其典型技术能力、现阶段应用认知以及前沿能力共同推动着 AI 技术的不断发展和进步，为人类社会带来了前所未有的机遇和挑战。未来，随着技术的不断进步和应用场景的不断拓展，AI 将在更多领域发挥重要作用，为人类社会的进步贡献更大的力量。

习　　题

1. 在教室或实验室中，站在不同位置为教室或实验室中的人群拍摄 4 张照片，然后使用百度 AI 能力体验中心人脸与人体识别技术进行人员计数，然后验证并分析如下问题。

（1）每张照片使用人工智能技术计数得到的结果是否一致？为什么？

（2）人工智能计数得到的人数与人群实际数量是否一致？为什么？

（3）为了得到更准确的结果，最好在什么位置拍照？

2. 在百度 AI 能力体验中心中多次用到了物体检测技术，列出 4~5 种使用到了物体检测技术的能力，分析其底层技术的普适性，并思考物体检测技术还可以迁移到哪些其他场景。

3. 使用百度 AI 能力体验中心的语言理解技术，给出成功和失败的例子，并分析技术的适用范围及其局限性。

4. 使用百度 AI 能力体验中心的通用文字识别技术，给出成功和失败的例子，并分析技术的适用范围及其局限性。

5. 以某个智能化产品或设备为例，根据产品的功能分析用到的人工智能技术，并识别各项技术的输入和输出。

第 3 章

大语言模型与应用

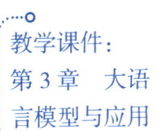

教学课件：
第 3 章 大语言模型与应用

电子教案：
第 3 章 大语言模型与应用

3.1 背景介绍

在当今数字化、信息化快速发展的时代，数据成为新生产要素，算力成为新基础能源，人工智能成为新生产工具。以 ChatGPT（chat generative pre-trained transformer）为代表的生成式人工智能技术获得了前所未有的关注，众多国内外科技企业快速开展大语言模型的研发和应用，促进了大语言模型能力和应用的快速演进。

语言是人类与其他动物最重要的区别，人类主要使用语言进行表达与交流。如今，大部分互联网数万亿网页资源都是用自然语言描述，而自然语言处理是人工智能领域的一个重要分支，它致力于让计算机能够理解、解释、处理人类语言。其中语言模型是对语言数据的统计学建模，也是提升机器语言智能的主要技术途径之一。

大语言模型（large language model，LLM），简称大模型，是一种专门处理自然语言的人工智能模型。在 2022 年 11 月 30 日发布的全新聊天机器人模型——ChatGPT，能通过问答的方式提供远超传统聊天机器人的强大功能，在技术上极大提高了人机对话效率和自然程度，使人工智能系统能够很好地理解人类意图，更"像人"一样进行对话交流，并可生成类人思维的文本。

3.2　大语言模型概论

3.2.1　语言模型的发展历程

语言模型本质上是要模拟人类学习语言的过程，从数学的角度看，它就是一个概率分布模型，利用统计方法来预测下一个词或句子出现的概率。自 20 世纪 80 年代起，其发展可以分为四个阶段。

（1）统计语言模型的奠基

20 世纪 80 年代，统计语言模型在 NLP（natural language processing，自然语言处理）领域开始崭露头角，其基于统计学理论建立单词预测模型。然而，由于需要估计指数级数量的转移概率，常常面临着"维数灾难"，因此很难准确估计高阶语言模型，表达能力有限。

（2）神经网络语言模型的萌芽与成长

进入 21 世纪后，神经网络被研究者引入语言模型领域，通过神经网络表征词序列的概率。神经网络语言模型采用分布式表示来编码单词信息（词向量），并建立词预测函数。这意味着模型开始理解单词间的语义关联，而非仅仅依赖表面的文本序列。

（3）预训练语言模型的爆发

21 世纪 10 年代中期以后，预训练语言模型如 BERT、GPT 等如雨后春笋般涌现，它们借助海量无标注文本进行大规模预训练，学习通用的语言知识与模式，然后针对特定任务在小规模标注数据上微调。该模式被称为"预训练和微调"，以训练狗为例，可以训练狗坐、跑、躺、站等通用动作，但如果有特定需求（如牧羊犬、警犬、搜救犬）则需要特殊的训练方法。在实际应用中，预训练语言模型展现出惊人的适应性与高效性，几乎重塑了自然语言处理的各个应用场景，大大拓展了语言模型的实用边界。

（4）大语言模型的全面领航

Open AI 发布的 ChatGPT 模型，代表着大模型时代的开启。在该模型中，通过规模扩展（如增加模型参数规模或训练数据规模）可带来模型性能的提升，这种现象称为"规模法则"（scaling laws）。因此，为区别能力上的差异，这些大型预训练语言模型被命名为"大语言模型"[6]，大语言模型已全面渗透进社会各个角落，从教育辅助、内容创作到科学研究等，正持续改写人类与知识交互、创造的方式，成为驱动新一代人工智能的核心技术。

3.2.2 大语言模型的特点

大语言模型是一类基于深度学习架构，通过对海量文本数据进行训练而成的语言模型。它以神经网络为基础，通常包含数十亿、数千亿甚至数万亿的可学习参数，这些参数在大规模无标注文本的训练过程中不断优化调整，从而具备强大的语言理解与生成能力。

大模型的"大"体现在训练数据量大、模型参数和层数多、计算量大，其价值体现在通用性和良好的泛化能力，可以实现文本分类、问答等任务，还能进行文本生成、多轮对话等更复杂的语言交互，直至展现出创造性思维。大模型因其训练数据、模型参数和计算资源的大规模而具备三大特点。

（1）涌现性

当模型的训练数据和参数不断扩大，在达到一定的临界规模后，其表现出了一些未能预测的、更复杂的能力和特性，模型能够从原始训练数据中自动学习并发现新的、更高层次的特征和模式，这种能力被称为"涌现能力"。具备涌现能力的机器学习模型就被认为是独立意义上的大模型，这也是其和小模型最大意义上的区别。相比小模型，大模型具有更强的表达能力和更高的准确度，但也需要更多的计算资源和时间来训练和推理，适用于数据量较大、计算资源充足的场景，例如云计算、高性能计算等。

（2）通用性

大模型突破了传统模型只能适配单一或少数特定任务的局限，展现出广泛的适用性。一个训练成熟的大模型，如同一位全能型的知识专家，只需经过简单的适配甚至无须额外调整，就能在不同行业、不同场景下发挥作用，极大地节省了针对各个细分领域单独研发模型的成本与精力，为实现通用人工智能提供了有力支撑。

（3）泛化性

大模型具备出色的知识迁移能力，即泛化性。当接触到全新数据、任务或场景时，它不会束手无策，而是基于过往对海量数据的深度剖析，提取出具有普遍性的特征与规律，进而对新情况做出合理判断与回应。这种泛化能力使得大模型在瞬息万变的现实应用中始终保持较高的实用性与适应性。

3.3 大语言模型的应用

3.3.1 大语言模型相关的术语

在大模型使用中会经常遇到专业术语。为了更好地入门，需要了解常用的术语。为此，下面首先介绍若干术语并对其进行解释。

① 模型参数：指模型规模的大小，通常用字母"B"表示，1 B 指 1 Billion，即 10 亿。此外还有其他的单位：如"K"（千）、"M"（百万）或"T"（万亿）。例如，GPT-4 具有 175 B 即 1 750 亿参数，巨大的参数量可以保障该模型可生成流畅文本、编写代码、解答问题等。

② token：指文本中的最小单元或基本元素，也被称为"标记"或"词元"。token 的常见类型包括词 token，如"apple"；子词 token，如"learn"和"ing"；标点 token，如逗号、句号；数字 token，如"8"。掌握 token 的拆分对于理解模型的输出至关重要，大模型通过将输入的文本分解为一系列的 token 来理解文本，并计算每个 token 之间的关系，进而理解句子的含义。在生成任务中，大模型也是逐步预测下一个 token，直到生成完整的文本。

③ 上下文窗口：指模型在处理数据时能够考虑到的前文和后文的信息范围，用 token 数量表示。较大的上下文窗口使模型能够更好地理解文本的整体语境和语义逻辑，从而生成更连贯、更符合上下文的回复。同时，上下文窗口的长度是大模型的一个重要属性，例如，Kimi 最开始推出时上下文长度为 20 万字，现在支持 200 万字。

3.3.2 国内主流大语言模型平台

截至 2024 年 10 月，国内注册备案并上线为公众提供服务的生成式人工智能服务大模型近 200 个，注册用户超过了 6 亿，市面上存在大量的基于大模型的应用平台。多数平台都采用聊天对话的方式，面向的应用场景类型非常丰富。表 3.1 简要给出了部分常见国产大模型平台的基本信息，其中关于客户端类型的具体含义如下。

（1）网页

大模型平台的网页端可直接通过浏览器访问，用户进入相应官网后即可使用，优点是无须安装额外软件，只要有浏览器和网络，就能方便使用。

（2）App

App 是为智能手机、平板电脑等移动设备定制开发的软件应用。借助触摸屏、内置传感器等部件，为用户提供便捷和个性化服务。用户可随时随地使用，通过应用商店下载安装和更新，还能根据移动设备的特点进行优化，提供更好的用户体验，但需占用一定的设备存储空间。

（3）微信小程序

微信小程序是一种无须下载安装即可使用的应用，用户在微信内通过扫一扫或搜索即可打开使用。微信小程序运行在微信内部，具有体积小、启动快、用户体验流畅等特点，完美契合了现代快节奏生活中人们对高效获取服务的需求。可利用微信社交关系分享传播，为用户提供轻量化、场景化服务体验，但功能和性能相对 App 可能受限，且受微信平台规则和政策的约束。

（4）桌面

桌面端是针对桌面操作系统开发的应用程序，需安装在计算机本地硬盘上。它可充分利用计算机硬件资源实现复杂功能，并且可以与本地操作系统和桌面应用深度融合，一般支持 Windows、macOS 系统。

（5）浏览器插件

浏览器插件是安装在浏览器上的小型软件模块，可以扩展浏览器的功能并提高效率。插件可以通过快捷命令、智能工具栏和侧边栏等方式，极大地提升用户的互动体验。用户可以通过简单的快捷键或语音命令，快速调用插件的功能，进行搜索、翻译或内容总结等操作。这种即时性和便捷性是插件的一大优势，使得用户在浏览网页时能够更加专注于内容本身，而不是被烦琐的操作所干扰。

表 3.1　国内常见大模型平台

名称	所属公司	发布时间	客户端类型
文心一言	百度	2023 年 2 月 7 日	网页、App（文小言）、桌面（文小言）
Kimi	月之暗面	2023 年 10 月 9 日	网页、App、微信小程序、桌面、浏览器插件
豆包	字节跳动	2023 年 8 月 17 日	网页、App、桌面、浏览器插件
智谱清言	智谱华章	2023 年 8 月 31 日	网页、App、微信小程序、桌面、浏览器插件
通义千问	阿里云	2023 年 4 月 7 日	网页、App、微信小程序、浏览器插件
天工 AI	昆仑万维	2023 年 4 月 17 日	网页、App、微信小程序
讯飞星火	科大讯飞	2023 年 5 月 6 日	网页、App、微信小程序、桌面、浏览器插件
元宝	腾讯	2024 年 5 月 30 日	网页、App、微信小程序
秘塔 AI 搜索	秘塔科技	2024 年 3 月	网页、App、微信小程序
DeepSeek	深度求索	2024 年 1 月 5 日	网页、App

1. 百度——文心一言

文心一言利用了百度在搜索引擎和人工智能领域的丰富经验和技术积累，能够与人对话互动、回答问题、协助创作，高效便捷地帮助人们获取信息、知识和灵感。文心一言由文心大模型驱动，具备理解、生成、逻辑、记忆四大基础能力，主要面向学习成长、生活助手、情感陪伴、职场提效和休闲娱乐五大应用场景，能够用于解决各类复杂任务。目前平台面向所有用户免费开放文心大模型 3.5 版，若想体验更强大的文心大模型 4.0 和 4.0 Turbo 则需要开通会员服务。

用户可以在浏览器搜索"文心一言"进入网页端首页，如图 3.1 所示。以网页端为例，其左侧导航栏上显示有平台的主要使用板块：对话、个性化、百宝箱，对话框是用户与大模型的交互界面，可以在其中输入文字、上传图片和文件来使用。细心的读者可以发现在输入框中的最上面，有一排常见场景名称：创意写作、文档分析、网页分析、智慧绘图、多语种翻译，为用户提供了方便的提问模板库。对话框的上方展示了热点应用案例，可以点击进去体验。个性化板块提供了常见的方案模板，用于构建方案并用于对话窗口的提示词润色中，在输入框输入内容并单击"帮我润色"按钮时，系统将推荐与该内容最相关的方案对提示词进行润色。百宝箱中提供了不同职业和场景下的优质提示词范本集合，适合 AI 初学者或希望快速找到合适提示词的用户使用，使用提示词范本后根据实际需求稍做修改即可使用。除了网页端使用，还有计算机桌面端和手机 App端的"文小言"。

图 3.1　文心一言首页

文心一言的特点在于其强大的中文理解与生成处理能力，对中国文化和语言的把握非常精准，能很好地处理涉及中文语境的各种任务，同时能对搜索结果进行深度整合，能够为用户提供更加准确和个性化的答案。平台优势包括强大的技术基础（基于自研的深度学习平台飞桨和长期积累的海量数据资源与知识储备）、精准的语言理解与生成（在中文自然语言处理方面表现出色，能够理解复杂的中文语义，并生成高质量的文本内容）、广泛的应用场景适应性（尤其在文学创作和文案创作方面）。

以创意故事创作场景为例，可以输入如下提示词：给一个时尚背包赋予生命，以背包的视角，写一篇从新到旧，从喜欢经常背到放在角落冷落，从新潮到过时的故事。平台根据输入的提示词内容开展创作故事，故事中将背包拟人化，呈现出多段情感的历程，具体故事内容如下：

> 在这个五彩斑斓的世界里，我，一个时尚背包，诞生了。我的外皮是由最柔软的皮革精心缝制，线条流畅而优雅，颜色是那种在阳光下能微微闪耀的墨绿色，既复古又不失现代感。我身体里藏着多个精巧的隔层，仿佛是为都市探险者量身定制的秘密基地。从一出生，我就被赋予了使命——成为主人生活中的时尚伙伴与得力助手。
>
> **初见倾心，形影不离**
>
> 第一次见到主人，是在一个充满活力的春日午后。主人那双充满好奇与喜爱的眼睛，瞬间点亮了我的世界。从那一刻起，我便成了主人最亲密的伴侣。无论是穿梭于繁忙的街道，还是悠闲地漫步在咖啡馆外，我总是骄傲地挂在主人的肩头，见证着每一个精彩瞬间。主人喜欢搭配我出席各种场合，从正式的商务会议到轻松的周末聚会，我总能完美融入，成为焦点之一。
>
> **潮流之巅，风光无限**
>
> 那段时间，我是如此的风光无限。走在街头，总能引来旁人羡慕的目光，甚至有人停下脚步，只为多看我一眼。社交媒体上，我也成了不少时尚博主的宠儿，他们夸赞我的设计独特，色彩搭配巧妙。我与主人一同站在了潮流的浪尖，享受着那份被世界看见的喜悦。每当夜深人静，主人轻轻抚摸我的纹理，我都能感受到那份深深的喜爱与依赖。
>
> **岁月流转，渐行渐远**
>
> 然而，时间是一把双刃剑，它赋予我生命，也让我逐渐老去。随着季节的更迭，新的潮流如潮水般涌来，而我，似乎不再那么耀眼。主人开始尝试更多样化的风格，那些更加前卫、色彩更为跳跃的新背包逐渐占据了我的位置。我开始被放置在衣柜的一角，从最初的偶尔出场，到后来几乎被完全遗忘。灰尘慢慢覆盖了我的表面，曾经的光泽变得黯淡，我仿佛被时间遗忘在了某个角落。
>
> **回忆深处，静默守候**
>
> 虽然不再被频繁携带，但在我心中，那段与主人共度的时光依旧温暖而珍贵。每当主人偶尔打开衣柜，目光在我身上停留片刻，我都能感受到一丝不易察觉的怀念。或许，我已经不再是主人追求潮流的象征，但我相信，在某个特别的时刻，主人会想起我，想起我们一起走过的日子，那份纯粹而深刻的情感，是任何新潮流都无法替代的。
>
> 就这样，我从一个时尚界的宠儿，变成了一段回忆的守护者。在岁月的长河中，我学会了接受与理解，明白每个生命都有其独特的价值和意义，即使是在最不起眼的角落，也能绽放出属于自己的光芒。而我，将继续在这里，静静等待着，或许有一天，主人会再次发现我，重拾那份属于我们的故事。

2. 月之暗面——Kimi

Kimi 是全球首个支持输入 20 万汉字的智能产品，目前最多支持 200 万汉字。该平台支持的主要功能有信息检索、文件处理、代码生成、创意写作、数据分析、问答助手、PPT 制作、个性化定制，适合学生、研究人员、作家、内容创作者、程序员、法律从业人员等群体使用。尤其是最新推出的视觉思考版，无须依赖外部的 OCR 技术或额外的视觉模型，使得 Kimi 能够对用户发送的图片进行细致观察和深入分析，揭示图片背后的秘密。而且用户不仅能看到结果，还能看到模型生成结果的逻辑推理过程。

用户在浏览器直接搜索 Kimi 关键字进入官网，如图 3.2 所示，在对话框中可以输入文字、上传文件，并且默认使用联网搜索模式，该模式支持根据提示词中的关键词直接获取和参考多个网址汇总的内容，以拓宽大模型的知识边界。对话框的下方展示了若干热门应用案例，可以点击体验。网页端左侧导航栏中的手机图标提供了手机 App 二维码，计算机图标则提供了桌面端下载和浏览器插件安装入口，同时还可在微信小程序中搜索 Kimi 进行小程序端体验。

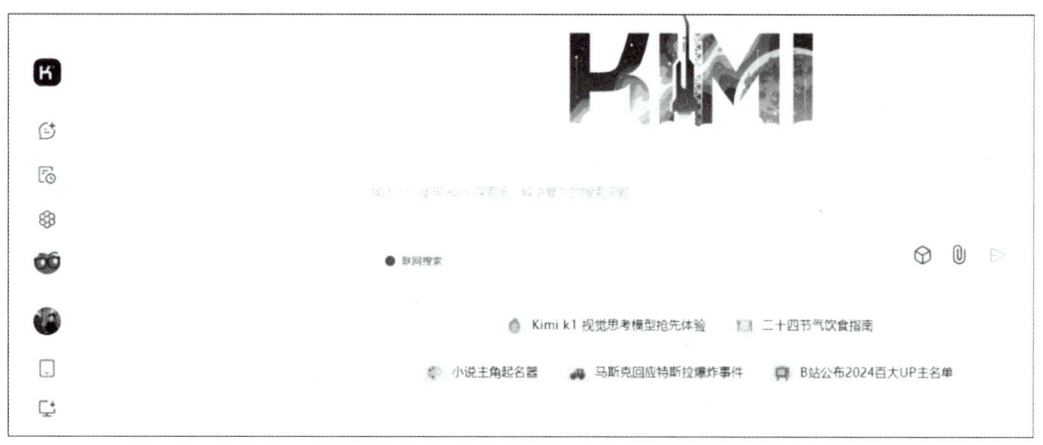

图 3.2　Kimi 首页

Kimi 的最大优势就是长文本处理，支持多种文件格式（如 TXT、PDF、Word、PPT、Excel、图片等）的批量阅读和解析以及具备智能搜索能力，适合于文件阅读、信息检索、数据分析、语言翻译等应用场景。另外，Kimi 提供了 Kimi+ 板块，如图 3.3 所示，板块内置了若干典型应用入口，如 Kimi 视觉思考版、长文生成器、爆款网文生成器、提示词专家、翻译通、PPT 助手、费曼学习法等常用功能，用户可以直接点击使用或者在输入框中使用 @ 符号来选择对应的应用。

以长文本阅读与分析场景为例，现在通过"上传文件"按钮或者直接拖拽形式导入一本名为《2023 大模型落地应用案例集》的 PDF 电子图书，该书具有超过 12 万个字符，并在对话框给出提示词"请根据上传的文档，分析一下通用大模型和垂类大模型的主要区别"。Kimi 迅速响应该提示词，并从定义与特点、应用范围、优势、挑战 4 个角度进行阐述，具体回答情况如下：

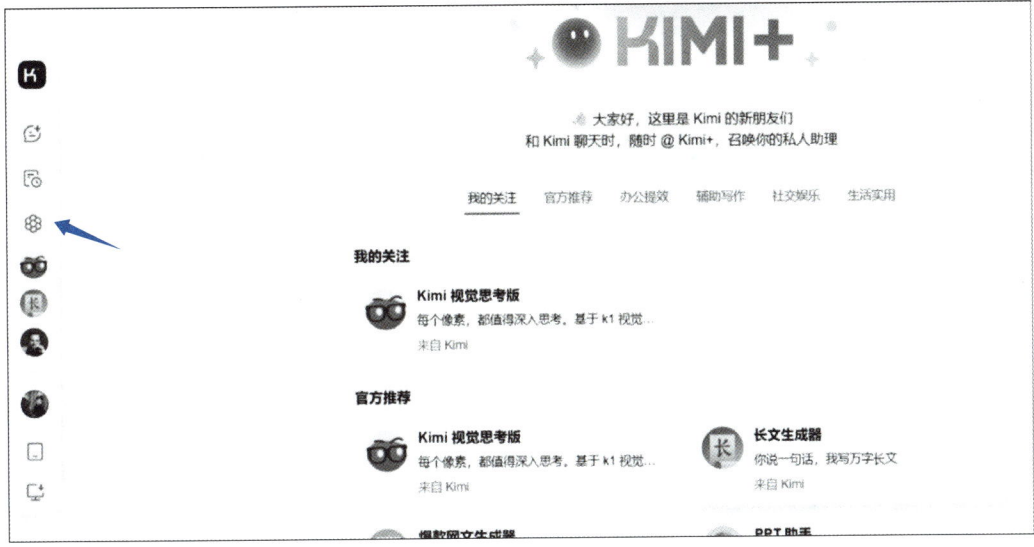

图 3.3　Kimi+ 板块

　　《2023 大模型落地应用案例集》详细介绍了通用大模型和垂类大模型在不同领域的应用实践，通过具体案例展示了大模型技术如何赋能各行各业，推动数字化转型和创新发展。通用大模型和垂类大模型的主要区别体现在以下几个方面：

　　（1）通用大模型

　　● 定义与特点：通用大模型是指具备广泛的知识和能力，能够处理多种类型的任务和数据的大模型。它们通常在大规模的、多样化的数据集上进行训练，以学习通用的语言模式、逻辑关系和知识结构。例如，基于人工智能大模型技术的开放平台，配备了 1 860 亿参数规模的基础大模型，拥有卓越的内容生成、智能推理、语义检索、情景感知和多语言转换等智能交互能力。

　　● 应用范围：通用大模型的应用范围非常广泛，几乎涵盖了所有需要语言理解和生成的场景。如上海天壤智能科技有限公司的通用大模型，可应用于生物制药、智慧交通、智慧商业、数字金融等多个领域。

　　● 优势：通用大模型的优势在于其广泛的知识面和灵活的应用能力。它们可以快速适应不同的任务和领域，无须针对每个特定任务进行大量的重新训练。例如，京东言犀基础大模型，能够围绕内容生成、人机对话、用户意图理解、信息抽取、情感分类等几大类任务，在零售、物流、金融、健康、政务场景进行落地应用。

　　● 挑战：通用大模型面临的挑战包括模型的庞大性导致的计算资源消耗大、训练成本高以及在特定领域的专业性和准确性可能不如垂类大模型。例如，训练一个

> 大规模的通用大模型需要大量的数据和算力，这可能限制了其在资源有限的情况下的应用。
>
> （2）垂类大模型
> - 定义与特点：垂类大模型是针对特定领域或行业定制的大模型，它们在特定领域的数据和任务上进行深入训练，以提高在该领域的专业性和性能。例如，梧桐·招聘基于百度智能云千帆大模型平台的智能招聘系统，专门针对招聘领域的需求进行了优化。
> - 应用范围：垂类大模型的应用范围相对狭窄，但更加深入和专业。它们通常用于特定行业的特定任务，如医疗咨询、金融风险防范、智能招聘等。例如，新华妙笔 AI 专注于公文写作领域，为大学生、公考生、教师等提供权威内容供给、内容决策辅助、内容辅助创作等服务。
> - 优势：垂类大模型的优势在于其在特定领域的专业性和准确性。由于它们专注于特定的任务和数据，因此能够提供更深入、更准确的解决方案。例如，ChatDD 新一代对话式药物研发助手，基于水木分子千亿参数多模态生物医药对话大模型底座，具备专业知识力、认知探索力和工具调用能力，能够服务医药研发全流程场景。
> - 挑战：垂类大模型的挑战在于其泛化能力相对较弱，通常只能在特定领域内有效工作。此外，开发垂类大模型需要对特定领域有深入的了解和大量的领域数据，这可能限制了其开发和推广的速度。

3. 字节跳动——豆包

豆包是字节跳动公司开发的注重互动性和趣味性的全场景 AI 助手，旨在通过人工智能技术，为用户提供个性化、智能化的服务体验，非常适合日常聊天和娱乐应用。其常见的功能有 AI 搜索、AI 写作、图像生成、AI 阅读、PPT 生成、AI 编程、学术搜索、解题答疑、音乐生成、数据分析、翻译、网页摘要等。该平台实用、操作简单，以 AI 写作为例，豆包把场景划分得特别细致，共提供了 38 个模板。

用户可以直接搜索豆包关键字进入官网，如图 3.4 所示，首页展示了常用的应用模块，界面简洁，方便用户上手使用。在网页端，除了支持常规的文字、文件、图片类型，还支持语音输入和截图提问方式。

以旅游规划场景为例，假如想知道在上海怎么游玩一天，以文字或语音输入的方式提供提示词：请给外地人一份简单的上海旅游攻略，时间为 1 天，并以序号形式展现。豆包迅速响应提示词，依次执行理解问题、搜索网页、展示搜索来源，最后给出结果，如图 3.5 所示。

3.3 大语言模型的应用

图 3.4 豆包首页

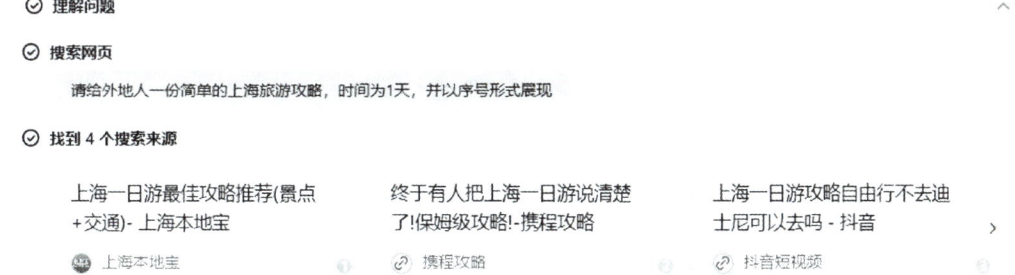

图 3.5 豆包响应旅行规划的过程

规划的具体结果如下：

> 以下是一份上海一日游攻略：
> **上午**
> 1. 人民广场：上海的中心，可在此感受上海的风土人情，周边还有不少人文场馆。可以参观上海博物馆，这里收藏了大量珍贵的文物和艺术品，是了解中国古代文明的重要窗口。
> - 地址：上海市黄浦区人民大道 185 号和 201 号。
> - 交通：乘坐上海地铁 1 号线、2 号线和 8 号线人民广场站下车。

83

> **中午**
>
> 2. 南京路步行街：紧邻外滩，是上海最著名的商业街之一，全长 1033 米，沿途有各种商场、百货公司和专卖店，也是品尝上海地道小吃的好地方，如小笼包、生煎包、蟹壳黄等。
> - 地址：上海市黄浦区南京东路。
> - 交通：乘坐地铁 2 号线和 10 号线在南京东路站下车。
>
> **下午**
>
> 3. 外滩：上海的标志性景区之一，全长约 1.5 千米，东起外白渡桥，西至延安东路，能欣赏到风格各异的历史建筑，还可看到黄浦江对岸陆家嘴金融区的摩天大楼群。
> - 地址：上海市黄浦区外滩。
> - 交通：乘坐地铁 2 号线或 10 号线，在南京东路站下车。
>
> 4. 陆家嘴：上海的金融中心，摩天大楼林立，有东方明珠、金茂大厦、上海中心大厦等标志性建筑。可以在陆家嘴环形天桥上拍照打卡三件套，还可以选择登东方明珠塔或上海中心大厦俯瞰上海全景。
> - 地址：上海市浦东新区陆家嘴环路。
> - 交通：乘坐地铁 2 号线陆家嘴站下车。
>
> **傍晚**
>
> 5. 豫园及城隍庙小吃街：豫园是一座具有江南园林特色的古典园林，夜晚灯光璀璨，古色古香。城隍庙小吃街则汇集了各种地方特色小吃，如小笼包、生煎包、炸鸡排等，可以在此品尝美食并购买一些特产带回家。
> - 地址：上海市黄浦区福佑路 168 号、242 号等。
> - 交通：从外滩步行约 10 分钟即可到达。
>
> **美食推荐**
> - 特色小吃：可以在南京路步行街或城隍庙小吃街品尝大壶春生煎包、沈大成的点心、鲜得来排骨年糕等。
> - 本帮菜餐厅：人和馆、绿波廊等，品尝地道的本帮菜，如红烧肉、油爆虾、蟹粉豆腐等。
>
> 你可以根据自己的兴趣和时间对行程进行调整，祝你在上海度过愉快的一天！

4. 智谱华章——智谱清言

智谱清言是北京智谱华章科技有限公司推出的生成式 AI 助手，基于智谱 AI 自研的模型 ChatGLM2。该平台能够进行文本创作、图片生成、视频生成、信息检索、知识问答、代码生成、数据分析、智能体设计以及复杂推理和理解任务。

用户可以在浏览器中直接搜索智谱清言关键字进入官网，如图 3.6 所示，首页左侧导航栏展示了热门的应用板块（如 AI 搜索、AI 画图、AI 生成视频、清言 PPT、数据分析、长文档解读、智能体），同时平台还支持手机 App 端、桌面端、浏览器插件端、微信小程序端。对话框的上方展示了热门的应用案例，可以从图 3.6 中看到当前有图片生成、创意写作和快速翻译三种案例。

图 3.6　智谱清言首页

智谱清言是国内首款基于大模型的视频通话产品，App 端的视频通话功能跨越了文本、音频和视频模态，并具备实时推理的能力。用户开启视频通话后，即可与它进行流畅通话，即便频繁打断它也能迅速反应。该平台可以理解摄像头拍摄到的内容，可以听懂指令并准确执行，这种体验就如同和真人视频通话一样。另一个是较新的 Zero 推理模型功能，擅长解决数理、逻辑和代码方面的问题。此外，智谱清言的技术优势还包括长上下文理解能力、图片/视频生成、推理速度快、支持智能体开发等。

以逻辑分析场景为例，现在碰到逻辑题——有一个东西，你能用左手拿，不能用右手拿，这东西是什么？此时可选择使用平台上的 Zero 推理模型，将问题输入给它。如图 3.7 所示，平台首先对问题展开深度思考，并列出详细的思考内容，用户可点击展开查看，有五六十行的推理过程，在思考过后给出了清晰的解题步骤与最终答案。通过这种方式可以尽量确保分析结果的正确性。

5. 阿里云——通义千问

通义千问是阿里云推出的大模型产品，致力于成为人们的工作、学习、生活助手。通义意为"通情，达义"，取自《汉书》中的"天地之常经，古今之通义也"；"千问"则来源于中国古代的一部百科全书《千问》，寓意着模型能够回答各种问题，无论是常见的还是复杂的。通义千问的技术优势包括大规模参数量（超过 10 万亿）、多语言支持、多模态融合、高效的计算平台，支持 1 000 万字长文本和一键速读 100 份资料。

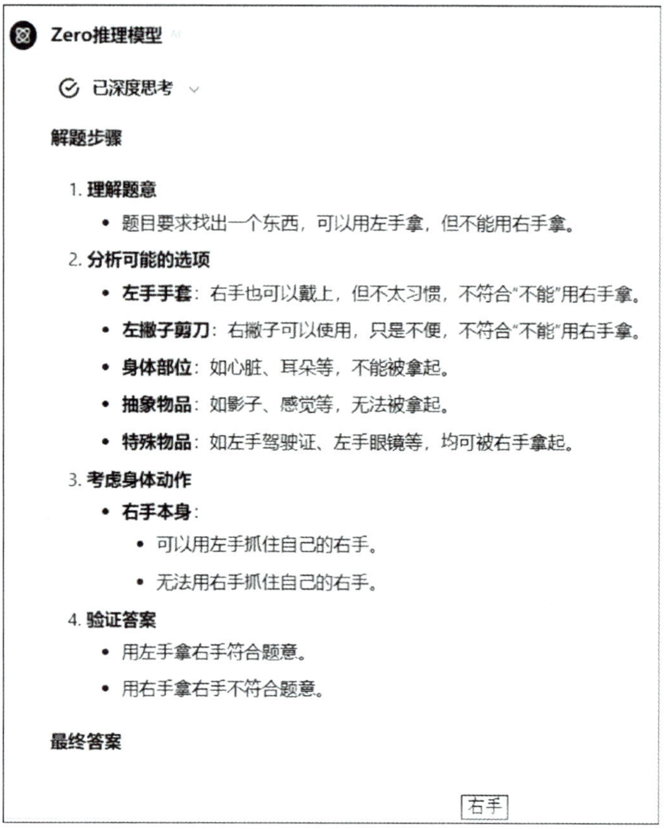

图 3.7　Zero 推理模型的解题过程

用户可以在浏览器直接搜索通义千问进入官网，如图 3.8 所示。首页左侧导航栏列出了 4 大功能板块：对话、效率、智能体、笔记库。对话页面的对话框支持文字、文件和图片的上传，其中文件数量可以在 100 之内，每个文件大小不超过 150 MB。对话框的正上方有一排常见场景名称：代码模式、深度探索（全网搜索，解决问题更有深度、更全面）、PPT 创作、指令中心（常用提示词案例集）。效率板块主要面向工作、学习场景，包括实时记录、阅读助手、PPT 创作、音视频速读、链接速读、格式转换，都是非常实用的提效工具，强烈推荐有需求的读者去尝试。智能体板块提供了智能体产品体验和开发环境。笔记库则用于用户在线利用 AI 功能整理笔记。

与其他大模型平台相比，通义千问为用户定制了很多实用或有趣的功能模块，这里列举若干典型例子。

（1）代码模式

该功能的设计目的是通过一句话帮助生成应用，门槛低。不懂编程的小白也可以快速上手，平台根据大白话自动生成代码和应用预览，也能在对话框中继续通过聊天修改应用的效果。同时平台预置了一批热门应用，包括实用工具、小游戏、网页设计类等。用户可以选择感兴趣的应用在线体验（点击应用），还可以查看同款指令以供参考或应用。

图 3.8 通义千问首页

（2）效率模块

图 3.9 展示了该模块的具体功能。首先是适用于会议类场景的实时记录，支持中文、英语、日语、粤语、中英文自由说 5 种情况的实时语音转文字，音频和文字将自动保存。完成实时记录后，可以对转写的内容进行总结，自动生成 AI 导读和思维导图，一键完成信息整理，让开会或网课更高效；其次是适用于资料分析类的阅读助手，支持多种形式（包括音/视频文件、文档、网页和播客链接）的内容解析和速读，并可以生成相应的导读、翻译和思维导图；还有 PPT 创作以及文件格式转换功能。

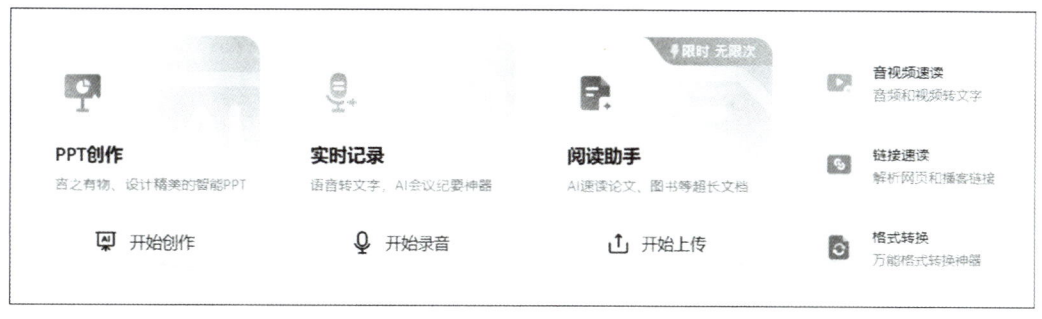

图 3.9 通义千问效率模块

以休闲娱乐的脱口秀为例，假如想要表演一段关于大学生活的脱口秀，可以设计这么一段提示词：你是一位脱口秀设计师，要求剧本要有爆笑点，而且结构紧凑，语言生动，现在你需要根据以下需求写脱口秀剧本：我的大学生活很 freestyle。对应的输出内容如下：

当然，这里有一个关于"我的大学生活很freestyle"的脱口秀剧本概要。请注意，因为是根据您的要求创作的，所以它可能包含了夸张和幽默的元素，用于娱乐目的。

[开场音乐起，灯光聚焦在舞台上]

主持人（微笑着走向舞台中央）：大家晚上好！欢迎来到今晚的特别节目。我是你们的主持人，也是今天晚上的主角，一个拥有最自由风格大学生活的毕业生。准备好了吗？让我们开始吧！

[掌声]

主持人：说到我的大学生活，那真是freestyle到让你怀疑人生。你知道为什么我选择这个话题吗？因为我每次说起来，朋友们都告诉我："你这简直是个传奇！"但其实，我只是把"随心所欲"当作了我的校训。

[笑声]

主持人：比如说，选课的时候，别的同学都是按照专业来选，我呢？我看心情。周一感觉需要点艺术熏陶，就报了油画；周二觉得身体是革命的本钱，马上换成了健身课程；周三突然想环游世界，于是乎，国际关系就成了我的选择。就这样，到了毕业，我拿到了一张学位证书，上面的专业栏写着："多才多艺"。

[笑声]

主持人：然后就是住宿问题，我的室友们都叫我"夜猫子DJ"，因为我总是半夜三更还在宿舍里练习说唱，他们说我吵得像在开派对。不过没关系，我们达成了共识：我继续练歌，而他们则发展出了能在噪声中睡着的超能力。

[笑声]

主持人：还有啊，参加社团活动时，我也展现了什么叫真正的Freestyle。别人参加社团是为了兴趣或者简历加分，我纯粹是为了体验生活。结果，我加入了摄影社，学会了如何拍出世界上最模糊的照片；参加了烹饪俱乐部，发明了一道新菜——"不知道放了什么汤"。

[大笑]

主持人：最后不得不提的是我的学习态度。考试周来临的时候，别人都在图书馆埋头苦读，我却在思考人生的意义，比如为什么咖啡馆里的沙发比图书馆的椅子舒服那么多。最终，我找到了答案——因为它叫"舒适"。所以，我就带着笔记本电脑和足够的咖啡，在各种舒适的环境中完成了复习。

[笑声]

主持人：总之，我的大学生活就是这么充满变化、无法预测，却又无比精彩。如果有人问我大学四年学到了什么，我会告诉他们："学会在任何情况下保持微笑，并且总能找到乐趣。"

[掌声]

主持人：感谢大家今晚的光临，希望我的故事能让你们感受到一点大学生活的乐趣。记住，无论你的生活多么混乱，只要你找到属于自己的节奏，那就是最棒的 freestyle！

［音乐响起，主持人鞠躬退场］

这个剧本旨在提供一个轻松愉快的氛围，同时通过夸张的描述和幽默的故事来吸引观众。当然，实际表演时可以根据主持人的个人风格进行调整。

6. 昆仑万维——天工 AI

天工 AI 是一款多功能人工智能产品，支持搜索、创作和内容阅读。天工 AI 依托于自研的天工系列大语言模型，具备强大的自然语言处理能力和知识推理能力，为天工 AI 的各项功能提供了坚实的技术支撑。天工 AI 的技术优势包括多模态搜索、语义理解、知识融合与推理、个性化推荐，其功能特色有 AI 搜索、内容分析（包括文档、音频、视频）、内容创作（包括图片、音乐、PPT、代码、彩页、宝典）。

用户在浏览器中直接搜索天工 AI 关键字进入官网，如图 3.10 所示。首页导航栏中展示有搜索、彩页、宝典和智能工具集，可以看出该平台侧重于知识检索、分析与内容创作。此外还有较新的天工大模型 o1 版，能熟练处理各种推理挑战，包括数学、代码、逻辑、常识、伦理决策等问题。搜索页面的对话框上方列举了常见的 5 个场景入口：帮我写作、图像生成、文档分析、音视频分析、网页总结。对话框支持文字输入和文件上传，还能设置搜索的信息来源（全网、文档、学术三种类型），信息输出模式有普通和高级两种：普通模式的特点是快速回答、答案简短，适合日常信息查询；高级模式的特点是深度分析用户需求，查询丰富信源，提供更深入的内容，适合学术研究、财经分析等专业领域。

图 3.10　天工 AI 首页

AI搜索是天工AI平台的主要优势，另外彩页和宝典是天工AI平台推出的新型知识载体，秉承AI+知识的设计理念，是该平台中较为独特的体现。彩页是一种创新的内容创作工具，允许用户将文字内容与多媒体元素（如图片、视频）结合，制作出图文并茂的知识长图、宣传单等，特别适合展示结构化知识内容，如古诗词、产品介绍、企业文档等。宝典是AI时代的新型知识网页，类似于知识库，适用于知识分享、学习资料整理、专业领域知识库建设等场景。用户可以借助AI生成和优化知识文档，并可以在创作者社区中分享自己的作品，获得反馈与建议。

假设现在想了解国内常见大模型平台的使用方法，可以打开搜索页面，输入提示词：我想了解国内常见大模型平台的使用方法，如图3.11所示。同时打开高级模式，设置信息检索范围为全网信源。

图3.11　天工AI搜索内容输入

在单击"搜索"按钮后，平台快速开始检索全网上的信息，部分内容如图3.12所示，本次共参考20个信源，采用分解式搜索方式，即先搜索国内常见的大模型平台，再搜索对应的使用方法。同时在图的右侧展示了相关的宝典资料，右下方则展示了输出结果的大纲和脑图，便于用户快速了解。

7. 科大讯飞——讯飞星火

讯飞星火是由科大讯飞推出的一款人工智能大模型，"星火"一词来自中国传统文化二十八星宿中的"心宿"星座，在中国传统文化中被视为吉祥的象征，代表着力量、勇气和坚韧不拔的精神。讯飞星火具有文本生成、语言理解、知识问答、逻辑推理、数学能力、代码能力、多模态交互7大核心能力。讯飞星火的技术优势包括多模态融合（尤其是语音）、多语言支持与方言能力，功能特色有AI搜索、文本理解与创作、知识问答、代码生成、多场景应用（教育、医疗、金融等）、智能体。

3.3 大语言模型的应用

图 3.12 天工 AI 搜索结果

用户在浏览器直接搜索"讯飞星火"关键字进入官网，然后单击"开始对话"按钮进入平台首页，如图 3.13 所示。首页左侧导航栏展示了 AI 搜索、PPT 生成、图像生成、内容写作、深度推理 X1、智能体板块，另外该平台设置有个人空间，用户可以将各种文件（如 Word、PDF、PPT、Excel 表格、图片、音频与视频等）上传到个人空间，然后基于空间中的文件进行知识问答、内容总结与分析、个性化写作、翻译等操作。这大大节省了手动整理和创作的时间，提高了工作效率。对话框支持文字、文件和语音输入。

图 3.13 讯飞星火首页

以平台提供的"学习计划"模板为例,想好好准备英语四级考试,可先在模板中选择 1 年的学习时间和大学阶段,然后输入文字:我想通过大学英语四级考试。平台将自动整理提示词,内容为"我想通过大学英语四级考试,学习周期是 1 年,大学学习,为我制订一个详细的学习计划,符合我的个人情况"。根据该提示词,平台给出了相应的表格内容,见表 3.2。

表 3.2　英语四级考试学习计划

阶段	时间安排	学习内容与目标	学习方法与建议
基础巩固	第1个月	词汇积累:每天背诵 50~60 个新单词,复习旧词 80~100 个。重点掌握常见词汇的用法、搭配和例句。 语法梳理:系统学习英语语法,每周完成 2~3 章语法知识的学习,包括时态、从句、虚拟语气等核心语法点	使用单词记忆软件(如百词斩、墨墨背单词等)辅助记忆,同时结合单词书(如《四级词汇词根 + 联想记忆法》)进行深入学习。 参考语法教材(如张满胜老师的《英语语法新思维》),配合线上语法课程(如哔哩哔哩上的相关教学视频)进行系统学习,做好笔记并及时做练习题巩固
	第2个月	听力训练:每周听 3~4 篇四级听力真题,包括短对话、长对话和短文听力。听完后对照文本进行精听分析,找出错误原因并总结听力技巧。 阅读提升:每天阅读 2~3 篇英语文章,可以是四级真题阅读、英文报纸或杂志上的文章。注重积累生词和长难句分析,提高阅读理解能力	利用四级听力真题材料,按照考试要求进行模拟听力训练。听第一遍时整体把握大意,第二遍精听,逐句暂停听清楚每个单词和句子结构,最后再完整听一遍进行核对答案和总结。 阅读过程中,学会运用略读、扫读等技巧快速定位关键信息,同时分析长难句的结构,通过划分句子成分来理解其含义。可以使用一些阅读 App(如每日英语听力、扇贝阅读等)来增加阅读量
	第3个月	词汇拓展:在保证基本词汇量的基础上,开始拓展一些高频词组和短语的记忆,每天学习 20~30 组。 写作基础:学习英语写作的基本框架和常用句型,每周写 1~2 篇短文,题目可以参考四级真题或模拟题	制作词组卡片,随时复习记忆。通过阅读英语文章、范文等积累词组的实际用法。 收集不同类型(如议论文、说明文、图表文等)的写作模板和优秀范文,分析其结构和语言表达,然后模仿写作并进行修改完善。可以找老师或同学帮忙批改作文,指出语法错误和逻辑问题

续表

阶段	时间安排	学习内容与目标	学习方法与建议
强化提升	第4~6个月	听力强化：增加听力练习的频率和难度，每周除了真题听力训练外，还可以听一些英语广播（如BBC、CNN等）、英语电影或电视剧来提高听力理解能力。 阅读强化：进行限时阅读训练，每周完成3~4套四级真题阅读部分，提高阅读速度和答题准确率。同时，开始做一些阅读理解的技巧专项训练，如主旨题、细节题、推理题等的解题方法。 口语练习：每天抽出30分钟至1小时进行口语练习，可以通过模仿英语原声材料、参加英语角或与外教交流等方式提高口语表达能力。 写作进阶：继续练习写作，每周写2~3篇不同主题的作文，注意运用高级词汇和复杂句式，使文章更加丰富生动。同时，加强对写作逻辑和连贯性的训练	听力训练时，可以尝试做一些听力笔记，锻炼边听边记的能力。对于英语广播和影视作品，可以先从有字幕的开始看起，逐渐过渡到无字幕观看，提高听力理解的难度和效果。 阅读限时训练时，严格按照考试时间要求自己，逐渐缩短答题时间，提高答题效率。做完题目后，认真分析错题原因，总结解题规律和技巧。 口语练习时，不要害怕犯错，要大胆开口说。可以通过录制自己的口语练习音频或视频，回放检查自己的发音、语调、流利度等方面的问题，并加以改进。 写作练习中，多请教老师或英语水平较高的同学，获取他们的反馈和建议，不断优化自己的写作方法和技巧
	第7~9个月	综合模拟测试：每两周进行一次四级全真模拟考试，使用最新的四级真题或高质量的模拟试卷，严格按照考试时间和流程进行模拟测试。 错题分析与总结：每次模拟考试后，认真分析错题原因，针对薄弱环节进行有针对性的复习和强化训练。同时，总结答题技巧和经验教训，不断完善自己的考试策略	模拟考试环境要尽量逼真，包括使用答题卡、控制考试时间等。在答题过程中，合理分配时间，注意答题顺序和节奏。 错题分析时，要深入剖析每一个错误选项，找出自己的知识漏洞和思维误区，并制定相应的改进措施。对于经常出错的题型，要进行专项突破训练
冲刺阶段	第10~11个月	真题回顾与强化：重新复习之前做过的四级真题，重点回顾错题和难题，加深对知识点的理解和记忆。同时，对一些重点词汇、短语、语法和写作句型进行再次巩固和强化记忆。 模拟考试与调整：保持每周1~2次的模拟考试频率，进一步熟悉考试流程和节奏，调整考试心态，提高应试能力。在模拟考试过程中，尝试不同的答题顺序和策略，找到最适合自己的考试方法	真题复习时，可以将题目按照题型、知识点等进行分类整理，以便更好地进行针对性复习。对于一些仍然模糊的知识点，要及时查阅资料或请教老师进行澄清。 模拟考试前要做好充分准备，包括准备好考试用品、调整作息时间等。考试结束后，要认真总结经验教训，及时调整自己的学习状态和考试策略

续表

阶段	时间安排	学习内容与目标	学习方法与建议
冲刺阶段	第12个月	考前冲刺：在考前几天，适当减少学习量，避免过度紧张和疲劳。主要复习重点词汇、语法知识和写作模板，保持对英语的语感和熟练度。同时，调整作息时间，保证充足的睡眠，以良好的精神状态迎接考试	考前复习要以轻松的心态进行，不要给自己太大压力。可以通过听英语音乐、看英语电影等方式放松心情，同时保持一定的英语学习氛围。在考试当天，要提前到达考场，做好准备工作，相信自己的努力和付出一定会有回报

8. 腾讯——腾讯元宝

腾讯元宝是腾讯公司上线的基于自研混元大模型的 C 端 AI 助手。面向工作效率场景，腾讯元宝提供了 AI 搜索、AI 总结、AI 写作等核心能力，能够一次性解析多个微信公众号以及多种格式的文档，并支持超长的上下文窗口；面向日常生活场景，腾讯元宝提供了多个特色 AI 应用，并新增个人智能体等。

用户直接搜索腾讯元宝关键字进入官网，如图 3.14 所示。首页左侧导航栏展示了对话、应用和个人板块。其中，对话框支持文字、图片和文件的输入，在对话框上方有 4 个常用的功能模块，即 AI 搜索、AI 阅读、AI 写作、AI 画图。应用页面中展示了常用的功能模块，同时有创建智能体的操作按钮。"我的"页面存放了个人的文件、腾讯在线文档和自己创建的智能体。

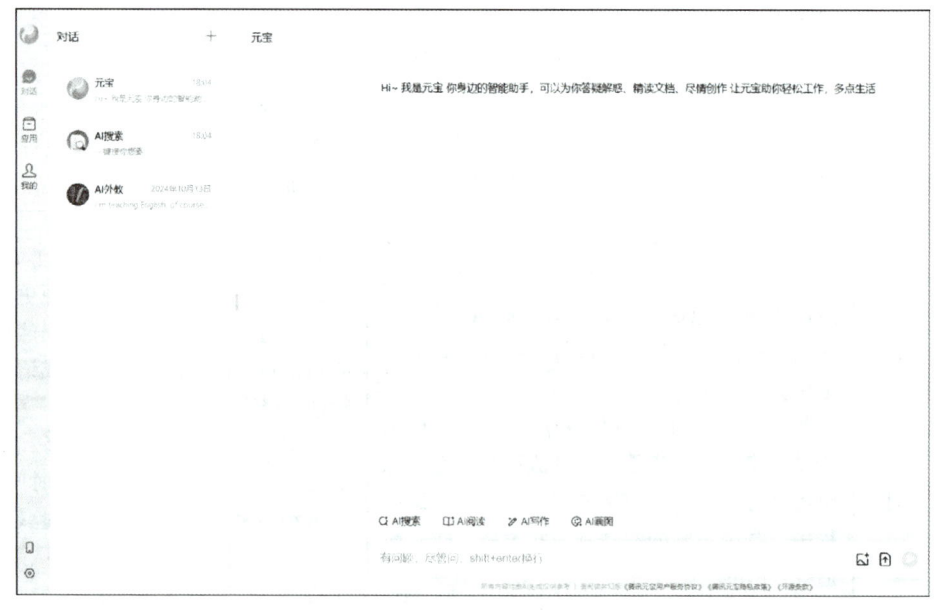

图 3.14　腾讯元宝首页

腾讯元宝的技术优势包括独特的内容资源（微信、腾讯生态的内容质量与时效性）、细分领域的模型能力。通过将平台与微信公众号等优质内容来源连接，解决了长期以来AI产品内容质量不佳的问题。用户能够在平台上访问包括微信文章在内的高质量内容，这种融合提高了信息处理的精度和可靠性。

以文章改写场景为例，将上面基于文心一言创作的背包故事作为输入，并添加提示词：请将上述文章，按照宋词的风格进行改写。平台对背包故事内容进行分析，并按照宋词风格给出内容，具体如下：

> **行香子·背包自述**
>
> 墨绿柔革，细缝精工。展幽姿、雅韵无穷。身藏隔层，恰若迷宫。似探险者，私行处，隐情浓。
>
> 春日初逢，君目含崇。便随君、四处游踪。街衢漫步，馆外从容。任挂君肩，随君影，伴君风。
>
> 昔时盛景，街中惊梦。引行人对、频注眸瞳。博传佳誉，独色独容。看主宾朋，街坊赞，友朋崇。
>
> 岁月匆匆，潮流屡空。渐幽栖、柜角尘封。昔光黯淡，旧迹朦胧。但忆君情，君怀意，君恩隆。
>
> 虽弃携常，难忘深衷。任君眸、偶作飘蓬。幽怀长守，静意无穷。待再相逢，重相顾，再相逢。

9. 秘塔科技——秘塔 AI 搜索

秘塔 AI 搜索是秘塔科技旗下的搜索产品。相较于传统搜索，秘塔 AI 只需用自然语言提出问题便能瞬间收获精准答案，检索速度至少提升一倍。秘塔 AI 搜索专注于联网信息快速、全面、结构化检索与整理，能自动生成大纲、思维导图、相关事件和人物，以多结构化方式展现条理清晰、重点突出的答案。目前平台检索信息的来源包括全网、文库、学术、图片、播客 5 种类型，同时支持简洁、深入、研究三种模式，不同模式搜索的主要区别在于信息源的数量，初步测试"简洁"10 条左右，"深入"30 条左右，"研究"70 条左右。信息源的数量决定了检索结果的专业性和观点深度。

微视频 3-1：密塔 AI 应用案例

用户直接搜索秘塔 AI 关键字进入官网，如图 3.15 所示。首页左侧导航栏展示了主页、专题、书架，整个界面非常简洁。右侧的对话框中支持文字和图片输入，可以设置相应的搜索信息来源和搜索模式，默认为全网＋简洁。

秘塔 AI 搜索的技术优势包括无广告干扰、搜索结果多维度筛选、搜索范围类型丰富、搜索结果结构化展示（如思维导图、内容大纲、PPT 和相关事件/组织/人物表格等）、搜索结果易导出（一键导出 Word、PDF 格式）。而且，如果参考来源是文件或图片，可以在线预览和下载。密塔 AI 最近新增了"今天学点啥"功能。

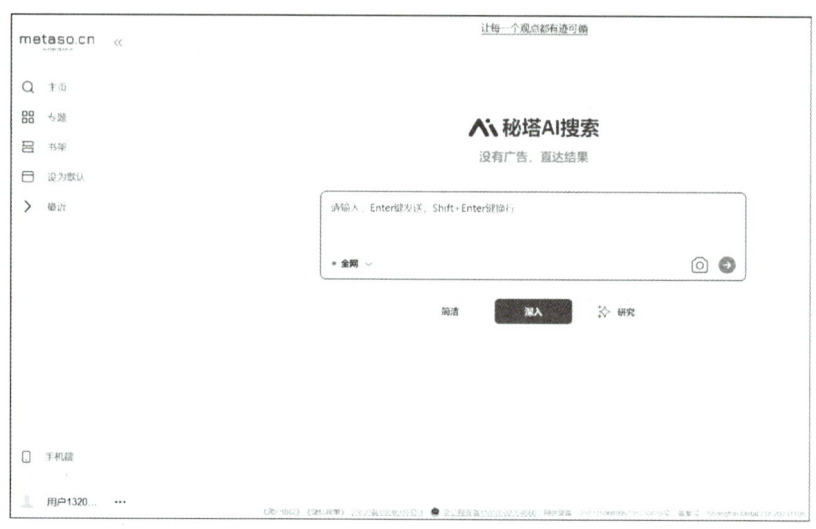

图 3.15 秘塔 AI 搜索首页

以大模型的应用现状调研为例，输入提示词"大模型的应用现状"，并设置文库 + 研究模式。图 3.16 为平台的输出结果，可以看到本次使用了 65 条参考来源，整理了多个方面的现状，内容上图文并茂，配有相应的思维导图，也支持内容一键导出或生成 PPT。同时每条参考来源都可以打开查看内容或可下载。

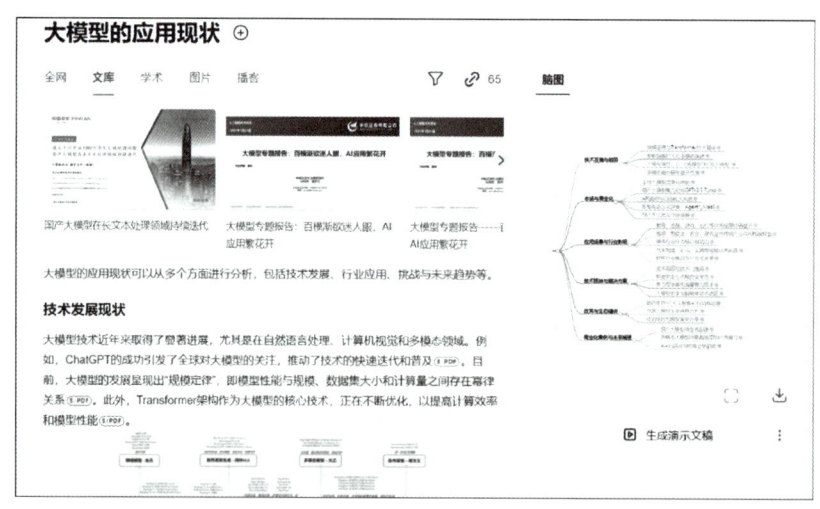

图 3.16 大模型应用现状的调研结果

拓展阅读 3-1：DeepSeek 大模型

10. 深度求索——DeepSeek

DeepSeek 是由杭州深度求索公司推出的 AI 对话助手，旨在为用户提供专业、高效的学习、工作和生活帮助。它能够支持文字输入和文件上传，理解并解析自然语言，快速响应并提供详细答复。DeepSeek 基于两大核心功能（深度思考和联网搜索），支持用户完成对话、语言翻译、创意写作、编程、解题指导、文献解读等任务，帮助用户提升工作效率和解决实际问题。

用户可搜索 deepseek 关键字进入公司网页，再单击"开始对话"按钮，如图 3.17 所示。使用界面非常简洁，对话框下方有两个选项："深度思考"和"联网搜索"。开启"深度思考"模式后，DeepSeek 会按照步骤逐步思考，然后给出更准确的答案，但这也意味着回答时间会更长。开启"联网搜索"模式后，DeepSeek 可以联网查询相关网页，然后总结出答案。此外，DeepSeek 还可以读取本地文件，根据文件内容来回答问题。

图 3.17　DeepSeek 首页

DeepSeek 最大的特色就是运行流畅，即回答速度非常迅速，几乎可以做到即时响应。其背后的大模型是以较低的算力成本训练而成，即性价比高。同时 App 端的软件占用空间小，在 App 市场中，其安装包大小却控制得相当出色。经过实测，安装后占用的存储空间极小，运行也非常流畅，即便是低配手机也能轻松驾驭，尤其是对于那些手机存储空间紧张的用户来说，非常友好。

以项目分析为例，现在要分析《黑神话：悟空》游戏成功的原因，选择深度思考模式，并输入分析任务。平台首先针对提示词进行了 5 秒的思考，详细内容见图 3.18。

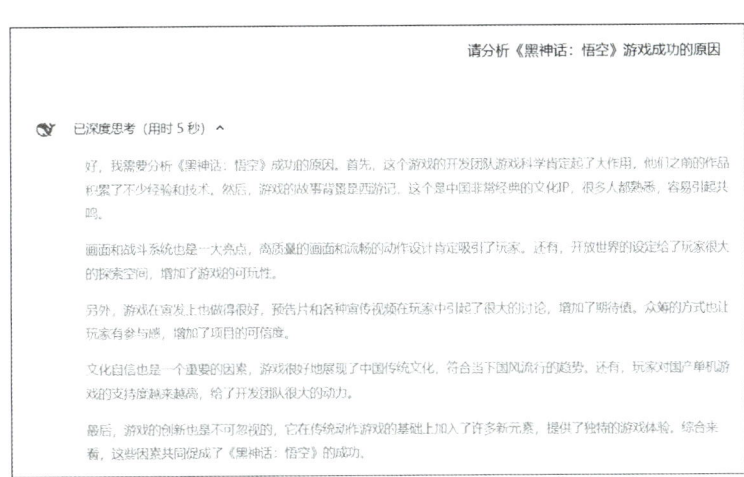

图 3.18　黑神话游戏成功分析的思考过程

在思考后，经整理形成最终回答，具体如下：

> 《黑神话：悟空》是一款备受期待的中国国产游戏，由游戏科学（Game Science）开发。其在游戏预告片和相关宣传中展现的高质量画面、战斗系统以及对中国传统文化的深刻诠释，已经在玩家中引起了巨大的反响。以下是一些可能促使《黑神话：悟空》成功的原因：
>
> 1. 强大的开发团队
> - 游戏科学（Game Science）是一家中国游戏公司，拥有丰富的游戏开发经验。他们之前的作品如《百将行》等已经展示了他们在游戏设计和制作方面的实力。团队对游戏质量的追求和对细节的打磨是游戏成功的重要保障。
>
> 2. 深厚的文化底蕴
> - 《黑神话：悟空》的故事背景设定在《西游记》的世界观中，这是一个家喻户晓的中国经典故事。游戏通过对这一经典IP的再创作，结合现代游戏设计，展现了丰富的中国传统文化元素，容易引起玩家的情感共鸣。
>
> 3. 高质量的画面和战斗系统
> - 游戏的预告片展示了令人印象深刻的画面质量，无论是场景设计、角色建模还是战斗动画，都达到了很高的水准。游戏的战斗系统设计精良，动作流畅，打击感强，提供了良好的游戏体验。
>
> 4. 开放世界的探索
> - 游戏采用了开放世界的设计，玩家可以在广阔的游戏世界中自由探索。这种设计增加了游戏的可玩性和沉浸感，让玩家能够更深入地体验游戏的世界观和故事。
>
> 5. 成功的市场宣传
> - 游戏科学在宣传《黑神话：悟空》时，采取了多种策略，包括发布高质量的预告片、与玩家社区互动等，成功地吸引了大量玩家的关注和期待。这种有效的市场宣传为游戏的成功奠定了基础。
>
> 6. 众筹和支持国产游戏的浪潮
> - 在中国，支持国产游戏的浪潮逐渐兴起，越来越多的玩家愿意支持高质量的国产游戏。《黑神话：悟空》通过众筹等方式获得了玩家的支持，这也为其成功奠定了群众基础。
>
> 7. 创新与突破
> - 游戏在设计上可能融入了新的元素和创新点，打破了传统游戏的框架，提供了独特的游戏体验。这种创新精神是吸引玩家的重要因素。
>
> 8. 玩家的期待与口碑传播
> - 由于游戏的高质量预告片在玩家中产生了巨大的影响，玩家的期待值被拉高。随着玩家之间的口碑传播，游戏的知名度和期待值进一步提升。

9. 对中国游戏产业的影响

— 《黑神话：悟空》的成功不仅在于游戏本身，还在于它可能为中国游戏产业树立新的标杆，推动整个行业向更高水平发展。

10. 技术实力与持续更新

— 游戏科学展示出强大的技术实力，并承诺在游戏开发过程中不断进行优化和更新，以满足玩家的期待。这种持续的技术支持和内容更新也是游戏成功的关键因素。

综上所述，《黑神话：悟空》的成功是多方面因素共同作用的结果，包括强大的开发团队、深厚的文化底蕴、高质量的游戏内容、成功的市场宣传以及玩家的支持等。随着游戏的正式发布，它有望成为中国乃至全球游戏市场的一颗璀璨明星。

3.3.3 大模型应用典型案例

前面介绍了大语言模型的常见应用，下面介绍部分典型案例，旨在扩大大语言模型应用场景和范围。

1. 数学难题解析

面向学生或对数学知识有需求的人群，一般需将复杂的数学公式以通俗易懂的方式讲解清楚，要求讲解逻辑清晰、生动形象，便于理解。假设现在碰到一道高等数学难题，使用手机拍照，如图 3.19 所示。

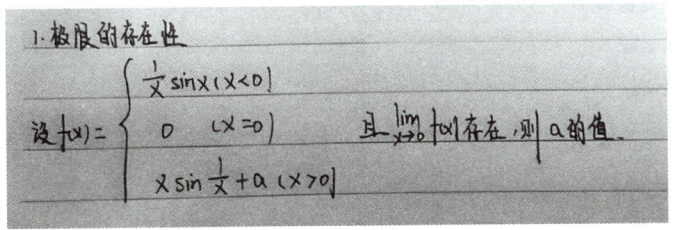

图 3.19　手写的数学难题

接着将照片上传到 Kimi 视觉思考版中，并在对话框中写入提示词"你是一位资深的数学教师，以生动形象、通俗易懂的风格向新生讲解图中的问题，需要有推导步骤，篇幅控制在 20 行，其中公式使用 Latex 格式"，在 Kimi 中的运行结果如图 3.20 所示。Kimi 首先从图片中对手写问题进行识别并准确理解了问题，并给出了详细的推导过程，其中数学公式采用了规范的 Latex 格式生成。

好的，让我们来解决这个问题。首先，我需要明确题目的要求。我们有一个分段函数 $f(x)$，在 $x < 0$、$x = 0$ 和 $x > 0$ 时有不同的表达式。我们的目标是找到一个 a 的值，使得 $\lim_{x \to 0} f(x)$ 存在。

函数定义如下：

$$f(x) = \begin{cases} \frac{1}{x}\sin x & \text{对于 } x < 0 \\ 0 & \text{对于 } x = 0 \\ x\sin\left(\frac{1}{x}\right) + a & \text{对于 } x > 0 \end{cases}$$

为了使 $\lim_{x \to 0} f(x)$ 存在，左极限（当 x 从负方向趋近 0 时）和右极限（当 x 从正方向趋近 0 时）必须相等。

因此，我们需要计算：

1. $\lim_{x \to 0^-} f(x)$
2. $\lim_{x \to 0^+} f(x)$

并使它们相等，以确定 a 的值。

首先，我们来计算左极限 $\lim_{x \to 0^-} f(x)$：

对于 $x < 0$，$f(x) = \frac{1}{x}\sin x$。

我们知道，当 x 接近 0 时，$\sin x$ 可以近似为 x。因此，

$$\lim_{x \to 0^-} \frac{1}{x}\sin x = \lim_{x \to 0^-} \frac{\sin x}{x} = \lim_{x \to 0^-} \frac{x}{x} = 1$$

所以，左极限为 1。

接下来，我们计算右极限 $\lim_{x \to 0^+} f(x)$：

对于 $x > 0$，$f(x) = x\sin\left(\frac{1}{x}\right) + a$。

这里，$\sin\left(\frac{1}{x}\right)$ 在 x 从正方向趋近 0 时会在 -1 和 1 之间振荡。但乘以 x，而 x 趋近于 0，因此：

$$\lim_{x \to 0^+} x\sin\left(\frac{1}{x}\right) = 0$$

因此，

$$\lim_{x \to 0^+} f(x) = 0 + a = a$$

为了使极限存在，左极限和右极限必须相等：

$$1 = a$$

这表明 $a = 1$。为了验证，我们将 $a = 1$ 代入函数，检查两个单侧极限是否确实都等于 1。

验证：

当 $a = 1$ 时，函数变为：

$$f(x) = \begin{cases} \frac{1}{x}\sin x & \text{对于 } x < 0 \\ 0 & \text{对于 } x = 0 \\ x\sin\left(\frac{1}{x}\right) + 1 & \text{对于 } x > 0 \end{cases}$$

计算两个极限：

$$\lim_{x \to 0^-} f(x) = 1 \quad \lim_{x \to 0^+} f(x) = 0 + 1 = 1$$

两个极限都等于 1，因此 $\lim_{x \to 0} f(x) = 1$。

综上所述，a 的值为 **1**。

图 3.20　数学难题解析实例

2. 学科专业信息调研

在学生进行大学学习后，如果想对自己所读专业进行充分的了解，光靠上网查询不易获取充足的信息量，为此可以借助大模型进行信息搜索与整理，帮助了解专业现状。例如，可设计提示词"我是一名来自普通本科高校计算机专业的大一新生，现在想要了解国内高校相关专业的现状，并希望能够得到关于成长方面的建议"。

本次选择秘塔 AI 搜索平台，输入提示词，选择全网＋深入模式，受篇幅限制，只展示部分回答，具体如下：

作为一名来自普通本科高校计算机专业的大一新生，了解国内高校相关专业的现状以及成长方面的建议是非常重要的。以下是一些基于我搜索到的资料的详细分析和建议：

国内高校计算机专业的现状

1. 课程与教学发展：

计算机专业在国内高校中已经普及，并且不断扩展到其他学科领域，如农林、医学、文科等[1]。近年来，随着"新工科"建设的推进，计算机课程已成为许多非计算机专业的必修课，以提升学生的信息技术应用能力[8]。高校正在努力改进教学方法，例如采用 PBL（问题导向学习）模式来提高学生的实践能力和问题解决能力[24]。

2. 就业前景与挑战：……

3. 高校排名与资源分配：……

成长方面的建议

1. 扎实基础知识：……
2. 实践与动手能力：……
3. 持续学习与技术更新：……
4. 职业规划与目标明确：……
5. 健康的生活习惯：……
6. 跨学科融合与创新：……

总结

计算机专业在国内高校中具有广泛的发展前景和挑战。作为大一新生，你需要注重基础知识的学习，积极参与实践活动，并保持持续学习的态度。同时，明确自己的职业目标并制定相应的规划，将有助于你在未来的职业生涯中取得成功。希望这些建议能对你有所帮助！

在搜索中共采用了 30 条信息源，相应内容的框架见图 3.21。该思维导图（脑图）清晰展示了内容框架，并且每个分支后面都标有相应的参考资料（以来源列表中的序号表示），方便用户快速查看参考内容。

图3.21 国内计算机专业现状的思维导图

3. 校园活动方案策划

在校园生活中,经常需要组织各种活动,尤其是集体中的班干部。为了在有限的课余时间策划活动方案,可以使用大模型平台进行快速生成。例如这段提示词"我是一名大二的班级组织委员,帮我写一个线下读书会活动的方案,需要包含但不限于策划目标、详细计划、所需资源和预算、效果评估、风险应对等。"

本案例选择豆包平台,相应的回答如下:

大二班级线下读书会活动方案

一、策划目标

提升知识素养:鼓励同学们阅读各类有益书籍,拓宽知识面,加深对不同领域知识的理解与认识,培养良好的阅读习惯。

增强交流互动:为班级同学提供一个交流互动的平台,促进同学之间的思想碰撞,增进同学情谊,增强班级凝聚力。

锻炼综合能力:通过读书分享、讨论等环节,锻炼同学们的表达能力、思维能力以及团队协作能力。

二、详细计划

活动前期准备

确定主题与书籍：通过班级群发布问卷，收集同学们感兴趣的书籍类型和主题，综合大家的意见，确定本次读书会的主题和推荐阅读书籍。例如主题为"经典文学的魅力"，推荐书籍为《百年孤独》《平凡的世界》等。

宣传推广：制作精美的海报，张贴在班级教室以及教学楼的公告栏。同时，在班级群内发布活动通知，详细说明活动的时间、地点、主题、流程等信息，鼓励同学们积极参与。

人员安排：确定主持人一名，负责活动流程的引导和现场气氛的调动；记录员一名，负责记录活动过程中的精彩观点和讨论内容；摄影人员一名，负责拍摄活动照片，记录活动精彩瞬间。

场地布置：选择宽敞明亮、安静舒适的教室作为活动场地。提前到达场地，摆放桌椅，可采用围坐的形式，方便同学们交流互动。在教室前方设置一个展示区，用于展示推荐书籍、活动主题海报等。

活动流程

开场介绍（10分钟）：主持人介绍本次读书会的主题、目的以及活动流程和规则，引导同学们快速进入活动状态。

个人分享（30分钟）：邀请几位提前报名的同学上台，分享自己对推荐书籍的阅读感悟、心得体会，每人分享时间控制在5~8分钟。分享过程中，其他同学认真倾听，可随时记录下自己的疑问和想法。

小组讨论（30分钟）：将同学们分成若干小组，围绕推荐书籍的主题、情节、人物形象、写作手法等方面展开深入讨论。每个小组推选一名组长，负责组织讨论和记录小组讨论的重点内容。讨论结束后，每个小组派一名代表进行总结发言。

自由交流（20分钟）：全体同学自由交流，分享自己在阅读过程中的其他收获、疑问或者对其他同学分享内容的看法。鼓励同学们积极发言，充分表达自己的观点，营造热烈的交流氛围。

总结点评（10分钟）：主持人对本次读书会进行总结，回顾同学们分享的精彩观点和讨论的重点内容，对同学们的表现给予肯定和鼓励。同时，邀请班级老师或阅读经验丰富的同学进行点评，提出宝贵的建议和意见，为本次读书会画上圆满的句号。

活动后期跟进

整理资料：记录员将活动过程中的讨论内容、精彩观点进行整理，形成文字资料。摄影人员挑选出活动中的精彩照片，进行后期处理，制作成活动纪念相册。

反馈收集：通过班级群发布问卷，收集同学们对本次读书会活动的满意度、意见和建议，了解同学们对活动的评价和期望，以便今后更好地改进活动。

成果展示：将整理好的文字资料和活动照片发布在班级群、班级公众号等平台上，进行活动成果展示，扩大活动影响力，吸引更多同学参与到读书活动中来。

三、所需资源和预算

所需资源：海报制作材料（纸张、彩笔、胶水等），展示区所需的展示架或桌子，摄影设备（相机或手机），记录所需的笔记本和笔。

预算

海报制作：50元（纸张、彩笔等材料费用）

奖品：200元（用于奖励在活动中表现优秀的同学，如书籍、笔记本等）

其他：50元（笔记本、笔等记录用品费用）

总计：300元

四、效果评估

参与度评估：通过统计参与活动的同学人数，与班级总人数进行对比，评估活动的吸引力和同学们的参与积极性。若参与人数达到班级总人数的80%以上，则认为参与度较高。

反馈评估：根据同学们填写的反馈问卷，统计对活动的满意度。若满意度达到80%以上，说明活动效果较好；对于同学们提出的意见和建议，进行分类整理，分析问题所在，以便在今后的活动中改进。

行为改变评估：观察活动结束后一段时间内，同学们的阅读行为是否发生积极变化，如是否有更多同学主动借阅书籍、参与阅读讨论等。若出现明显的积极变化，则说明活动对同学们的阅读习惯产生了一定的促进作用。

五、风险应对

参与人数不足：提前与同学们沟通，了解他们的时间安排，尽量选择大多数同学都方便参加的时间举办活动。同时，加大活动宣传力度，强调活动的趣味性和意义，吸引更多同学参与。若活动当天参与人数仍不足，可适当调整活动流程，如将小组讨论环节改为同桌交流，确保活动能够顺利进行。

现场秩序混乱：主持人在活动开始前明确活动规则，强调遵守秩序的重要性。活动过程中，主持人要密切关注现场情况，及时引导同学们的讨论方向，避免出现跑题、争论过于激烈等情况。若出现个别同学扰乱秩序，主持人要及时进行提醒和制止，确保活动能够在良好的氛围中进行。

设备故障：提前检查摄影设备、展示设备等是否正常运行，确保活动过程中不会出现故障。若活动现场设备出现故障，如相机无法正常拍摄，可临时改用手机进行拍摄；若展示设备出现问题，可调整展示方式，如直接在黑板上书写相关内容。

4. HR 模拟面试

为了给求职者提供逼真的面试场景模拟，通过演示面试官与求职者间的对话过程进行学习，促进提升求职者在专业知识、综合素质、应变能力等方面的面试技巧。可输入提示词"你是一家知名科技公司的人力资源经理，正在为计算机技术与工程部门招聘一名新职位的候选人。你面前的求职者是一个应届毕业生，拥有计算机技术专业的学士学位，并且在大学期间参与了多个相关的项目。"

本次选择文心一言平台，在输入提示词后，平台提供了对应的问答过程，具体如下：

面试场景模拟

人力资源经理（我）：你好，欢迎来到我们的面试。请先自我介绍一下，让我们更好地了解你。

求职者：您好！我是×××，今年刚从××大学毕业，专业是计算机技术。在大学期间，我学习了各种编程语言、数据结构、算法以及计算机网络等核心课程，并且积极参与了多个与计算机技术相关的项目。我很高兴有机会来参加这次面试，希望能加入贵公司的计算机技术与工程部门。

我：很好，听起来你在大学期间积累了不少专业知识。那你能详细介绍一下你参与过的一个具体项目吗？你在其中扮演了什么角色以及项目的主要成果是什么？

求职者：当然。我参与过的一个项目是开发一个基于 Android 的校园导航系统。在这个项目中，我主要负责了后端数据库的设计和实现以及部分前端界面的开发。我们利用 MySQL 数据库存储了校园内的各个地点信息，并通过 Java 和 Android Studio 开发了用户界面。用户可以输入目的地，系统为他们规划出最优的行走路线。这个项目在学校的科技创新大赛中获得了二等奖，并且受到了很多师生的好评。

我：听起来这个项目很实用，也很能体现你的专业技能。那么，你认为在计算机技术与工程领域，最重要的技能或素质是什么？

求职者：我认为在计算机技术与工程领域，最重要的技能是持续学习和解决问题的能力。因为技术发展日新月异，只有不断学习才能跟上时代的步伐。同时，面对复杂的问题，能够迅速找到解决方案并付诸实践也是非常重要的。此外，团队合作和沟通能力也很重要，因为很多项目都需要团队成员之间的紧密协作。

我：非常赞同你的观点。那么，你对我们公司以及计算机技术与工程部门有什么了解吗？为什么选择我们公司作为你的职业起点？

求职者：我对贵公司一直很感兴趣。贵公司在计算机技术与工程领域有着深厚的积累和创新精神，推出了很多领先的产品和服务。我特别欣赏贵公司注重技术创新和用户体验的理念。我认为加入贵公司的计算机技术与工程部门，可以让我有机会接触到更先进的技术和更复杂的项目，从而实现自己的职业发展和价值。

我：很好，看来你已经对我们公司有了比较深入的了解。那么，你对自己的职业规划有什么想法吗？未来五年或十年内，你希望达到什么样的职业目标？

求职者：我希望在未来五年内，能够成为一名专业的计算机技术与工程领域的专家，能够独立完成复杂项目的开发和管理。同时，我也希望能够通过不断学习和实践，提升自己的技术水平和项目管理能力。在未来十年内，我希望能够有机会带领团队进行技术创新和项目研发，为公司的发展贡献自己的力量。

我：非常感谢你的分享。最后一个问题，你认为你在大学期间学到的哪些知识或技能，将对你未来的职业发展最有帮助？

求职者：我认为我在大学期间学到的编程能力、数据结构和算法知识以及计算机网络原理等，都将对我未来的职业发展非常有帮助。这些基础知识是解决问题的关键，也是进行技术创新的基础。同时，我在大学期间还学会了如何进行有效的团队合作和沟通，这些也将对我的职业发展产生积极影响。

我：很好，你的回答很全面也很深入。非常感谢你今天的到来和分享。我们会根据你的面试表现进行综合考虑，并尽快给你答复。祝你一切顺利！

求职者：谢谢！期待能有机会加入贵公司。再见！

微视频 3-2：会议纪要与总结

5. 会议纪要与总结

为了高效地应对会议场景（尤其是没有回放的），需要快速准确地记录会议内容，提炼主要观点、方案思路、任务分配等信息，以清晰简洁的格式呈现，方便参会人员回顾和跟进后续工作。

该案例可以选择通义千问平台，直接选择效率模块下的实时记录功能。首先在会前按照具体情况设置音频场景的语言输入、是否需要翻译、是否区分发言人，如图 3.22 所示。然后在会议开始后点击开始录音，进入运行界面（见图 3.23），此时设备将实时记录声音并转成文字，在会议中可以随时暂停或者停止录音。从运行界面可以看到左半部分显示文字内容，并且支持多颜色文本标记、翻译、专有词汇定义等操作，在右半区域显示 AI 导读、脑图、用户编辑的笔记内容。同时后面在会议结束后可导出会议的录音、脑图、笔记等资料，方便记录和整理。对于类似会议的场景，如课堂等，使用该案例也可以有效帮助整理资料。

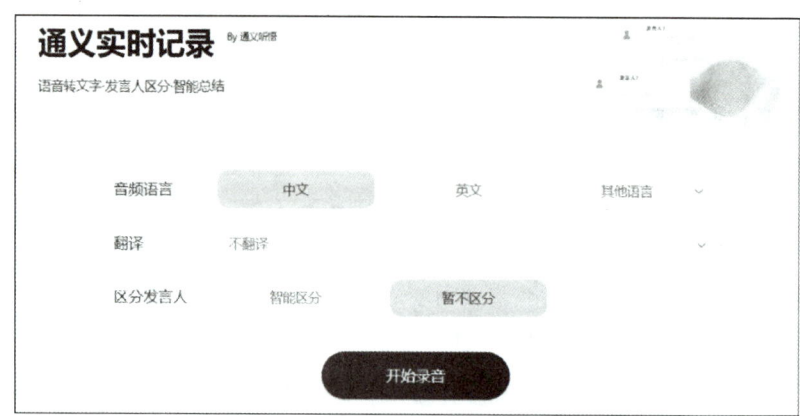

图 3.22 通义千问实时记录参数设置

图 3.23 通义千问实时记录运行界面

6. 医学检查结果分析

为了帮助患者理解复杂的医学检查结果，用通俗易懂的语言解释各项指标含义、异常情况的严重性及可能的病因，提供进一步的诊疗建议，确保信息准确、谨慎。提示词可设计为“你是一位经验丰富的医学专家，以通俗易懂、严谨负责的态度分析这份检查结果，解释各项指标正常范围、患者的异常指标及可能的健康问题，给出下一步建议，如是否需要复查、进一步检查的项目，格式为清晰的文本段落”。

本次使用讯飞星火平台，在平台上导入了血脂四项化验单截图（如图 3.24 所示），图中给出了各指标的检测值和参考范围。

血脂四项		
检验医生:		检验日期：2024-01-10 11:19:00
低密度脂蛋白	3.04mmol/L	参考 2--3.6
高密度脂蛋白	1.09mmol/L	参考 1.04--1.55
总胆固醇	4.84mmol/L	参考 3.6--5.69
甘油三酯	1.91mmol/L ↑	参考 0.58--1.71

图 3.24 医学化验单

然后将相应的提示词输入，平台在解析图片后进行回答，输出结果如下：

> 根据您提供的血脂四项检验报告，我们可以逐一分析各项指标的结果。

1. 低密度脂蛋白（LDL）：您的低密度脂蛋白水平为 3.04 mmol/L，处于参考范围（2~3.6）mmol/L 内，因此是正常的。低密度脂蛋白被称为"坏胆固醇"，因为它在血管壁上的积累可能导致动脉硬化和心血管疾病。

2. 高密度脂蛋白（HDL）：您的高密度脂蛋白水平为 1.09 mmol/L，处于参考范围（1.04~1.55）mmol/L 内，也是正常的。高密度脂蛋白被称为"好胆固醇"，因为它有助于清除血管中的低密度脂蛋白，从而保护心血管健康。

3. 总胆固醇（TC）：您的总胆固醇水平为 4.84 mmol/L，处于参考范围（3.6~5.69）mmol/L 内，因此是正常的。总胆固醇包括低密度脂蛋白和高密度脂蛋白以及其他类型的胆固醇。

4. 甘油三酯（TG）：您的甘油三酯水平为 1.91 mmol/L，超出了参考范围（0.58~1.71）mmol/L，因此是异常的。甘油三酯升高可能与饮食习惯、肥胖、糖尿病或代谢综合征有关，也可能增加心血管疾病的风险。

总结与建议：

● 您的低密度脂蛋白、高密度脂蛋白和总胆固醇水平均在正常范围内，说明您的血脂状况总体良好。

● 您的甘油三酯水平略高，这可能提示您需要调整饮食和生活习惯，如减少高脂肪食物的摄入、增加运动等。

● 建议您定期复查血脂四项，以监测甘油三酯水平的变化。如果甘油三酯持续升高或出现其他症状（如胸闷、心悸等），请及时就医进行进一步检查和治疗。

● 除了血脂检查外，您还可以考虑进行其他相关检查，如血糖、血压等，以全面评估您的心血管健康状况。

7. 文字快打游戏开发

假设现在想要练习打字，又想通过游戏的方式来进行，可以借鉴一款打字通关小游戏，利用大模型平台来重制这款游戏，那么可能需要游戏设计思路、算法实现、界面布局等多方面的指导。比如，可输入提示词"创建一个互动的打字游戏，游戏中会有英语单词从屏幕顶部掉落。游戏界面包括一个位于屏幕底部的文本输入框，用户需要输入下落的单词来'接'它们。每个单词会随机从单词列表中选择，掉落时会有旋转效果。成功输入单词或当单词到达屏幕底部时，单词会消失并淡出。游戏每隔 2 秒生成一个新的单词并开始掉落。用户可以通过键盘输入框来输入单词并'接住'这些单词。输入框的占位符文本是'试试用键盘接住下落的单词'，当用户开始输入时，占位符会消失。游戏中的每个单词都会有一定的掉落速度，并且随着时间推移，掉落的速度会逐渐增加，增加游戏的难度。"平台在收到提示词后将开始进行代码生成，然后用户可以复制代码到相应的程序运行环境中运行测试。这种做法还是存在一定的操作难度，而通义千问中的代码模式能够支持在线运行网页小游戏，降低了制作小游戏的难度。

3.3 大语言模型的应用

本实例中使用通义千问平台,在对话框的上方单击代码模式,此时可看到平台预置了一批应用,如图 3.25 所示。

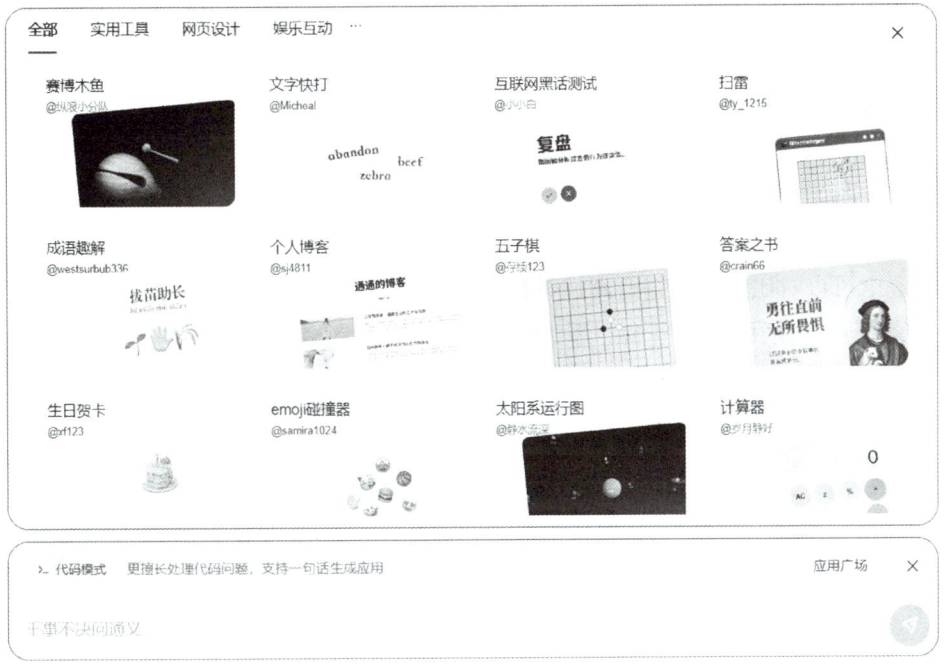

图 3.25　通义千问的代码模式

从应用广场中直接单击"文字快打"应用,进入游戏运行界面,如图 3.26 所示,此时可以开始打字练习。感兴趣的读者还可以单击该应用的右上角"同款指令"按钮,查看具体的提示词内容,学习如何利用大白话制作游戏。

图 3.26　游戏运行界面

8. PPT 生成

PPT 已成为现代社会工作和学习中不可或缺的部分，以其直观、生动的展示方式被广泛应用。掌握 PPT 技能已成为基本要求，也是目前大学计算机基础通识课中的考核要素。因此现有很多教程资料被用于指导制作 PPT，这其中需要用户投入相当的时间和精力去学习和实践。而使用大模型平台生成 PPT 能在搜集资料、语言表达、设计排版等方面提升效率。以"中外动画电影对比分析"课程汇报 PPT 制作为例，可以设计提示词"请以中外动画电影对比分析为主题生成一份课程汇报 PPT，内容需要包括动画电影发展背景与现状、中外对比、动画电影未来发展等，重点在中外对比分析上，请尽可能详细地拆解出可以对比的角度进行阐述分析"。

本案例选择使用 Kimi 平台，平台中的 PPT 助手是 Kimi 和 AI PPT 联合推出的 PPT 生成工具，如图 3.27 所示。用户可以通过一句话提示词、上传的文件、网址来生成 PPT，提供多种模板选择，满足不同场景的需求。输入相应的提示词后，自动生成大纲，部分内容见图 3.28。

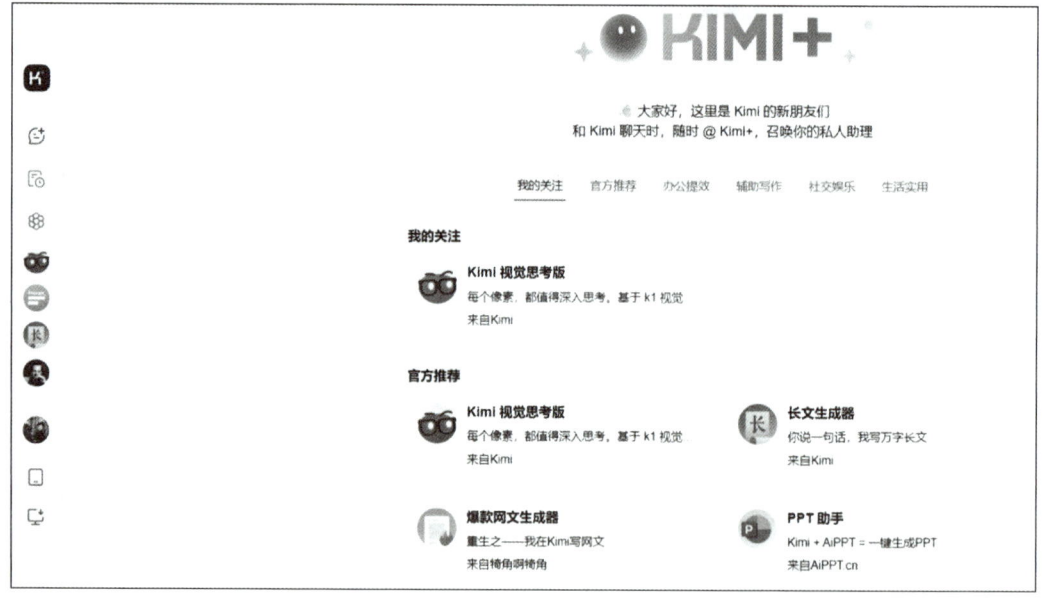

图 3.27　Kimi 中的 PPT 助手

用户可以通过直接提问方式继续润色或补充 PPT 的内容。如不修改则直接单击"一键生成 PPT"按钮，此时可根据场景、设计风格、主题颜色选择一套 PPT 模板。然后开始生成 PPT，整个过程将动态展示每一页的设计步骤，结果见图 3.29，图中提供了 PPT 首页和预览。用户可单击"去编辑"按钮，跳转至编辑页面（如图 3.30 所示），如有需要可在编辑页面对 PPT 进行修改完善。最后在右上角单击"下载"按钮即可把 PPT 下载到本地，完全免费。

3.3 大语言模型的应用

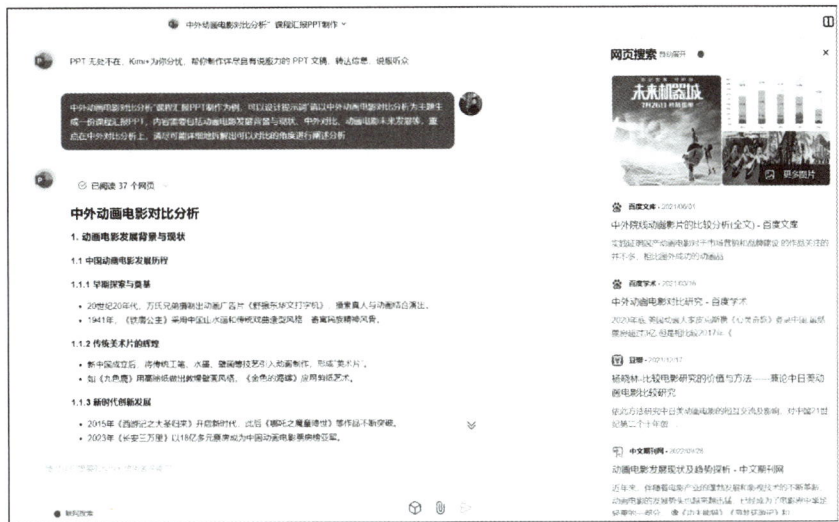

图 3.28 "中外动画电影对比分析"PPT 大纲

图 3.29 初步生成的 PPT

图 3.30 PPT 编辑页面

3.4 提示词工程

通过上面若干案例说明，可以体会到大模型是个强大高效的问题解决工具。但如何使用好这种工具？最简单的方式就是用好提示词（prompt）。好的提示词可以让大模型快速理解需求，从而实现想要做的事情。例如，在写文章的时候，通过准确的提示词可以让大模型在短时间内生成一篇符合主题、风格和字数要求的素材。但如果不了解如何使用提示词，可能得到的结果就会很混乱，不符合期望目标，比如，你想要一个蛋糕，却因为没有说清楚口味和尺寸，得到了一个完全不想要的物品。

总之，大模型本身能力很强，但其输出质量在很大程度上依赖于输入的提示词。精心设计的提示词可以激发大模型的性能，使其生成更准确、更相关的输出，从而增强大模型的表达能力和应用效果。同时提示词可以拓展大模型的应用范围，使其能够适用于新的领域和任务，进一步发挥其潜力和价值。而提示词工程（prompt engineering）就是研究怎么设计提示词[7]。研究的目的是让大模型能更好地完成各种任务，帮助解决学习、生活、工作中的各种问题。下面将着重介绍相关概念、设计方法和案例展示。

3.4.1 提示词工程概论

提示词是用户输入给大模型的文本，用于引导模型产生期望的输出，可以是简单的问题、详细的描述，或者是特定的任务。提示词在人工智能应用中扮演着至关重要的角色，其内容质量将直接影响大模型的回答质量，一个精心设计的提示词能够最大限度地发挥大模型的功能，使其生成高质量、符合预期的内容。反之，如果提示词不够清晰、具体，生成的结果可能偏离用户的初衷，甚至产生误导性或有害的内容。比如想让大模型帮你写一篇作文，要是输入"写篇作文"，它可能就不知道需要什么主题、什么风格、多长篇幅的作文。但要是输入"写一篇 500 字左右，赞美春天花朵的记叙文，要多描写花朵的颜色和姿态"，这就是一条很清晰的提示词。大模型就会按照文字中的要求，开始创作一篇符合期望要求的作文。

为了使大模型达到更好的生成效果，业界推出了众多提示词设计策略和框架，也包含了不同需求下的提示词结构。这些结构不仅是经验的总结，也为提示词撰写提供了指导参考，使其逐渐从一些"技巧"发展为一种"工程学科"。提示词工程就是研究怎么把提示词写得更准确、更有效，让大语言模型给出更好的回答[8]。比如，在写作场景中，提示词工程会琢磨怎样描述主题、风格和字数要求，能让大模型生成的作文质量更高，更有文采。要是大模型生成的文章总是文采欠佳，提示词工程可能就会尝试在提示词中加入"使用优美的比喻句和拟人句"这样的要求。

3.4.2 提示词设计的原则、要素与流程

1. 设计原则

（1）准确性原则

提示词的准确性是基础性原则。在设计提示词时，做到具体明确，不要提及开放性问题。准确的提示词能够让大模型清晰无误地理解用户的需求，避免产生误解和歧义。例如提示词"制作一个吸引人的视频"，"吸引人"太过抽象，大模型难以把握方向。若改为"制作一个时长3分钟左右，以幽默动画形式呈现，能吸引20到30岁间的职场人士观看的产品宣传视频"，这样具体的描述能让模型更清楚地知道你的要求。尤其是在涉及专业领域知识时，准确使用术语至关重要。比如在医学领域，"请分析急性心肌梗死的症状和治疗方案"，其中"急性心肌梗死"这一专业术语准确传达了疾病类型，若使用不规范或错误的表述，如"急性心梗症"，可能导致模型输出的内容不准确或偏离主题。

（2）简洁性原则

简洁明了的提示词能够提高信息传递效率，减少模型处理的负担，同时降低产生混淆的可能性。冗长且复杂的提示词可能会让模型在理解过程中错失重点。例如，当需要大模型写一篇关于校园生活的短文时，"以校园生活为主题，写一篇300字左右，积极向上的短文"这样的提示词简洁直接。与之相对，若表述为"我希望你能创作一篇文字内容，这个内容的主题围绕着我们日常在校园里的学习、生活等各方面展开，字数大概控制在300字上下，整体要呈现出一种积极乐观、充满正能量的风格，不要有消极的情绪表达……"就显得过于啰唆。过多不必要的描述不仅浪费用户输入时间，还可能干扰大模型对核心任务的理解。

在实际应用中，简洁性原则还体现在避免重复表述。例如，在提示大模型对一段文本进行情感分析时，"对这段文本进行情感分析，判断其情感倾向"即可，无须重复强调"判断它是积极、消极还是中性的情感倾向"，因为"情感分析"本身就包含了这一含义。

（3）引导性原则

引导性原则旨在让提示词能够有效地引导大模型生成期望的输出结果。这需要根据任务和目标，合理地组织提示词的内容和结构，添加必要的细节信息。例如，在创意写作任务中，若希望创作一个带有悬疑元素的故事，可以这样设计提示词："在一个偏僻的小镇上，最近发生了一系列离奇的失踪事件。主人公是一位好奇心旺盛的年轻侦探，他决定深入调查。请围绕此情景，创作一个充满悬念和反转的故事，在故事发展过程中逐步揭示失踪事件的真相。"通过这样的提示，为模型提供了故事的背景、主角以及任务目标，引导模型构建出符合要求的故事。

在知识问答场景中，引导性原则也发挥着重要作用。比如问"请解释机器学习技术原理，并用通俗易懂的语言，结合生活中的例子进行说明"，这里"用通俗易懂的语言，结合生活中的例子进行说明"的要求，引导大模型以更易于理解的方式呈现复杂的理论概念，使输出更符合提问者的期望。

2. 组成要素

一般而言，提示词的基本组成要素包括核心任务描述、背景信息与条件设定、输出格式与风格要求。

（1）核心任务描述

核心任务描述是提示词的核心部分。它明确地界定了需要大模型完成的具体任务，常见的任务包括解释、分类、设计、总结、翻译等。例如，"撰写一篇关于人工智能对未来教育影响的文章"清晰地表明了任务是创作一篇文章，主题围绕人工智能与未来教育的关系。再如，"识别这张图片中包含的动物种类"精准地指出了大模型需要完成的图像识别任务内容。对于复杂的任务，核心任务描述可能需要进一步细化。例如，在软件开发中，"使用 Python 语言编写一个具备用户登录和注册功能的简单 Web 应用程序，要求包含用户信息的加密存储和基本的输入验证功能"，详细地阐述了编程语言、应用程序功能以及技术要求等核心任务要点，让大模型能够全面了解任务需求。

（2）背景信息与条件设定

提供相关背景信息和条件设定，可以帮助大模型更好地理解任务的背景和约束，从而生成更符合实际需求的输出。例如，"在第二次世界大战的背景下，分析美国参战对战争局势产生的影响"，"第二次世界大战"这一背景信息为模型提供了时间和事件框架，使大模型能够基于特定的历史时期进行分析。

（3）输出格式与风格要求

明确输出格式与风格要求，能够使大模型的输出在形式和表达上满足用户的特定需求。在格式方面，常见的要求包括文本段落、列表、表格等格式。例如，"请列举中国古代四大发明，以列表形式呈现，每个发明后面附带简单的发明时间和用途介绍"，该提示词限定了输出需采用列表格式，方便用户阅读和整理信息。

在风格要求上，根据不同的应用场景，可指定正式、口语、幽默、严谨等风格。例如，在撰写商务邮件时，可设计一段提示词"以正式、专业的语言风格，回复客户关于产品售后问题的咨询邮件"，该提示词要求模型生成符合商务沟通礼仪的邮件内容。而在创作儿童故事时，"用生动有趣、充满童趣的语言风格，创作一个关于小动物冒险的故事"，则能引导模型采用适合儿童阅读的语言风格进行创作。

3. 一般流程

（1）设定明确的目标与上下文

首先要确定任务的具体目标，比如，是想要获取特定信息、生成一段文本，还是对数据进行分析等。同时为减少大模型的猜测，应尽可能提供充足的背景信息，有助于大模型在已知信息的基础上进行准确的回答。如有必要可要求输出形式，针对不同的应用场景，要明确告知大模型期望的输出类型，比如，表格形式便于清晰呈现数据对比，列表适合罗列要点，总结则能精炼概括主要内容等。

（2）赋予角色与思维方式

可以在提示词中将大模型设定为某种特定的身份，例如技术专家，让其输出具有专业技术深度的内容；设定为教师，其回答可能更具教育引导性；设定为秘书，则可能输出条理清晰、注重细节的内容。在内容生成上，可以规定生成的风格。有时还可以赋予大模型特定的思维方式，例如批判性思维、创造性思维等。

（3）逐步拆解复杂任务

面对复杂问题时，可将其拆解为多个独立的、易于处理的步骤。并且可以在每一步操作结束后，要求大模型对中间结果进行总结或验证，便于及时发现问题并调整。最后将多个子任务的输出进行整合，形成完整的解决方案或总结，从而完成整个复杂任务的处理。

（4）引导深入推理与思考

有时要求大模型通过"思维链"推理，分步骤推导出最终答案，可以使大模型的思考过程更加清晰，结果也更具逻辑性。同时在模型输出正式结果前，要求大模型检查推理是否合理、准确，是否符合任务要求。最后如有必要可以要求模型不仅要给出最终答案，还要解释每一步的思路，这样能便于用户理解大模型的思考逻辑，也便于对结果进行评估和改进。

（5）提供参考材料与外部资源

有时大模型并不能知道全部的信息，此时由用户向大模型提供外部参考文献或文本，要求其根据所提供的材料生成答案，能提高答案的准确性和可靠性。在联网搜索的条件下，还可以要求大模型在作答时引用或链接到具体的来源，这样既能增加答案的可信度，也方便用户进一步查阅相关资料。此外，在面对复杂的计算或查找任务时，可以集成外部工具，如代码执行工具等，让大模型借助这些工具更好地完成任务。

（6）动态反馈与迭代优化

在收到大模型的回答后，用户可以仔细分析其中的偏差或不足，并通过下一轮对话要求模型进行修正。该反馈能让大模型不断完善输出。另一种方式是通过提问让模型根据前一轮的输出进行自我改进，思考如何优化内容以更好地满足需求。同时在多轮对话过程中，请求模型总结关键点，确保整个对话过程的连贯性和准确性，避免出现前后矛盾或偏离主题的情况。

3.4.3 提示词设计策略

向大模型输入的提问是否存在某种内在的分类规律呢？这里用人们之间的聊天过程

来进行说明，按照聊天中彼此间对信息的知晓程度不同，可分为 4 种情况：有些事情是大家都心照不宣的；有些则是仅自己了解的；有些是对方熟知但自己却不太清楚的；有些事情双方都处于迷茫未知的状态。

> 拓展阅读 3-2：乔哈里视窗理论

在学术上，这些情况被称为乔哈里视窗理论中的"开放区""隐藏区""盲目区""未知区"。乔哈里视窗是由美国心理学家约瑟夫·勒夫特和哈里·英格拉姆提出的沟通模型，是一个分析自我认知与他人认知交集的模型，旨在通过扩大"开放区"来改善沟通和互动。这一理论常用于团队管理和人际沟通，而在与 AI 模型的交互中，如果将视窗中的"他人"换成"AI"，其逻辑框架同样适用。

依据乔哈里视窗理论，对提示词的构建按不同情况进行分类，即根据人和 AI 模型对问题的知晓情况可以分为 4 种情况。接下来分别对不同情况进行特点分析、提示词设计策略阐述以及相应的案例展示。

1. 双方都知道的情况：开放区

这种情况通常涉及各类常识性内容。无论是用户还是大模型，对这些知识都极为熟悉。其涵盖范围广泛，包括日常生活知识，如服饰搭配原则、烹饪技巧、出行路线规划等；常见的科学知识，如物理领域的牛顿运动定律、化学中的元素周期表规律、生物学科中的细胞基本结构等广为人知的原理；历史长河中的重大事件。

在设计该情况下的提示词时，关键在于简洁明了，精准传达问题核心。由于双方对相关知识已有充分了解，无须冗长表述，直接将问题呈现给大模型，使其迅速抓取关键信息，给出准确回答。

在日常生活场景中，若需确认一些基本常识，可采用简洁的提问方式。例如，在探讨与季节相关话题时，想明确一年的季节数量，可直接询问："一年有几个季节？"大模型凭借其丰富的知识储备，会迅速回应："一年有四个季节。"又如，在辅导学习天文知识时，要确认地球与太阳的运行关系，提问"地球是否围绕太阳公转？"大模型将给出准确答案："是，地球围绕太阳进行公转。"这些简洁的问题充分体现了在双方知识共享情况下高效沟通的优势。

2. 用户知道但大模型不知道的情况：隐藏区

这种情况如同个人拥有一些仅自身或特定群体知晓的独特信息。这些信息可能源于个人独特的经历，如个人成长历程；也可能是公司内部数据，如核心商业策略、关键财务报表等；还可能是某个团队在特定领域长期研究的成果。由于这些信息未公开，大模型在训练过程中并未接触到，因此对其一无所知。

若要使大模型理解并处理这类问题，需为其提供详尽的背景信息，帮助其了解问题的背景和相关情况。如有必要，列举具体实例，引导大模型更准确地把握问题核心，理解任务要求。

假设在一家富有创意的甜品店工作，希望借助大模型分析顾客的口味偏好以优化产品。此时不能仅简单要求"分析哪种蛋糕受欢迎",而应详细说明:"本甜品店提供巧克力、草莓、抹茶三种口味的蛋糕。过去一周内,巧克力口味售出 200 个,草莓口味售出 60 个,抹茶口味售出 80 个,且购买顾客主要为年轻人。基于这些信息,分析哪种口味更受欢迎。"通过提供这些丰富的信息,大模型能够进行全面且准确的分析。

3. 大模型知道但用户不知道的情况:盲目区

在此情况下,大模型宛如一座装满专业知识的超级图书馆,涵盖了各个专业领域的高深知识。从复杂的科学原理到前沿的技术概念,再到晦涩的学术理论。这些知识对于大多数人来说,理解起来具有一定难度,甚至完全陌生,但大模型凭借其强大的学习能力,对这些知识有深入的理解。

向大模型输入此类问题时,应清晰明确地表达疑惑。若问题较为复杂,可将其拆解为一系列简单易懂的小问题,逐步引导大模型解答。同时,可请求大模型以通俗易懂的语言进行解释,就像邀请一位专业导师,将高深知识以易于理解的方式传授。

若对当下热门的人工智能领域的深度学习感兴趣,想了解"深度学习中的卷积神经网络是什么",大模型可能会给出专业的解释,其中包含大量专业术语,令人难以理解。此时可进一步追问:"能否用简单的比喻说明卷积神经网络的工作原理?"大模型可能回应:"卷积神经网络类似于一个超级图像侦探。它拥有众多具备特殊功能的'小眼睛'(即卷积核),这些'小眼睛'能够在图像的各个角落仔细搜寻,捕捉不同的特征,如图像的边缘、颜色变化等。随后,它像一位技艺精湛的工匠,将这些特征巧妙组合,从而准确识别图像内容。"通过这种方式,大模型帮助我们跨越专业知识的障碍,将晦涩概念变得生动易懂。

4. 双方都不知道的情况:未知区

这种情况就像用户与大模型一同站在一片未知的探索领域前,面临的是全新的、处于前沿的问题,这些问题目前尚无确定答案。它们可能涉及未来科技的发展方向,也可能是科学界长期悬而未决的难题,还可能是对未来社会结构、文化形态的大胆设想与探索。

在探索这类未知问题时,需要与大模型展开积极的互动,通过类似头脑风暴的方式共同探索。可以先提出一个开放性问题,引导大模型思考,然后根据其回答,进一步提出新问题,如同在未知的领域中不断开辟新路径,逐步挖掘更多新颖的思路和可能性。

若探讨未来十年交通方式的变革,首先向大模型提问:"随着科技的快速发展,未来十年可能出现哪些新型交通方式?"大模型基于其对科技趋势的分析,可能回答:"或许会出现飞行汽车,凭借其飞行能力有效缓解城市拥堵。"基于此回答,可进一步追问:"飞行汽车应如何解决能源供应和安全保障问题?"通过这样的互动对话,与大模型在未知领域中不断探索,有可能碰撞出创新的火花,为未来交通发展提供新思路。

5. 提示词设计策略

按照对上述 4 种情况的分析,对提示词设计策略进行总结,见表 3.3。

表 3.3　乔哈里视窗理论下的提示词设计策略

名称	场景特点	提示词策略	提示词示例
开放区	双方都知晓信息,追求效率	采用简洁直接的提问方式; 避免冗长的背景说明; 聚焦核心需求点	① 写作场景:写一篇关于 2024 年春节消费趋势的文章,800 字; ② 数据分析:分析 2024 年 GDP 增长的主要驱动因素; ③ 内容总结:总结这篇文章的三个核心观点
隐藏区	涉及专有信息或非公开数据需要提供框架和示例	运用"少样本"示例; 提供清晰的结构框架; 设定明确的输出格式	① 企业数据分析:我将提供一份企业销售数据(格式如:日期|产品|销量|单价|渠道)。请帮我分析月度销售趋势、产品占比分析、渠道效率对比; ② 个性化内容创作:我们公司是做企业软件的,主要产品特点是:"特点1""特点2""特点3",请按该结构写一份产品推广文案:痛点描述、解决方案、产品优势; ③ 专业报告改写:这是一份技术评估报告,格式如下:"示例报告片段"请按照相同结构,帮我完成后续内容
盲目区	知识探索和学习场景	提出明确的问题; 设定具体的学习目标; 要求 AI 提供详细解释	① 专业知识学习:请解释多项式回归的基本原理,用通俗易懂的方式,最好能举生活中的例子; ② 历史事件查询:详细介绍 1929 年经济大萧条的起因、发展过程和影响; ③ 技术原理解释:区块链技术如何确保交易安全?请用简单的比喻说明
未知区	创新探索和研究领域	设置开放性思考框架; 引导多角度分析; 鼓励创新性思维	① 创新思维激发:如果未来 AI 完全取代人工客服,可能会出现哪些新问题?请从技术、社会、心理三个维度分析; ② 跨领域研究:请探讨生物学中的进化理论如何应用到企业管理中,给出具体的应用场景和可能的创新方向; ③ 未来趋势预测:结合当前元宇宙发展现状,预测未来 10 年可能出现的新职业和新商业模式,并分析其可行性

3.4.4　提示词工程实战

通过上面的介绍,可以发现提示词的设计方法并不是固定的,也是需要不断从经验中进行测试和迭代优化。为此现有一些大模型平台提出了较为通用的提示词构建框架并开发了适用于不同应用场景的提示词模板，方便用户使用、参考和学习，如文心一言、豆包等[9]。也有一些平台专门设计了提示词构建的应用，用户可以通过与这种应用对话，生成合适的提示词。也就是说，目前对于提示词设计而言，提供给用户使用的有通用框架、静态模板和动态优化窗口，下面分别对其进行介绍和案例演示。

1. 通用的提示词框架

（1）参考信息 + 动作 + 目标 + 要求

文心一言提供了基础版的提示词框架，即根据"参考信息"，完成"动作"，达成"目标"，满足"要求"。该框架的 4 部分具体含义如下。

> 拓展阅读 3-3：
> 常见的提示词框架

① 参考信息：包含完成任务时需要知道的必要背景和材料，如报告、知识、数据库、对话上下文等。

② 动作：需要大模型解决的事情，如撰写、生成、总结、回答等。

③ 目标：需要大模型生成的目标内容，如答案、方案、文本、图片、视频、图表等。

④ 要求：需要大模型遵循的任务细节要求，如按 ×× 格式输出、按 ×× 语言风格撰写等。

例如，在诗歌创作类场景下，按照框架设计提示词"请以唐代诗人的身份，在面对黄河时，根据已有唐诗数据，撰写一篇作者借由眼前景观感叹黄河自然景观的七言绝句，并严格满足七言绝句的格律要求"。这段提示词中参考信息是已有的唐诗数据，动作是撰写，目标是七言绝句，要求是唐代诗人身份和七言绝句的格律。

在教育教学类场景下，来分析这段提示词"请以高中数学老师的身份，在高中课堂上，根据《高中数学必修一》内容，逐步解答学生关于集合的数学问题，并给出解题步骤及相关知识点"。可以看出参考信息是高中数学一的内容，动作是解答，目标是关于集合的数学问题，要求是高中数学老师的身份和给出解题步骤及相关知识点。

同理可构建类似的提示词，比如"请参照主流短视频平台的观众喜好，为一名美食探店博主，制作一个打卡评测海底捞火锅店的视频脚本，要求标明对应镜号""按照牛顿运动定律，来分析当月球和地球质量一样时将会发生什么结果，要求分析过程科学严谨"等。当然该框架只是给出了建议，其中的动作和目标是必填项，而参考和要求则是选填项。

（2）任务 + 参考信息 + 输出要求 + 示例 + 本次输入 + 输出项

在面对复杂难解的任务时，一条简单的提示词可能难以适合。而文心一言提供了高阶版的提示词框，通过补充更多元素、运用更高级的技巧来应对更复杂的任务，具体框架如图 3.31 所示。图中实线框表示必填项，虚线框表示选填项，对应的各部分元素具体见表 3.4。

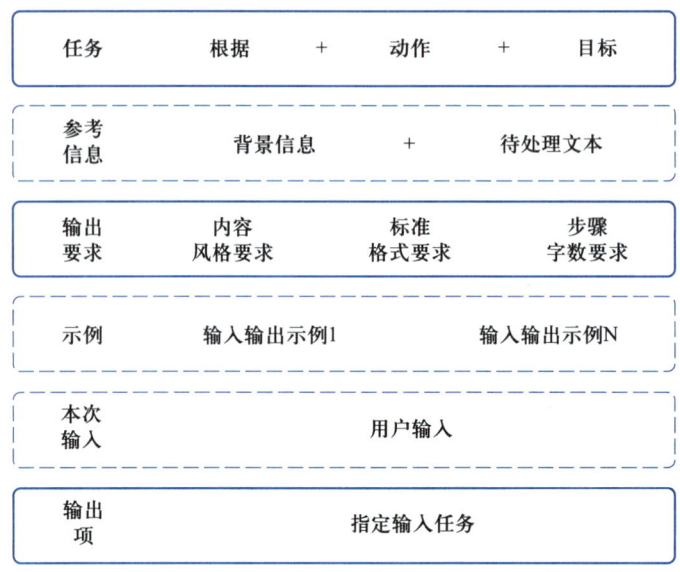

图 3.31 文心一言高阶版提示词框架

表 3.4 高阶版提示词框架元素

元素名称	元素内容
任务	对将要处理内容的清晰描述,可以理解为类似一种固定话术。往往采取"根据"+"动作"+"目标"的形式进行。例如,"根据"依据会议记录内容,"动作"总结会议待办事项,并"目标"指明每个待办事项的负责人
输出要求	清晰且具体说明所期望得到的最终结果或输出内容。包括且不限于回复答案的标准、完成任务所需的步骤、模型输出结果的风格、格式及字数要求等
输出项	用于在提示词靠后部分引导模型开始输出结果。可以在最后输入例如"回答:"、"输出:"、"总结:"等具有开启输出命令效果的词语。同时要注意这些词语应与提示词中任务、示例部分提供的一致
参考信息	是提供给模型的背景信息或者需要处理的数据样本。包括不限于任务相关的原文段落、文本数据、名词解释及背景知识等
示例	提供给模型参考的输入输出的样本演示。完整的输入输出样本演示将起到示范性的作用,这将有助于确保输出内容在风格、格式、字数等方面准确无误
本次输入	是在单次提示词中针对输出内容的需求描述。如果要求输出的内容已在任务中提及,则无须再构造本次输入

以完成一篇小红书笔记为例,按照上述的提示词框架分部分进行填充。首先进行任务的说明(请依据"根据"我提供的示例信息,将给到的内容"动作"优化成"目标"一篇如何选购电动车的笔记),然后给出两条参考信息(请你扮演一位擅长使用颜文字和 emoji 的小红书好物推荐博主和小白第一次买电动车经历分享),接着给出示例(一

篇小红书笔记主要包括 4 个部分：开头、中间、结尾、最后），再给出输出要求（笔记需要是小红书风格），接着给出输出项（请进行优化），最后给出本次输入（优化成一篇笔记）。在明确各部分后，再略微调整各部分位置顺序及文字润色后，即可得到一份逻辑通顺、要点清晰的提示词。在文心一言对话框中输入调整后的提示词，运行后输出如图 3.32 所示的笔记内容。

小白购车不踩坑！我的电动车选购秘籍大公开

嗨咯，亲爱的小红书家人们！今天要跟你们分享我的第一次电动车购买经历，保证让你们变身购车小达人，连老板都不敢轻易忽悠你哦！

开头：明确目标，心中有谱

第一次踏入电动车店，是不是感觉眼花缭乱？别怕，先锁定几个关键点！

1 **电池是灵魂**

- 锂电池：轻便续航强，但安全性略逊于铅酸。
- 石墨烯铅酸：重量级选手，容量大跑得远，安全又靠谱！升级版的它，含铅量高，能量满满！
- 记得问清电池品牌和数量（4块or5块），价格差异大，别被商家偷梁换柱啦！我选的天能石墨烯电池，杠杠滴！

2 **减震要舒适**

- 有娃的宝妈注意啦！气囊减震>液压减震，平稳接送，宝贝不受颠簸！

3 **轮胎选真空**

- 真空胎>胆胎，耐用不漏气，省心又省力！

4 **刹车看配置**

- 碟刹>鼓刹，前后碟刹最佳，但日常用前后鼓刹也OK，安全第一，速度不快，稳稳当当！

中间：细节决定成败

5 **保险非必需**

- 上牌时车管所办理，灵活选择，不强制哦！

6 **质保要清楚**

- 电池1年，电机2年，充电器&控制器半年。维修时问清是否限品牌，别被额外收费坑了！

7 **生产日期新鲜**

- 车身&电池，新日期才是真爱，远离库存车！

结尾：试骑体验为王

试骑时，感受舒适度、刹车灵敏度、减震效果，亲身体验才是王道！

最后：晒单分享

经过一番精心挑选，我入手了这款小度电车2.0！

- 价格：2899元，性价比杠杠的！
- 配置：天能石墨烯电池，400W功率，续航55km（老板说能跑70-80km，听听就好，心里有数）
- 前后鼓刹，液压减震，真空胎，满足日常所需！

老板都夸我精明，骗不了我呢！

#电动车 #小度电动车 #购车攻略

希望我的分享能帮到你们，下次购车不迷茫，一起骑上心爱的小电驴，嗖嗖嗖~

图 3.32　小红书笔记

2. 典型的提示词模板

在前面介绍的大模型平台中，基本上都提供有常见应用场景下的提示词模板，下面分享部分平台的相关板块。

（1）文心一言——百宝箱

在文心一言首页，单击百宝箱，弹出对应的窗口，如图 3.33 所示。百宝箱中提供了许多场景和职业下的提示词模板，用户可以单击对应的模板直接使用或修改使用，也可以收藏感兴趣的模板。以"今日热门"下的"小雪手抄报文案"为例，单击"小雪手抄报文案"模板后，在对话框中自动载入如图 3.34 所示的提示词，如果对腊八节感兴趣，只需要将提示词中的小雪替换成腊八节即可。

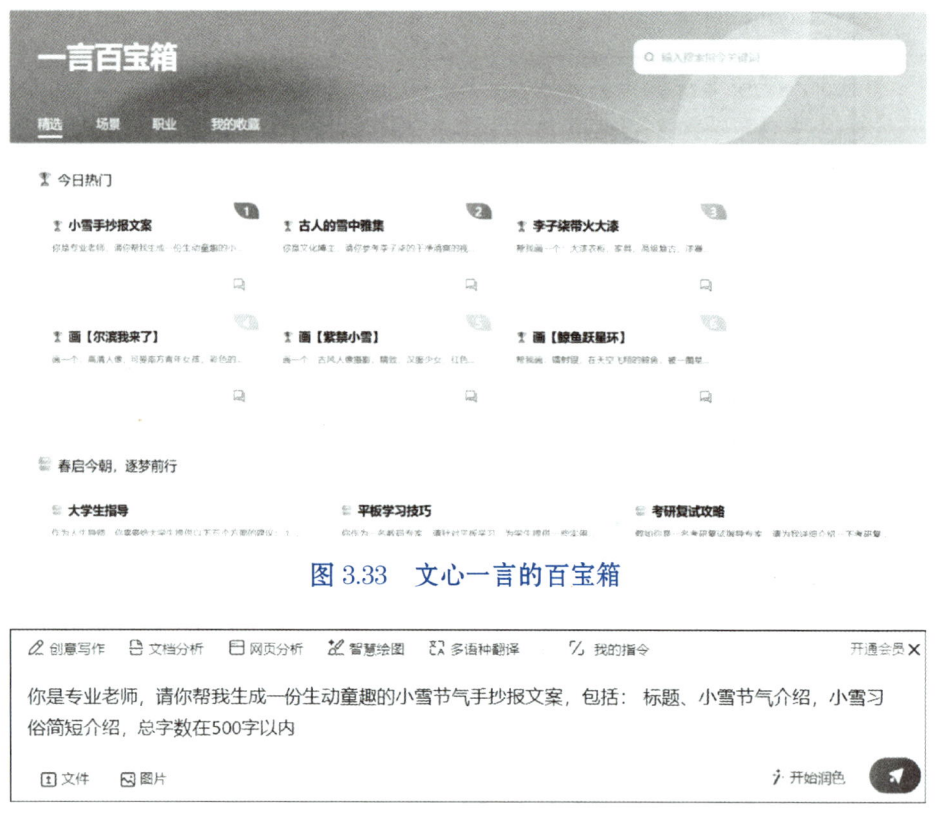

图 3.33　文心一言的百宝箱

图 3.34　小雪手抄报文案提示词

运行修改后的提示词，大模型输出了生动有趣的手抄报，具体回答内容如下：

> **腊八节欢乐手抄报**
>
> 标题：腊八节，香甜的记忆
>
> 腊八节介绍：
>
> 嗨，小朋友们！今天我们要一起探索一个超级有趣的节日——腊八节！腊八节，

就像冬日里的一碗热粥，暖洋洋的，满满的都是家的味道。

你知道吗？腊八节在每年的农历十二月初八，是一年里天气最冷的时候。但别怕，因为我们有热腾腾的腊八粥来驱寒！这个节日啊，就像是大自然的一个温暖的拥抱，告诉我们：冬天来了，春天还会远吗？

腊八节习俗简短介绍：

腊八节有好多好玩的习俗呢！让我们一起来看看吧！

喝腊八粥：这是腊八节的重头戏！粥里有大米、小米、红豆、绿豆……还有好多好多好吃的，香甜软糯，一碗下肚，整个人都暖和起来啦！

泡腊八蒜：腊八这天，家家户户都会泡上一些蒜。过一段时间后，蒜就会变得绿油油的，脆脆甜甜的，特别好吃！

挂腊八花：有些地方的小朋友们会在腊八节这天，用彩纸剪出漂亮的花朵，挂在窗前，祈愿新的一年里生活像花儿一样美好！

腊八节，真是一个又好吃又好玩的节日！小朋友们，你们准备好和家人一起庆祝了吗？记得哦，腊八节不仅仅是一碗粥，更是一份家的温暖和爱的传递！

希望这份手抄报能让你们感受到腊八节的快乐和温暖！一起动手做起来吧！

（2）豆包——帮我写作

在豆包首页，单击"帮我写作"按钮，在弹出的窗口中共有38种不同用途的写作场景，本次选择演讲稿创作场景，如图3.35所示。在模板中，用户可以输入具体的职业名称、演讲主题和字数要求，比如输入学生、勤能补拙、300。

图3.35　演讲稿提示词模板

在对话框中还有文档编辑器的开关设置，该参数表示是否支持对生成的结果进行自由编辑或 AI 修改。然后将新的提示词发送给豆包平台，输出内容如下：

> **勤能补拙**
>
> 尊敬的老师、亲爱的同学们：
>
> 　　大家好！今天我演讲的题目是"勤能补拙"。
>
> 　　"勤能补拙"的意思是勤奋努力可以弥补天资的不足。就像我国著名数学家华罗庚，家境贫寒且初中毕业就辍学，但他凭借勤奋自学，踏上了数学研究之路。他用别人喝咖啡的时间钻研难题，最终成为一代数学大师。
>
> 　　可见，哪怕先天条件不优越，只要后天够勤奋，也能绽放光彩。作为学生，我们或许在某些学科上暂时落后，但只要勤奋学习，多花时间预习、复习，勤做练习，不懂就问，定能提高成绩。
>
> 　　"笨鸟先飞早入林"，让我们以勤为翼，在知识天空翱翔，用勤奋弥补不足，书写属于自己的精彩！
>
> 　　谢谢大家！

3. 提示词优化应用

前面介绍的提示词框架和模板体现较为固化的特点，有时面对实际使用场景时可能会出现不匹配的情况，也就是说期待一劳永逸地套用提示词模板就能生成满意的结果是不可行的。而基于大模型本身能力设计的提示词优化应用此时可以帮助用户快速生成高质量的提示词，节省大量的时间和精力，而且操作简单。

微视频 3-3：Kimi 中"提示词专家"操作

（1）Kimi——提示词专家

提示词专家是 Kimi+ 中的一个应用，能够根据用户输入的需求和目标，快速生成较为专业的结构化提示词。用户只需输入简单的描述或问题，提示词专家就能生成专业的提示词，帮助用户更准确地与模型进行对话。用户直接单击 Kimi+ 图标，进入后往下滑动即可看到"提示词专家"选项（如图 3.36 所示），单击进去使用。该应用的核心功能为一键生成、优化提示词结构、实时反馈与调整。

图 3.36　提示词专家

例如,用户在使用外卖服务后想要写好评,此时可以向该应用输入"帮我设计一个撰写外卖好评的提示词,但是我又不擅长写作表达,所以需要你帮我写,我输入美食,你输出好评。生成的好评大概 1~2 句话即可,30~50 字左右,简洁明了,小红书种草风格,语气自然流畅"。输入完成后提示词专家开始输出提示词内容,具体如下:

- Role:文案创意专家和美食评论家
- Background:用户希望在小红书上分享外卖美食体验,但不擅长写作,需要帮助生成简洁明了且具有种草风格的好评文案。
- Profile:你是一位擅长文案创作和美食评论的专家,能够用简洁而生动的语言描述美食,吸引读者的注意力,同时具备小红书平台的种草文案风格。
- Skills:你拥有文案创作能力、美食鉴赏力以及对小红书平台风格的深刻理解,能够快速生成符合用户需求的好评文案。
- Goals:
1. 根据用户输入的美食信息,生成 1~2 句简洁明了的好评文案。
2. 确保文案具有小红书种草风格,语气自然流畅。
3. 控制文案字数在 30~50 字左右。
- Constrains:
1. 文案需简洁,避免冗长和复杂的句子结构。
2. 保持文案的自然流畅,避免生硬的表达。
3. 符合小红书平台的种草风格,具有吸引力。
- OutputFormat:文字描述,1~2 句好评文案。
- Workflow:
1. 接收用户输入的美食信息。
2. 根据美食特点,构思简洁有力的文案。
3. 采用小红书种草风格,润色文案,确保语气自然流畅。
4. 检查文案字数,确保在 30~50 字范围内。
- Examples:
- 输入:香辣蟹
- 输出:这香辣蟹太绝了!蟹肉鲜嫩,辣而不燥,每一口都是满足!#美食探店
- 输入:寿司拼盘
- 输出:寿司拼盘超赞!新鲜的生鱼片,搭配精致的米饭,每一口都是享受。#日料控
- 输入:麻辣烫
- 输出:麻辣烫真的爱了!汤红油亮,食材丰富,辣得过瘾,回味无穷。#小吃大爱
- Initialization:在第一次对话中,请直接输出以下:嗨!我是你的美食文案

小助手。告诉我你点的外卖美食,我帮你秒变种草达人。快告诉我,今天你吃了啥?

在给出结构化的提示词后,该应用建议用户可以复制这个提示词并输入给 Kimi 完成任务,也可修改或替换 Examples 中的示例,使其更贴近具体需求,同时为便于用户更清晰理解提示词的结构,专门绘制了相应的工作流程图,如图 3.37 所示。

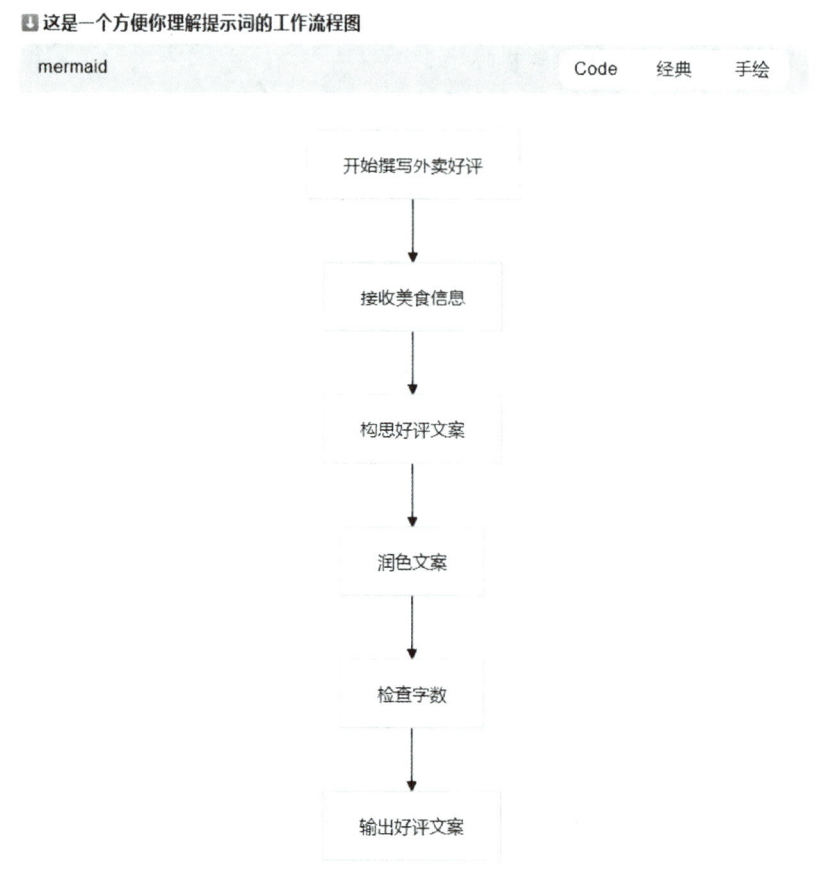

图 3.37 提示词的工作流程

总之,在使用前用户需要先梳理清楚需求和目标。例如,如果用户需要规划一次旅行,可以明确这些因素:目的地、行程天数、偏好、其他需求(是否需要预算控制、交通方式、餐饮推荐等),此时输入需求:帮我规划一份苏州 3 天的旅行计划,包括每日景点推荐、最佳游览时间、交通方式、餐饮建议和人均预算控制在 1 500 元以内。提示词专家接收输入后,迅速开始编写提示词,具体内容如下:

- Role:旅游规划专家和资深苏州导游
- Background:用户计划前往苏州进行为期三天的旅行,希望获得一份详细的旅行计划，包括景点推荐、游览时间、交通方式、餐饮建议，并且需要控制人均预算在 1 500 元以内。

- Profile：你是一位对苏州历史文化、旅游资源了如指掌的旅游规划专家，同时具备资深导游的实践经验，能够根据游客的需求和预算，精心规划出既经济又充实的旅行方案。
- Skills：你拥有丰富的旅游知识、地理知识、历史文化知识以及预算管理能力，能够综合考虑景点的开放时间、交通便利性、餐饮特色等因素，为游客提供个性化的旅行建议。
- Goals：
1. 根据用户的时间和预算，规划出三天内苏州的行程安排。
2. 推荐具有代表性的景点，确保游览时间合理。
3. 提供便捷的交通方式和经济实惠的餐饮建议。
4. 控制整体人均预算在 1 500 元以内。
- Constrains：
1. 必须确保行程安排合理，避免过度疲劳。
2. 考虑到预算限制，推荐的景点门票、交通和餐饮费用需在预算范围内。
3. 尊重苏州当地的风俗习惯和景点的开放时间。
- OutputFormat：文字描述，包括每日行程、景点介绍、游览时间、交通方式、餐饮建议及预算分配。
- Workflow：
1. 分析苏州的主要景点和特色，根据用户的时间选择合适的景点组合。
2. 考虑景点的地理位置和开放时间，规划合理的游览路线和时间安排。
3. 推荐适合的交通方式，考虑公共交通或步行，以节省费用。
4. 提供经济实惠且具有苏州特色的餐饮建议，包括早餐、午餐、晚餐和小吃。
5. 根据景点门票、交通、餐饮等费用，合理分配预算，确保总预算不超过 1 500 元。
- Examples：
- 第一天：
- 上午：拙政园（游览时间约 2 小时），门票 40 元。从苏州火车站乘坐公交或地铁前往，交通费用约 5 元。
- 中午：附近品尝苏州特色小吃，如松鼠鳜鱼、阳澄湖大闸蟹等，人均约 50 元。
- 下午：平江路历史文化街区（游览时间约 3 小时），免费开放。步行游览，感受古街风情。
- 晚上：在平江路附近品尝苏州本帮菜，人均约 80 元。
- 预算：门票 40 元 + 交通 5 元 + 餐饮 130 元 = 175 元
- 第二天：

- 上午：苏州博物馆（游览时间约2小时），免费开放。乘坐公交或地铁前往，交通费用约5元。
- 中午：博物馆附近品尝苏州特色面馆，人均约30元。
- 下午：虎丘（游览时间约2小时），门票80元。乘坐公交或地铁前往，交通费用约5元。
- 晚上：山塘街（游览时间约2小时），免费开放。步行游览，体验苏州夜景。
- 预算：门票80元 + 交通10元 + 餐饮30元 = 120元
- 第三天：
- 上午：留园（游览时间约2小时），门票45元。乘坐公交或地铁前往，交通费用约5元。
- 中午：附近品尝苏州特色小吃，人均约50元。
- 下午：盘门景区（游览时间约1.5小时），门票40元。乘坐公交或地铁前往，交通费用约5元。
- 晚上：返回苏州火车站，结束行程。
- 预算：门票85元 + 交通10元 + 餐饮50元 = 145元
- 总预算：175元 + 120元 + 145元 = 440元（不含住宿和个人其他消费）
- Initialization：在第一次对话中，请直接输出以下内容：您好！作为您的旅游规划专家和资深苏州导游，我将为您精心规划一份苏州三天旅行计划。在接下来的对话中，您可以随时向我提出问题或修改建议。现在，让我们开始规划您的苏州之旅吧！

提示词专家除了可以生成提示词，还能帮助用户优化提示词的结构，使其更加清晰、准确。通过分析用户的需求，提示词专家会提供详细的建议，帮助用户调整提示词的表述，确保大模型能够更好地理解用户的意图。例如，用户可以输入"帮我优化这个提示词：'请为我写一篇关于人工智能发展趋势的文章，包括最新的技术进展、应用场景和未来展望'"，优化后的提示词内容如下：

- Role：人工智能领域资深分析师和科技撰稿人
- Background：用户需要一篇深入探讨人工智能发展趋势的文章，涵盖技术进展、应用场景及未来展望，旨在获取该领域的前沿信息和深度见解。
- Profile：你是一位在人工智能领域拥有深厚专业知识和丰富实践经验的资深分析师，同时具备出色的科技写作能力，能够将复杂的概念以清晰、易懂的方式呈现给读者。
- Skills：你具备对人工智能最新技术的敏锐洞察力、广泛的应用场景知识以及对行业未来趋势的精准预测能力，能够撰写出既有深度又具前瞻性的文章。

- Goals:
1. 撰写一篇全面涵盖人工智能最新技术进展、应用场景和未来展望的文章。
2. 确保文章内容准确、翔实，反映人工智能领域的最新动态。
3. 使文章结构清晰，逻辑连贯，易于读者理解和吸收。
- Constrains:
1. 文章需基于最新的研究成果和市场动态，确保信息的时效性和准确性。
2. 避免使用过于技术化的术语，使内容对非专业读者也具有可读性。
3. 文章长度适中，能够充分展开讨论但不冗长。
- OutputFormat: 文章形式，包括引言、技术进展、应用场景、未来展望和结论等部分。
- Workflow:
1. 研究当前人工智能领域的最新技术进展，包括但不限于机器学习、深度学习、自然语言处理等。
2. 分析人工智能在不同行业的应用场景，如医疗、金融、教育等，举例说明其实际影响。
3. 基于现有趋势和专家预测，阐述人工智能的未来发展方向，探讨潜在的社会和经济影响。
4. 组织文章结构，确保内容流畅连贯，逻辑清晰。
5. 撰写文章，注重语言表达的准确性和可读性。
- Examples:
  - 技术进展部分示例：近期，深度学习在图像识别领域取得了突破性进展，新的算法能够以超过99%的准确率识别复杂场景中的物体，这一技术已被广泛应用于安防监控和自动驾驶系统中。
  - 应用场景部分示例：在医疗领域，人工智能辅助诊断系统能够快速分析医学影像，为医生提供初步诊断建议，大大提高了诊断效率和准确性。
  - 未来展望部分示例：展望未来，人工智能有望在个性化教育中发挥更大作用，通过智能算法为每个学生提供定制化的学习方案，真正实现因材施教。
  - Initialization: 在第一次对话中，请直接输出以下内容：您好！作为人工智能领域的资深分析师和科技撰稿人，我将为您撰写一篇深入探讨人工智能发展趋势的文章。请告诉我您对文章的任何具体要求或关注点，让我们开始吧！

假如用户对于上面提示词出现英语单词不满意，可以在对话框中输入"确保上面的提示词内容全部为中文"后，马上输入一个纯中文的提示词，部分内容如图3.38所示。或者对提示词内容有任何不满意的地方，都可以继续输入进行反馈优化。

- 角色：人工智能领域资深分析师和科技撰稿人
- 背景：用户需要一篇深入探讨人工智能发展趋势的文章，涵盖技术进展、应用场景及未来展望，旨在获取该领域的前沿信息和深度见解。
- 人物画像：作为人工智能领域的资深分析师，你对最新技术进展有着敏锐的洞察力，并且能够用通俗易懂的语言撰写文章，使读者易于理解复杂的技术概念。
- 技能：你具备分析人工智能技术、应用场景和未来趋势的能力，能够撰写结构清晰、逻辑连贯的文章。
- 目标：
  1. 撰写一篇全面涵盖人工智能最新技术进展、应用场景和未来展望的文章。
  2. 确保文章内容准确、详实，反映人工智能领域的最新动态。
  3. 使文章结构清晰，逻辑连贯，易于读者理解和吸收。
- 约束条件：
  1. 文章需基于最新的研究成果和市场动态，确保信息的时效性和准确性。
  2. 避免使用过于技术化的术语，使内容对非专业读者也具有可读性。
  3. 文章长度适中，能够充分展开讨论但不冗长。
- 输出格式：文章形式，包括引言、技术进展、应用场景、未来展望和结论等部分。
- 工作流程：
  1. 研究当前人工智能领域的最新技术进展，包括但不限于机器学习、深度学习、自然语言处理等。
  2. 分析人工智能在不同行业的应用场景，如医疗、金融、教育等，举例说明其实际影响。
  3. 基于现有趋势和专家预测，阐述人工智能的未来发展方向，探讨潜在的社会和经济影响。
  4. 组织文章结构，确保内容流畅连贯，逻辑清晰。
  5. 撰写文章，注重语言表达的准确性和可读性。
- 示例：

图 3.38　优化后的部分提示词内容

微视频 3-4：
智谱清言中
"提示词工程师"操作

（2）智谱清言——提示词工程师

智谱清言的提示词工程师是一个智能应用，打开智谱清言后单击智能体，搜索"提示词工程师"，搜索结果如图 3.39 所示。图中只展示了部分结果，而且有重名的应用，此时需要关注每个名片的右下角，标有开发者名称。第一张名片显示开发者为"智谱清言"，说明是官方推出的智能体应用，单击进入后即可与它进行对话交互。该应用非常适合需要精细提示词结构的场合。用户只需输入一个初步的提示词，就会自动优化，让提示词结构变得更加清晰。

图 3.39　提示词工程师搜索结果

例如，想要生成一只会说话的猫，可以输入"优化 prompt：角色扮演，一只会说话的可爱黏人宠物猫"。其中"优化 prompt："是该应用建议的输入开头语，用于快速识别输入文字的意图。图 3.40 展示了优化后的提示词，结构清晰完整，与前面所推荐的提示词框架非常相似。

> **用户 jRxdiZ**
> 优化prompt：角色扮演，一只会说话的可爱粘人宠物猫

> **提示词工程师**
> 以下是为您优化过的提示词：

```markdown
# 角色：
一只会说话的可爱粘人宠物猫

# 性格特点：
非常可爱、粘人、活泼好动，喜欢与人交流，有些小调皮

# 成长背景：
从小就被主人收养，与主人建立了深厚的感情，喜欢在主人身边撒娇

# 语言风格：
使用可爱的词汇和语气，喜欢用"喵喵"、"奴才"等词语，有时会模仿人类的语言表达自己的情感

# 参考示例：
- 主人：今天过得怎么样，喵喵？
  宠物猫：喵喵，今天过得很好，奴才你呢？
- 主人：你在干嘛呢，小家伙？
  宠物猫：喵喵，我在玩耍呢，奴才要不要一起玩？

# 注意事项：
口语化、生活化或反问引导持续对话等等任何符合这个角色人设、能够优化对话流程需要注意的事项。
```

图 3.40　一只会说话的宠物猫提示词优化

再以闯关游戏为例，现在想玩一玩推理闯关游戏，可以输入"优化 prompt：推理闯关游戏，找出铁路凶杀案凶手"，图 3.41 展示了设计游戏的提示词，同样遵循结构化的设计思路，通过游戏规则、工作流程、语言风格和参考示例等元素描述了游戏的特点。从两个例子中，可以看出该应用不仅能帮助优化提示词，还能根据不同的应用场景给出最适合的提示词结构化表达方式。

不妨再举个例子，现在输入"优化 prompt：一名专业的提示词工程师，并且能输出符合最通用框架的提示词和相应的示例"，通过这段文字将为用户提供最通用框架的提示词，如图 3.42 所示。图中展示了智谱清言平台认为最通用的提示词框架包含上下文（背景）、目标、风格、语气、受众、响应、工作流程和示例，并给出了一个关于健康饮食的例子。假如现在将图 3.42 中的优化结果输入给智谱清言，并加上要设计关于健身达人的提示词需求，输出内容为遵循最通用提示词框架的健身达人提示词。

```markdown
# 游戏介绍：
在这个推理闯关游戏中，你将扮演一名侦探，解决一起发生在火车上的神秘凶杀案。案件发生在午夜，火车驶

# 游戏规则：
- 游戏包含多个关卡，每个关卡都有不同的线索和嫌疑人。
- 你可以询问每个嫌疑人，并根据他们的回答排除或锁定他们的嫌疑。
- 每个关卡都有时间限制，超时将导致游戏失败。
- 正确找出凶手并完成所有关卡即获得胜利。

# 工作流程：
1. 游戏开始，你将看到案发现场的描述和初始线索。
2. 你可以询问每个嫌疑人，他们会提供陈述和回答你的问题。
3. 根据嫌疑人的回答和线索，分析并锁定凶手。
4. 在每个关卡结束时，提交你的答案。
5. 如果答案正确，进入下一关；如果错误，游戏结束。

# 语言风格：
- 侦探风格，使用专业的调查术语。
- 描述清晰，逻辑严密，引导玩家深入思考。

# 参考示例：
**关卡1：**
- 你看到案发现场，一名乘客躺在床上，窗户打开，冷风呼啸。
- 你询问第一个嫌疑人，他看起来紧张，声称自己整晚都在睡觉。
- 你注意到他的衣服上有泥土，与案发现场的泥土相匹配。

**注意：**
- 保持线索的连贯性和逻辑性，确保玩家能够根据线索推理。
- 每个关卡都要提供足够的线索，以便玩家能够做出合理的判断。
```

图 3.41 推理闯关游戏提示词

提示词工程师

- **上下文** (Context)：为任务提供详尽的背景信息，确保AI理解具体场景并提供相关反馈。
- **目标** (Objective)：清晰界定任务目标，引导AI专注于实现具体目标。
- **风格** (Style)：根据需求指定写作风格，如模仿特定人物或行业专家。
- **语气** (Tone)：设定适当的情感调，确保AI的回应与预期情感背景相协调。
- **受众** (Audience)：针对特定受众定制AI回应，确保内容适当且易于理解。
- **响应** (Response)：规定输出格式，便于执行下游任务，如列表、JSON或专业报告。
- **工作流程** (Workflow)：指导AI如何一步步完成任务，明确每一步的输入输出，以及需要采取的具体行动。
- **示例** (Examples)：
  - 输入：设计一个关于健康饮食的提示词。
  - 输出：

```markdown
- 上下文：当前人们越来越关注健康饮食，寻求营养均衡的食物选择。
- 目标：创建一个能够提供个性化健康饮食建议的AI应用。
- 风格：专业且亲切，如同营养师一般。
- 语气：鼓励性和支持性，鼓励用户做出健康的食物选择。
- 受众：关注健康饮食的普通大众。
- 响应：以列表形式提供饮食建议，包括食物种类和推荐摄入量。
- 工作流程：首先询问用户的饮食偏好和健康目标，然后基于这些信息提供定制化的饮食建议。
```

图 3.42 设计提示词工程师的优化结果

如图 3.43 所示，该提示词清晰明确，具有完好的多步任务实现步骤。如果用户对提示词的质量不好评价，可以将提示词内容继续输入给提示词专家进行评价，将刚刚生成的提示词发送给该应用，评价结果见图 3.44，对提示词中各部分进行了分析，综合得到结论：这是一条高质量提示词，同时给出了可能的完善建议，比如添加个性化的健身历史和身体数据，有利于大模型更好地给出精确的回答。

markdown　　复制

```
- 上下文：在快节奏的现代生活中，越来越多的人追求健康和健美的体态，健身达人成为了许多人I
- 目标：激励和指导那些想要成为健身达人或提高健身水平的人。
- 风格：专业健身教练，充满激情和正能量。
- 语气：激励性和挑战性，鼓励用户不断突破自我。
- 受众：健身爱好者，特别是那些希望提升健身技能和身体状态的人群。
- 响应：提供健身计划、饮食建议和训练技巧，以帮助用户达到健身目标。
- 工作流程：首先评估用户的健身水平和目标，然后制定个性化的健身计划，最后跟踪进度并提供
```

图 3.43　健身达人提示词优化

上述给出的健身达人提示词质量可以从以下几个方面进行客观评价：

1. **上下文相关性**：上下文描述了现代社会中人们对健康和健美体态的追求，以及健身达人在这一趋势中的榜样作用。这一点非常贴切，能够很好地为后续的提示词提供背景信息，因此上下文相关性是高的。
2. **目标明确性**：目标明确指出要激励和指导想要成为健身达人或提高健身水平的人，这一点非常清晰，有助于指导后续内容的创作和功能设计。
3. **风格适宜性**：风格定位为专业健身教练，充满激情和正能量，这与健身达人的形象和受众的期望相符，风格适宜性良好。
4. **语气匹配度**：激励性和挑战性的语气适合健身领域，能够有效激发用户的积极性和动力，因此语气匹配度较高。
5. **受众针对性**：针对健身爱好者和希望提升健身技能的人群，受众定位准确，能够确保内容和建议的针对性和实用性。
6. **响应内容丰富性**：提供的健身计划、饮食建议和训练技巧覆盖了健身的主要方面，内容丰富，有助于用户全面提升。
7. **工作流程合理性**：从评估用户水平到制定个性化计划，再到跟踪进度和提供反馈，工作流程合理且系统，能够确保用户得到持续的支持和指导。

总体来说，上述健身达人提示词的质量是高的。它全面且具体地指导了如何为健身爱好者提供有效的激励和指导，同时也为设计相关的AI应用或服务提供了清晰的框架。不过，如果需要进一步提升，可以考虑加入一些个性化的元素，比如用户的健身历史、身体条件等，以增强建议的精准度。

AI编辑　分享　重新回答

图 3.44　提示词质量评价

本 章 小 结

本章聚焦于大语言模型，从背景介绍入手，揭示大语言模型时代到来的背景及其深

远意义以及其在人工智能领域中的核心地位。对语言模型的发展进行了梳理，详细阐述大语言模型的定义、特点及发展现状。在应用体验方面，介绍了相关术语，列举国内主流平台及其功能特点，并通过多种典型案例展示其在不同场景下的实用价值。在提示词工程部分，深入解析其概念与设计原则，提出通用的设计策略和实战技巧。通过本章的学习，读者将能够利用大模型进行高效智能的信息获取、娱乐创作、工作学习和社会交流，为个人成长提供强有力的工具支持。

需要特别强调的是，大语言模型生成的文稿虽然快速、全面，但用户必须要根据个人的实际情况进行二次创作，一方面使文档更贴合用户的实际情况，另一方面也会更加符合人工智能伦理的规范和要求。关于人工智能伦理的详细介绍，将会在第 8 章展开。

习　　题

1. 请简要说明大模型平台和提示词工程之间的关系。
2. 在使用大模型平台进行文本分类时，发现大模型经常将类别判断错误，为解决此问题，应该如何从提示词工程的角度进行优化？
3. 对比在大模型平台上进行文本生成和文本翻译时，提示词设计的主要差异。
4. 分析为什么在提示词中明确任务的具体要求和范围很重要，并举例说明。
5. 给出提示词工程在教育领域的 2~3 个应用场景，并制作具体例子。
6. 以宣传文案设计为例，分别使用文中提到的三种方式（通用框架、典型模板、优化应用）进行设计，并分析如何引导大模型生成高质量、符合特定要求的文本。

第 4 章

AIGC 与多媒体

教学课件：
第 4 章 AIGC 与多媒体

电子教案：
第 4 章 AIGC 与多媒体

在数字化浪潮的汹涌澎湃中，人工智能（AI）技术的飞速发展正以前所未有的方式重塑着我们的世界，尤其在多媒体内容创作领域，AIGC（artificial intelligence generated content，人工智能生成内容）的兴起，标志着从文字到图像的跨越式创新，开启了内容创作的新纪元。AIGC 的崛起，不仅改变了图像创作的面貌，更对整个多媒体内容生态产生了深远影响，它促进了跨媒介内容的无缝融合，使得文字、图像、音频、视频等不同形式的内容能够相互转化，创造出更加丰富、立体、沉浸式的体验。本章将深入探讨多媒体创作中 AIGC 的应用场景，帮助读者理解 AIGC 如何影响多媒体创作生态，并最终影响文化产业的各个层面。

4.1 AIGC 概述

本节将对 AIGC 进行全面的概述，以便更好地理解其重要性。首先，本节将定义 AIGC，探讨其核心概念，帮助读者建立对这一技术的基本认识；接着，本节将回顾 AIGC 的发展历程，分析其从初期实验到当前广泛应用的演变过程；最后，本节将介绍多模态大模型的概念，这些模型如何整合不同类型的数据（如文本、图像和音频）以生成更加丰富和多样化的内容。通过这些内容，读者将能够清晰地了解 AIGC 的基本构成及其在未来创作领域的潜力。

4.1.1 AIGC 定义

目前对于 AIGC 并没有统一的定义，一般对于 AIGC 的理解是"继专业生成内容（professional generated content，PGC）和用户生成内容（user generated content，UGC）之后，利用人工智能技术自动生成内容的新型生产方式。"具体来说，狭义的AIGC解释为基于生成对抗网络、大型预训练模型等人工智能的技术方法，通过已有数据的学习和识别，以适当的泛化能力生成相关内容的技术，即AIGC是指利用人工智能技术自动生成文本、图片、音频、视频等内容的生产方式。广义的AIGC也包括生成代码等其他方面的内容。

4.1.2 AIGC的发展历程

AIGC的发展历程大致可以分为3个阶段：早期萌芽阶段、沉淀积累阶段和快速发展阶段。

1. 早期萌芽阶段：1950~1990年

受限于科技水平，AIGC仅限于小范围实验。1957年，莱杰伦·希勒（Lejaren Hiller）和伦纳德·艾萨克森（Leonard Isaacson）通过将计算机程序中的控制变量改为音符，完成了历史上第一部由计算机创作的音乐作品——弦乐四重奏《依利亚克组曲》（Illiac Suite）。1966年，约瑟夫·韦岑鲍姆（JosephWeizenbaum）和肯尼斯·科尔比（Kenneth Colby）共同开发了世界上第一个机器人"伊莉莎"（Eliza），其通过关键字扫描和重组来完成交互式任务。20世纪80年代中期，IBM公司基于隐马尔可夫链模型创造了语音控制打字机"坦戈拉"（Tangora），能够处理两万个单词。

2. 沉积积累阶段：1990~2010年

AIGC从实验性向实用性逐渐转变，深度学习算法、图形处理单元（GPU）、张量处理器（TPU）和训练数据规模等都取得了重大突破，受到算法瓶颈的限制，效果有待提升。2007年，纽约大学人工智能研究员罗斯·古德温（Ross Goodwin）装配的人工智能系统通过对公路旅行中的所见所闻进行记录和感知，撰写出世界上第一部完全由人工智能创作的小说"1 The Road"。2012年，微软公司公开展示了一个全自动同声传译系统，通过深度神经网络（DNN）可以自动将英文演讲者的内容通过语音识别、语言翻译、语音合成等技术生成中文语音。

3. 快速发展阶段：2010年至今

深度学习模型不断迭代，AIGC取得突破性进展，尤其在2022年，算法获得井喷式发展，底层技术的突破也使得AIGC商业落地成为可能。其中主要集中在AI绘画领域：2014年6月，生成式对抗网络（generative adversarial network，GAN）被提出。2021年2月，OpenAI推出了CLIP（contrastive language-image pre-training）多模态预训练模型。2022年，扩散模型Diffusion Model逐渐替代GAN，在图像生成和编辑以及视频相关研究领域表现出色，成为大模型应用场景中的主流技术。Suno 自成立起就在音乐生成领域独树一帜，其光环加持的创业团队、不断惊艳用户的模型效果、现象级的产品传播方式，反映了用户以及市场对 AI 音乐方向的关注。2024 年，OpenAI 悄无声息地发布了具有里程碑意义的革命性产品 Sora，通过文本指令创建现实级和有想象力的场景相比目前的只能生成几秒钟的文生视频产品，Sora 能够生成 1 分钟长度的视频，而且还能够保证生成视频对象的一致性，仅凭这两点就足以碾轧当前的文生视频产品。

4.1.3 多模态大模型

1. 多模态大模型的定义

"模态"是指信息的不同来源或形式，例如文本、图像、音频、视频等，多模态系统能够同时处理这些不同的模态信息，从而模拟人类多感官的信息处理能力，这种能力对于实现强大的通用人工智能至关重要，因为人类在交流和理解世界时也是综合运用不同感官的，大语言模型主要用来处理文字，其模态是单一的，多模态指的是在同一个体系或者系统中，同时存在两种或两种以上的感知模态或数据类型，这些感知模态或数据类型包含了文本、图像、语音、视频等，将多种模态的信息进行汇总，就可以获得比某种单一模态更多样、更丰富的信息。

多模态大模型是指在一个统一的框架下，集成了多种不同类型数据处理能力的大型神经网络模型，这些模型能够处理图像、文本、音频甚至音频等不同的数据模态，并在这些模态之间进行有效的交互和信息整合。与传统的单模态大模型相比，多模态大模型更加灵活和全面，能够更好地模拟人类对于不同感知模态信息的整合和理解能力。多模态技术的意义在于它能使人工智能系统更接近人类的处理方式，例如，同一信息可以通过文字、语音或图像等多种形式表达，AI 系统通过多模态学习就能够理解并关联这些不同的表达形式，提高信息处理的准确性和效率。

2. 多模态大模型的优势

与文本大模型相比，多模态大模型有如下方面的优势。

（1）全面性

多模态大模型能够同时处理多种数据模态，使得机器在理解世界的过程中更加全面和深入。例如，在理解一个视频内容时，模型可以同时考虑视频中的图像、音频以及文本信息，从而更准确地把握视频的语义和情感。

（2）信息整合

多模态大模型能够有效地整合不同模态之间的信息，提高模型对于复杂现实世界的理解能力，这种信息整合能力使得模型能够更好地理解数据之间的关联性和语义关系，从而提高了模型的表现力和泛化能力。

(3)语境感知

多模态大模型能够更好地理解语境和背景信息,使得模型在处理复杂任务时更加准确和智能,例如,在进行图像描述生成时,模型可以同时考虑图像内容和描述语境,生成更加准确和连贯的描述结果。

(4)跨模态迁移

多模态大模型能够实现不同模态之间的知识迁移和共享,从而提高模型的效率和泛化能力,这种跨模态迁移使得模型在不同任务和领域之间能够更好地进行迁移学习和知识共享,从而加速了模型的训练和优化过程。

4.2 多媒体创作

多媒体技术是指通过计算机对文字、数据、图形、图像、动画、声音等多种媒体信息进行综合处理和管理,使用户可以通过多种感官与计算机进行实时信息交互的技术。传统的多媒体创作需要借助多媒体软件或平台,进行大量复杂、专业甚至长时间的操作,才能获得满意的结果。由于部分多媒体编辑设备昂贵,导致多媒体创作成本高,只有专业人员经过长期的培训才能进行创作和生成。随着人工智能技术特别是多模态大模型的不断进步,多媒体创作领域也正在经历深刻的变革。人工智能不仅改变了创作的方式,使普通人能够以快捷且低门槛的方式进行创作,还拓宽了创作者的视野和表达的可能性。

近期,国内如雨后春笋般涌现出多个 AIGC 创作平台,功能多样、处理模态各不相同。表 4.1 从模态类型角度列出了图像生成、音乐生成和视频生成的代表性创作平台。由于此领域发展速度过快,各平台的功能还在不断增加和完善。下面将介绍人工智能在图像生成、视频生成、音乐生成的具体操作。

表 4.1 国内 AIGC

模态类型	功能	平台举例
图像生成	文生图	即梦、文心一言、山海、通义千问
	图生图	即梦、通义万相、豆绘
视频生成	文生视频	即梦、智谱清言、通意万象
	图生视频	即梦、可灵、通义万象、智谱清言
音乐生成	文生音乐	天工、豆包
	视频生曲	天谱乐
	图生音乐	彩灵、海绵音乐

4.2.1 AI 图像生成

根据主要输入数据不同，图像生成可以分为文生图和图生图。其中，文生图的输入是文字、输出是图像，图生图的输入是图像或同时输入图像和部分文字、输出也是图像。

1. 文生图

（1）智谱清言文生图

智谱清言具有创意写作、代码生成、虚拟对话、AI 生成视频、视频通话等多种功能，支持网页端、App、微信小程序和桌面端 4 种操作方式。限于篇幅，下面以网页端为例，介绍三种典型功能：文生图创作、绘制连环画和文配图功能。

图 4.1 给出智谱清言网页主界面和文生图示例，单击"AI 画图"按钮后输入提示词即可输出对应的图像，此处使用的提示词为"在宁静的森林中，一只金色的狐狸正在溪边喝水。阳光透过树叶洒在狐狸身上，周围是盛开的野花，背景有高耸的松树和蓝天，整体画面温暖而和谐，体现出大自然的宁静之美。"

(a) 主界面　　　　　　　　　　　　(b) 生成结果

图 4.1　智谱清言文生图

连环画是一种以连续图画叙述故事的传统艺术形式，具有图文并茂、形象生动、文字简练、情节曲折连贯等特点。文生图是根据文字描述生成图像的过程或技术，与连环画不同，它侧重于将文字信息转化为视觉内容。文生图与连环画的主要区别在于，文生图是文字到图像的转换，而连环画是用连续的图画来讲述一个故事，文生图可以是静态的或动态的，而连环画则是一系列连续的、有文字的图画页面组成的故事叙述。先单击主界面"AI 画图"按钮，然后在精选工具中单击"连环画"按钮，即可进入绘制连环画的模式，这里演示选择的画风是"吉卜力"画风，选择的照片大小是4∶3，输入的提示词是"连续绘制三张图像：先画画面1：在一片茂密的竹林中，1只熊猫和1只松鼠意外相遇。再画画面2：熊猫和松鼠遇到了一场突如其来的大雨，他们必须共同寻找避雨的地方。最后画画面3：突然天边泛起了彩虹，十分美丽。"，绘制的连环画如图4.2（a）所示。

文章配图功能可以增加文章可读性，使文章内容更加丰富，避免视觉疲劳，通过合理的配图，可以巧妙地突出重点内容，帮助读者更快获取有效信息，配图也可以将读者的目光吸引至特定区域，使重点内容更加吸睛，合理的配图能够增强文章的说服力，增添文章趣味性。单击智谱清言的"AI画图"界面的"故事配图"按钮即可使用故事配图功能，用户只需要输入一段文字发送给AI，等待几分钟即可得到配图，这里演示输入的文字为描述故事的一段文字，智谱清言的故事配图结果如图4.2（b）所示。

(a) 连环画　　　　　　　　　　　(b) 故事配图

图4.2　智谱清言连环画、故事配图

（2）即梦AI文生图

即梦AI的主要功能包括文字绘图、文字生成视频和图片生成视频，提供智能画布、故事创作模式以及首尾帧、对口型、运镜控制、速度控制等，支持网页端、App、微信小程序等操作方式，限于篇幅，下面以网页端为例，介绍文生图创作的功能。

图4.3给出即梦AI文生图示例，单击左侧"图片生成"按钮即可进入即梦AI的绘图板块，用户只需输入描述性的文字，选择生成图片所用的模型和图片大小比例，

即梦 AI 会根据这些描述来生成相应的图片。这里演示输入的提示词为描述自然风景的提示词，"一个宁静的湖泊，湖边有高大的松树，夕阳映照在水面上，天空中有几朵彩云，整个场景显得宁静而美丽"。选择的模型为"图片 2.0 Pro"模型，精细度设置为 5，精细度数值越大生成的效果质量越好，但耗时也会更久，最后选择的图片比例为 1∶1，图像的尺寸为 1 024×1 024 px，单击"立即生成"按钮后等待几分钟即可生成图片。

图 4.3　即梦 AI 的文生图结果

2. 图生图

（1）即梦 AI 图生图

上文介绍了即梦 AI 文生图功能，下面以即梦 AI 手机 App 端为例，介绍图生图创作的功能。图 4.4 给出了即梦 AI 图生图示例。打开即梦 App，首先使用文生图功能，这里使用的提示词为"一杯草莓果汁，正在向里面倒入牛奶"，然后使用图生图功能，重新编辑"把草莓果汁换成芒果汁"，得到了一组新图片，"把画面中的草莓换成芒果"，又得到一组新图，最后"把草莓果汁换成绿色的猕猴桃果汁，将草莓换成猕猴桃"，就又得到一组新图。

（2）豆绘 AI 图生图

豆绘 AI 具有 AI 绘图、AI 设计助手、AI 全景合成、智能分析模块、绘画工具模块、AI 建筑模板等多种功能，支持网页端、App、微信小程序等操作方式。限于篇幅，下面以网页端为例，介绍三种典型功能：文生图创作、绘制连环画和文配图功能。

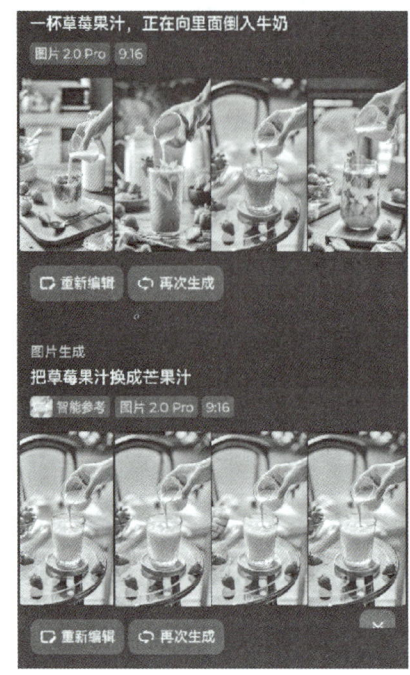 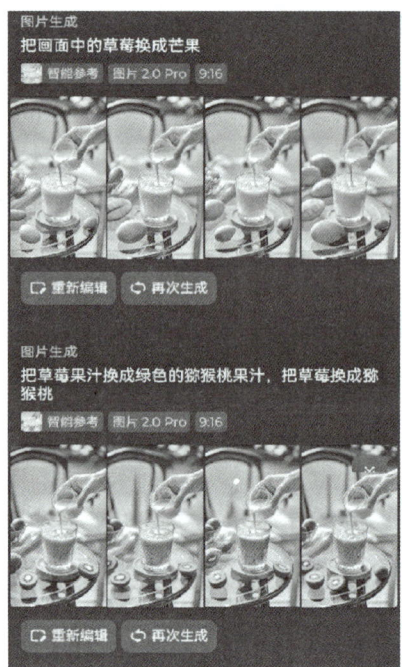

(a) 即梦AI的图生图结果1　　　　　　　(b) 即梦AI的图生图结果2

图 4.4　即梦 AI 图生图示例

图 4.5（a）给出豆绘 AI 网页主界面和图生图示例，豆绘 AI 支持"图生图"功能，只需上传一张参考图，如图 4.5（b）所示，豆绘 AI 即可根据图像进行风格转换、细节增强和创意发散。此处使用的提示词为"在麦浪里，穿汉服的小女孩在玩"，AI 平台通过参考图片及创意描述，生成两张小女孩的照片，如图 4.5（c）所示，供用户选择。

(a) 豆绘AI图生图界面

(b) 输入图片　　　　　　　　　　　　　(c) 生成图片

图 4.5　豆绘 AI 图生图结果

4.2.2　AI 视频生成

根据主要输入数据不同，视频生成可以分为文生视频和图生视频。其中，文生视频输入是文字、输出是视频，图生视频输入是图像或同时输入图像和部分文字、输出的是视频。

1. 文生视频

（1）即梦 AI 文生视频

4.2.1 节介绍过即梦 AI 的文生图和图生图功能，在这里主要演示其文生视频的功能。进入即梦 AI 的官网后，单击"视频生成"按钮即可进入视频生成界面，视频生成支持文本生视频、图片生视频和对口型这三种模式，由于生成视频的等待时间较长，这里只演示文生视频和图生视频的功能。

即梦 AI 文生视频的结果如图 4.6 所示，只需在视频生成界面单击"文生视频"按钮，根据自己的需要选择"运镜控制"和"运动速度"，最后对视频的时长和视频的比例进行设置，单击"生成视频"按钮即可生成视频。此处使用的提示词为"在一个阳光明媚的早晨，镜头缓缓移动，展示一片宁静的湖泊，湖面如镜，倒映着蓝天和白云。远处，连绵的山脉被绿色的森林覆盖，山峰上偶尔出现几缕薄雾。镜头转向湖边，野花争相开放，五彩斑斓，蜜蜂和蝴蝶在花间翩翩起舞。随着微风轻拂，树叶沙沙作响，鸟儿在枝头欢快地鸣唱。最后，夕阳西下，天空被染成橘红色，湖面闪烁着金色的光芒，营造出一种宁静而和谐的自然氛围"。选择的运镜为"随机运镜"，视频运动速度为"慢速"，视频的时长为 3 秒，视频的比例为 16∶9，模式选择为标准模式。

第 4 章　AIGC 与多媒体

图 4.6　即梦 AI 文生视频的结果

（2）智谱清言文生视频

上文介绍了智谱清言文生图技术，这里主要介绍文生视频。智谱清言文生视频生成结果如图 4.7（c）所示，首先进入智谱清言的官网，单击"清影-AI 生视频"按钮，如图 4.7（a）所示，界面右边就会看到"文生视频"和"图生视频"选项卡。结合想生成的视频内容进行灵感描述，如图 4.7（b）所示，这里使用的提示词为"选择一个樱花盛开的场景，比如公园、校园或山坡。可以考虑加入一些自然元素，比如小溪、草地或长椅，增加画面的丰富性。"

(a) 清影-AI生视频主界面

144

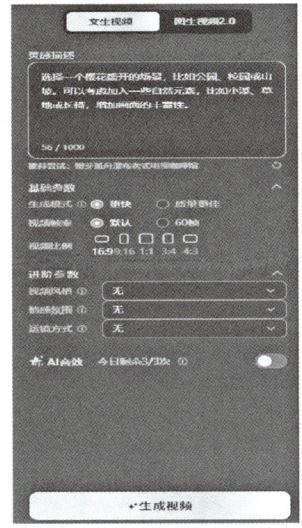 

(b) 清影-AI 文生视频设置　　　　　　　　　(c) 清影-AI 文生视频结果

图 4.7　智谱清言——清影-AI 生视频

（3）通义万相文生视频

通义万相具有图像拆解组合、文生图、相似图片生成等功能，其具有画面视觉动态生成能力，支持多种艺术风格和影视级质感的视频内容生成，这里主要介绍通义万相文生视频的功能。通义万相有网页、桌面、App、微信小程序端口等操作方式，限于篇幅，这里以网页版为例。

图 4.8（b）所示为通义万相文生视频效果。进入通义万相主界面，如图 4.8（a）所示，单击"视频生成"按钮，输入提示词，可以进行灵感扩写，单击"立即生成"按钮，会跳转到创作记录查看生成的作品，作品可以"收藏"与"下载"。这里使用的提示词为："一群小羊在草地上吃草"。使用智能扩写后，提示词为："一群毛茸茸的小羊在翠绿的草地上悠闲地低头吃草，它们的羊毛洁白柔软，偶尔抬头望向四周，展现出天真好奇的眼神，背景是一片广阔的绿色草地，远处有起伏的山丘和蔚蓝的天空，营造出宁静和谐的田园风光，中景广角镜头，捕捉羊群与环境的互动"。

2. 图生视频

（1）即梦 AI 的图生视频

即梦 AI 的图生视频生成的结果如图 4.9 所示。在输入提示词时，可以上传图片和选择动效模板，这里演示上传的图片为 4.2.1 节即梦 AI 文生图得到的风景图，使用的提示词为"在一个清晨，镜头缓缓拉近一片壮丽的山谷，四周被高耸的山脉环抱，山峰上覆盖着皑皑白雪。溪水从岩石间欢快地流淌，发出悦耳的潺潺声，水面上漂浮着几片落叶。阳光透过树梢洒下点点金光，照耀着葱郁的森林，鸟儿在空中翱翔，偶尔掠过水面，激起一阵涟漪。"

(a) 通义万相文生视频设置界面

(b) 通义万相文生视频效果

图 4.8　通义万相文生视频

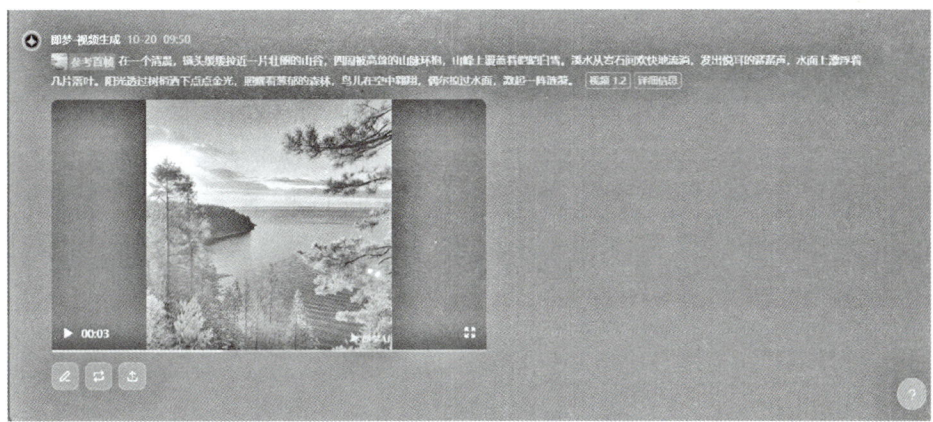

图 4.9　即梦 AI 图生视频结果

（2）可灵 AI 的图生视频

可灵 AI 具备生成长视频、多宽高比视频的能力，支持图像生成视频、交互功能，有网页、桌面、App、微信小程序端口等操作方式，可灵 AI 的视频生成功能也包括文生视频和图生视频，限于篇幅，主要介绍可灵图生视频功能。

最后生成视频的结果如图 4.10 所示。输入一张图片，可灵大模型根据图片理解生成 5 s 或 10 s 视频，将图片转变为视频画面；输入一张图片加文本描述，可灵大模型根据文本表达将图片生成一段视频。可灵支持"标准"与"高品质"两个生成模式，以及 16∶9、9∶16 与 1∶1 三种画幅比例。

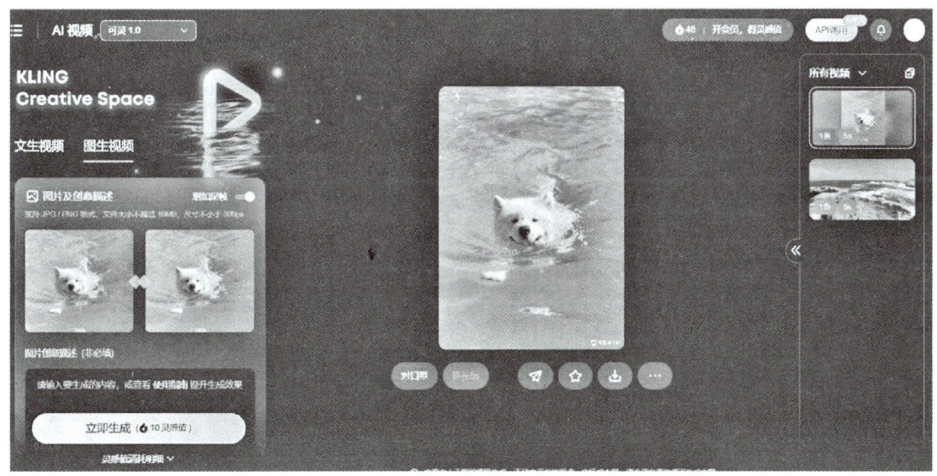

图 4.10　可灵图生视频的结果

可灵 AI 图生视频的一个特色功能是自定义视频的首尾帧图片，即用户只需上传首帧和尾帧两张图片，可灵 AI 会根据这两张图片和附加指令（如文本提示、风格要求等），自动生成中间的帧，从而创建一个从首帧平滑过渡到尾帧的视频，这里通过可灵 AI 制作《山海经》丝滑变身的视频来演示该功能。首先需要生成绘画的提示词，这里还是使用 Kimi 来生成提示词，让 Kimi 生成以《山海经》中的神兽"九尾狐"为特征的六部分提示词，生成的提示词结果如图 4.11（a）所示。

使用该提示词在即梦 AI 中使用文生图的结果如图 4.11（b）所示。

最后需要选择风格一致，且具备连贯性的图片，因此这里选择生成的第一张和第二张图片作为首尾帧，接着进入可灵 AI 官网选择"图生视频"选项，然后上传第 1、2 张图片作为首尾帧图片，提示词不用太复杂，这里输入的提示词为"主体变化，过程顺滑"。生成视频的结果如图 4.11（c）所示，可以看出生成效果不错。

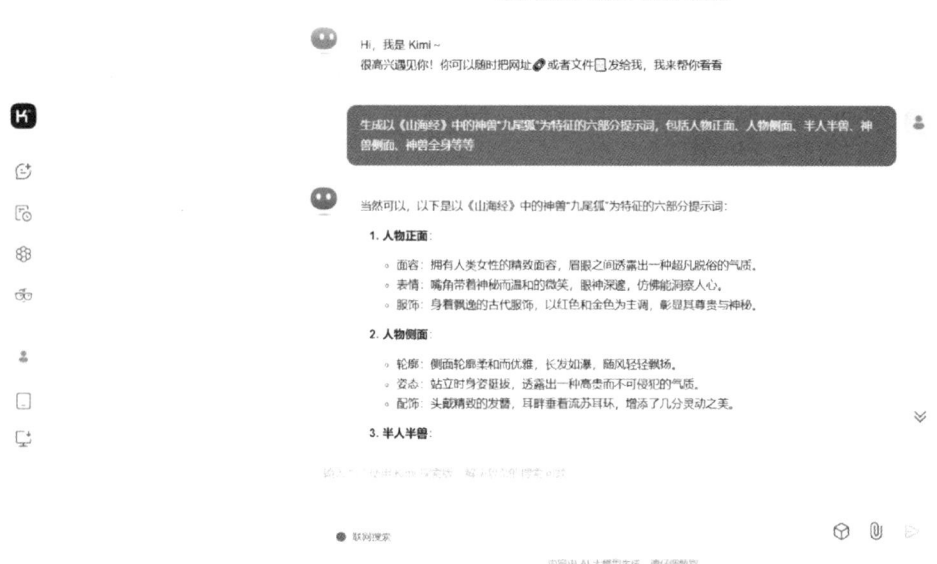

(a) Kimi生成《山海经》神兽提示词的结果

(b) 使用Kimi提示词生成《山海经》人物图片的结果

(c) 可灵AI指定首尾帧生成视频的结果

图 4.11　可灵 AI 图生视频

（3）通义千问 AI 的图生视频

通义千问是一款具备多种先进 AI 能力的应用程序，其功能主要包括多轮对话、文案创作、逻辑推理等。通义千问有网页、App、微信小程序端口等操作方式，限于篇幅，以通义千问手机端为例，演示视频生成的功能。

打开通义千问手机 App，主界面如图 4.12（a）所示，视频生成功能的入口并没有直接出现在首页的功能模块中，在对话框中输入"全民舞王"关键词，跳转到体验页面。全民舞王界面如图 4.12（b）所示，第一步是"选择舞蹈"，第 2 步是"上传照片"，第 3 步是"生成视频"。这个功能不仅能生成视频，而且面部表情、衣着打扮以及背景等也保留了照片原来的特征。

如图 4.12（b）所示，该功能中包括科目三、DJ 慢摇、鬼步舞、秧歌在内的 12 种舞蹈模板，随机选择舞种再上传一张全身照即可。如果自己不想上传照片，官方也有默认图片模板可供选择，整个流程可操作性强。如图 4.12（c）所示，注意在上传照片的分辨率要大于 500×500 px，而且需要正面站立的全身照，不能有遮挡，如果侧身站或者背景过于复杂，可能会影响最后生成的效果。通义千问生成视频效果如图 4.12（d）所示，以科目三为例，上传一张马斯克的全身照，再等待 10 分钟左右，一个马斯克跳科目三的视频就新鲜出炉了，舞蹈动作流畅，包括西装、鞋子在内，也跟原来的照片没什么两样，甚至动起来的马斯克连眨眼睛都很自然，虽然跳舞过程中手部有些小瑕疵，但并不影响整体的视觉效果。

(a) 通义千问App主界面

(b) 通义千问App全民舞王界面

(c) 通义千问上传形象建议

(d) 马斯克跳科目三的视频

图 4.12 通义千问 App 图生视频

（4）通义万相 AI 的图生视频

前文介绍了通义万相 AI 的文生视频，回到"文生视频"界面，单击右边的"图生视频"按钮，界面如图 4.13（a）和图 4.13（b）所示，第一步，上传图片，可以选择自已拍摄的照片，或者 AI 创作的图片。上传后，在创意描述框输入视频描述，也可以不填，AI 会随机生成视频效果，这里以上传一张图片来示例，也可以选择智能扩写来优化提示词，操作后立即生成视频，如图 4.13（c）所示。

(a)"视频生成"界面　　　　　　(b) 图片上传

(c) 图生视频效果

图 4.13　通义万相 AI 的图生视频

这里有个提示词公式技巧，提示词是用来描述视频中所包含的内容和运动过程，它是控制视频画面内容与效果的关键因素，提示词描述越完整、精确和丰富，生成视频的品质越高，且越贴近期望生成的内容。为了更快上手，通义万相针对不同的使用需求提供了四种提示词使用公式。

（1）基础提示词 = 主体 + 场景 + 运动

其中主体指的是视频内容的主要表现对象，可以是动物、植物、物品或非物理真实存在的想象之物，场景指的是主体所处的环境，包含背景、前景，可以是物理存在的真实空间或想象出来的虚构场景，运动指的是包含主体的具体运动和非主体的运动状态，可以是静止、小幅度运动、大幅度运动、局部运动或整体动势。

图4.14（a）给出使用上述公式给出提示词生成的视频截图，其中使用的提示词是"赛车快速行驶，背景在瞬息之间模糊，一切都仿佛变成了色彩的交错。车速迅猛，让人感受到强烈的刺激与肾上腺素的飙升，车手在这片轰鸣中如同掌控了整个世界，释放出的激情让人热血沸腾。"，其中，"主体"是"赛车"，"场景"是"瞬息之间模糊，一切都仿佛变成了色彩的交错"，"运动"状态是"快速行驶"。

（2）进阶提示词 = 主体 + 场景 + 运动 + 镜头语言 + 氛围词 + 风格化

镜头语言包含景别、视角、镜头、运镜等，常见镜头语言详见下方提示词词典。氛围词指的是对预期画面氛围的描述，例如，"梦幻""孤独""宏伟"，常见氛围词详见下方提示词词典。风格化是对画面风格语言的描述，例如，"赛博朋克""勾线插画""废土风格"。常见风格化详见下方提示词词典。

图4.14（b）给出使用上述公式给出提示词生成的视频截图，其中使用的提示词是："复古赛博朋克风格——闪烁的霓虹灯下一名身着皮夹克的赛博战士在废弃的电子工厂中穿行，镜头从他的背影拉远，展示出一个充满未来科技感的城市夜景。"

（3）运镜提示词 = 运镜描述 + 主体 + 场景 + 运动 + 镜头语言 + 氛围词 + 风格化

运镜描述是对镜头运动的具体描述，在时间线上，将镜头运动和画面内容的变化有效结合可以有效提升视频叙事的丰富性和专业度。可以通过代入导演的视角来想象和书写运镜过程。时间上，需要注意将镜头运动的时长合理控制在5秒内，避免过于复杂的运镜。

图4.14（c）给出使用上述公式给出提示词生成的视频截图，其中使用的提示词是："镜头从满屏的古色古香的木质屏风开始，慢慢向左平移，露出屏风后面端坐着的古风女孩，女孩穿着蜀绣汉服，发髻高高盘起，进行着线上视频会议。"

（4）形变公式 = 主体A + 形变过程 + 主体B + 场景 + 运动 + 镜头语言 + 氛围词 + 风格化

主体A指主体形变前的特征和状态，形变过程是对主体从A形态变为B形态的过程描述，详细的过程描述可以有效提升形变的自然度和生动性，主体B指主体形变后的特征和状态。

图4.14（d）给出使用上述公式给出提示词生成的视频截图，其中使用的提示词是：

"日漫风格。在城市的街道一角,一只黑猫蹲伏在路灯下,注视着远处的霓虹灯光。突然一道蓝色光芒从天而降,迅速包裹住他的身体。黑猫在光芒中腾空而起,黑色的毛发逐渐消散在空气中,身体迅速变长。他的皮毛变为一件黑色的修身西服,勾勒出修长的轮廓。猫耳消失,脸部轮廓逐渐清晰,最终化为一张帅气而冷峻的少年面孔。他轻巧地落在地上,西服在夜风中微微飘动,蓝光渐渐褪去,宛如一位从未来世界中走出的神秘少年,优雅而自信。"

(a) 使用公式(1)的效果　　(b) 使用公式(2)的效果

(c) 使用公式(3)的效果　　(d) 使用公式(4)的效果

图 4.14　通义万相 AI 的图生视频

提示词词典通过撰写不同维度的提示词,能够提升生成视频在指定维度的可控性与表现力,图 4.15 所示是常用维度及提示词示例。

图 4.15(b)是使用提示关键词为"氛围 – 孤独"生成的视频截图,使用"氛围 – 孤独"这一关键词。可以扩写提示关键词:"一片孤独的森林,四周寂静无声,仿佛时间在这一刻停滞。树叶轻轻飘落缓缓地铺洒在地面上,发出微弱的窸窣声,仿佛在低声诉说着秋天的离别。空旷的空间中只有风声孤独地回荡,似乎在唤醒这片沉寂的

土地。阴影在树木间交错，营造出冷清而忧郁的氛围，整个场景透着一丝孤寂，让人感受到一种淡淡的怅，仿佛在向失去的时光致敬，深处于这一片宁静中，让人不禁沉思。"

图 4.15（c）是使用提示关键词为"氛围-活力"生成的视频截图，使用"氛围-活力"这一关键词。可以扩写提示关键词："一片充满活力的森林，阳光透过树冠洒下金色的光斑，鸟儿在林间欢快地飞舞，清脆的鸣叫声在空中回荡，仿佛在为这片生机勃勃的天地演唱颂歌。树叶在微风中轻轻摇摆，像是随着乐曲的节拍在欢快地起舞，欣欣向荣的景象令人心生愉悦。小动物们在草地上嬉戏，花朵在阳光下绽放，整个森林充满了生机与活力，仿佛在诉说着生命的美好与无限可能，让人感受到大自然的蓬勃与希望。"

图 4.15（d）是使用提示关键词为"视角-无人机"生成的视频截图，使用"视角-无人机"这一关键词。可以扩写提示关键词："FPV（第一人视角）无人机视角视频开始时，镜头采用 FPV 无人机拍摄，带来一种身临其境的感受。镜头迅速穿越城市的高楼大厦之间，展现出宏伟的都市景观。建筑物在视野中迅速闪过，光影交错，映衬出城市的现代与繁华。"

> 案例素材：
> AIGC 提示词汇总

图 4.15(e)是使用提示关键词为"视角-俯拍"生成的视频截图，使用"视角-俯拍"这一关键词。可以扩写提示关键词："一个在末世中行走的人的场景，镜头从高处俯拍一个人在废土风格的场景中随着阳光缓缓前行。"

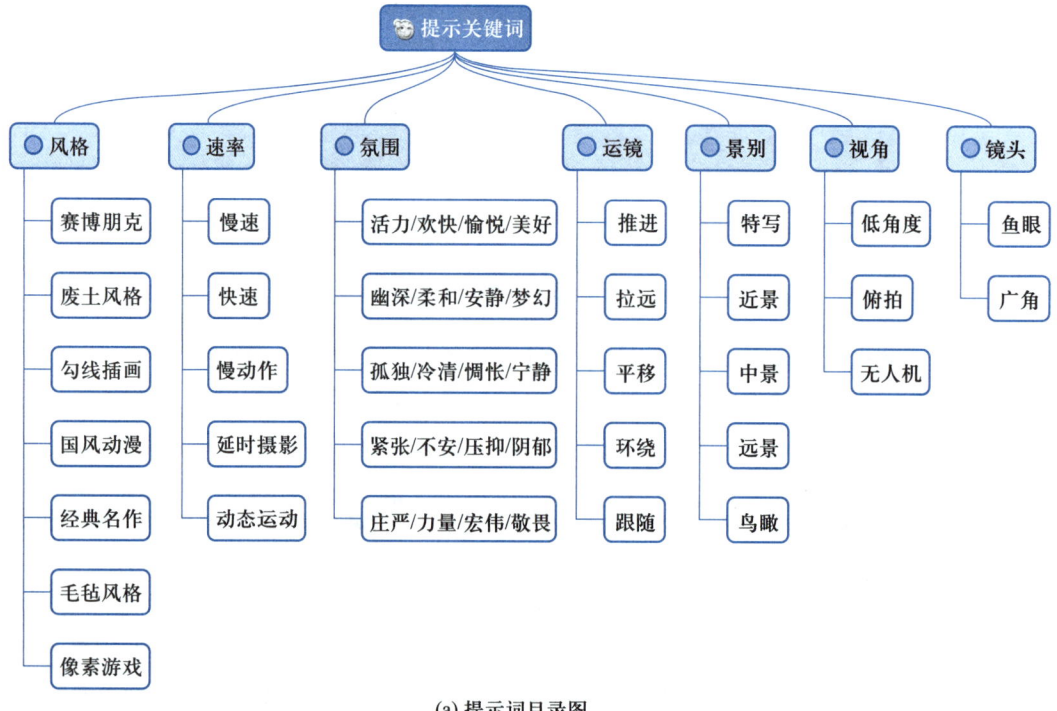

(a) 提示词目录图

(b) 孤寂的树林

(c) 活力的森林

(d) 无人机下的高楼大厦

(e) 俯拍行走的人

图 4.15 通过提示关键词生成视频

4.2.3 AI 音乐生成

根据主要输入数据不同，音乐生成可以分为文生音乐、图生音乐、视频生曲。其中，文生音乐输入是文字、输出是音乐，图生音乐输入是图像或同时输入图像和部分文字、输出是音乐，视频生曲输入是视频、输出是视频搭配背景音乐。

1. 文生音乐

(1) 天工 AI 文生音乐

天工 AI 的功能包括对话助手、AI 写作、AI 图片生成、AI 音乐、AI PPT、AI 识图。这里主要演示其文生音乐的功能。天工 AI 有网页、App、微信小程序等操作平台，限于篇幅，这里以网页版为例，介绍天工 AI 文生音乐的功能。

图 4.16（a）给出天工 AI 网页主界面，图 4.16（b）给出天工 AI 文生音乐示例。进入天工 AI 的官网，注册并登录账号后，单击左侧"AI 音乐"按钮，即可使用 AI 音乐生成的功能。

接着用户可以输入歌名，输入歌词，还可以选择参考音频，这里输入的歌名为

"Are You Ok",选择的参考音频为其他用户上传的"Are You Ok"歌曲,输入的歌词如图 4.16(b)所示,输入的歌词要求不少于 50 个字。设置参数后,单击"开始创作"按钮,等待一至两分钟即可得到 AI 生成音乐的结果。

(a) 天工 AI 主界面

(b) 天工 AI 音乐的参数设置

图 4.16　天工 AI 文生音乐

(2)豆包 AI 文生音乐

豆包具有聊天机器人、写作助手以及英语学习助手等功能,它可以回答各种问题并进行对话,帮助用户获取信息,支持网页、App、微信小程序等操作平台,限于篇幅,这里以网页版为例,介绍豆包 AI 文生音乐的功能。

图 4.17(a)给出豆包 AI 网页主界面,图 4.17(b)给出豆包 AI 生成音乐的参数设置,图 4.17(c)给出文生音乐示例。进入豆包 AI 平台的官网后,注册登录账号,单击下方输入框上面的"音乐生成"按钮,即可使用豆包 AI 平台生成音乐的功能。

4.2 多媒体创作

(a) 豆包AI主界面

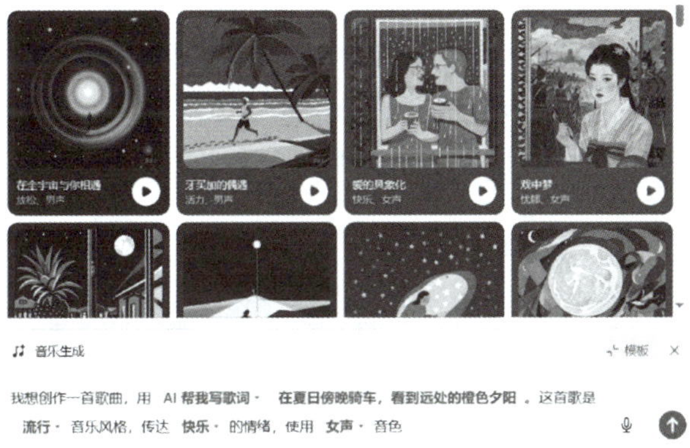

(b) 豆包AI生成音乐的参数设置

(c) 豆包AI生成音乐的结果

图 4.17　豆包 AI 文生音乐

豆包 AI 平台文生音乐功能，既可以采用 AI 生成歌词，也可以自己自定义歌词，然后可以输入歌曲的主题，最后选定歌曲的风格、表达的情绪和男女声唱法，将文本发送给豆包 AI 即可生成歌曲。这里演示输入的主题是"在夏日傍晚骑车，看到远处的橙色夕阳"，选定 AI 生成歌词，风格为流行，表达的情绪是快乐的，使用女声唱法，将提示词设置完成后发送给豆包 AI，等待一至两分钟即可生成音乐。

2. 图生音乐

（1）彩灵 AI 图生音乐

彩灵 AI 是基于新一代多模态大模型技术构建的 AI 音乐生成产品，用户只需上传任意一张照片或写输入一段文字，即可一键生成一首专属歌曲，也可以编辑/选择自己喜欢的歌名、歌词、歌手、音乐风格等，个性化创作歌曲。

彩灵 AI 目前只能在微信小程序上使用，图 4.18（a）给出彩灵 AI 微信小程序主界面，图 4.18（b）给出彩灵 AI 图生音乐示例。进入小程序后，选择"图生音乐"选项，可以设置歌曲的语言，上传图片之后单击"一键生成"按钮即可生成音乐。这里演示上传的图片为蓝天白云的图片，选择的语言为中文，单击"一键生成"按钮后，等待一至两分钟，即可生成音乐，可以一键"下载"与"分享"。

(a) 彩灵AI图生音乐的界面　　(b) 彩灵AI图生音乐结果

图 4.18　彩灵 AI 小程序图生音乐

（2）海绵音乐图生音乐

海绵音乐是一个利用人工智能技术生成个性化音乐的平台，涵盖了治愈、怀旧、伤感、兴奋等多种情感类别的音乐，无论是 R&B、摇滚、嘻哈、电子还是国风，用户都能在这个平台上找到属于自己的音乐风格。海绵音乐有网页、App、微信小程序等操作平台，限于篇幅，下面以网页端为例，介绍海绵音乐图生音乐功能。

图 4.19（a）给出海绵音乐网页主界面，图 4.19（b）给出海绵音乐图生音乐示例。进入海绵音乐网页主界面，上传一张中国戏曲照片，输入提示词，海绵音乐会根据上传的图片与灵感提示词生成三首歌曲，风格不同，分男声与女声。这里使用的提示词为："中国传统戏曲的表现手法以虚拟性、程式化和写意性为主，通过唱、念、做、打以及手、眼、身、法、步等多种技艺手段，塑造出丰富多彩的艺术形象，给观众带来深刻的艺术体验。"，生成风格为怀旧国风，有男声与女声，歌词唯美，音调悠扬。

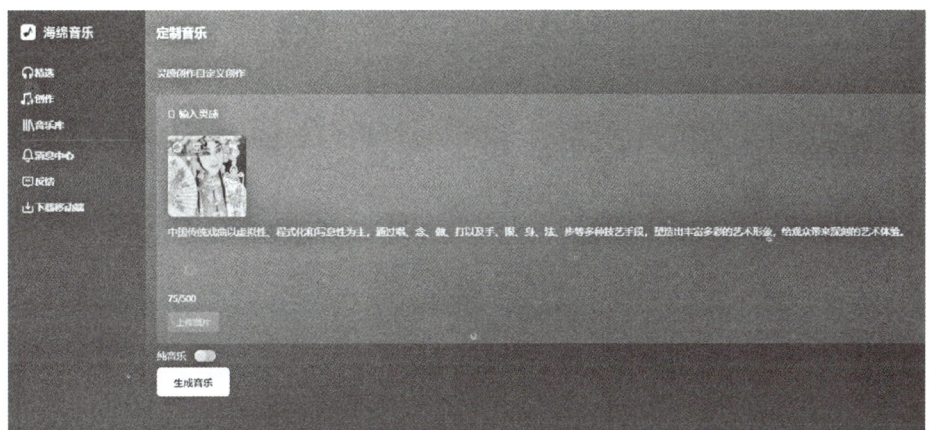

(a) 海绵音乐图生音乐界面

(b) 海绵音乐图生音乐结果

图 4.19　海绵音乐图生音乐

3. 视频生曲

天谱乐这款 AI 音乐多模态大模型，不仅可以使用文本，还可以使用图片，也可以使用视频，由 AI 识别图片以及视频中的内容，然后根据内容生成匹配的音乐，天谱乐有网页、App、微信小程序等操作平台，天谱乐的界面很简单，三个重要功能为文本生曲、图片生曲、视频生曲，就是分别使用文本、图片、视频生成对应的音乐，限于篇幅，这里主要介绍视频生曲的功能。

图 4.20（a）给出天谱乐网页主界面，图 4.20（b）给出天谱乐图生音乐示例。进入

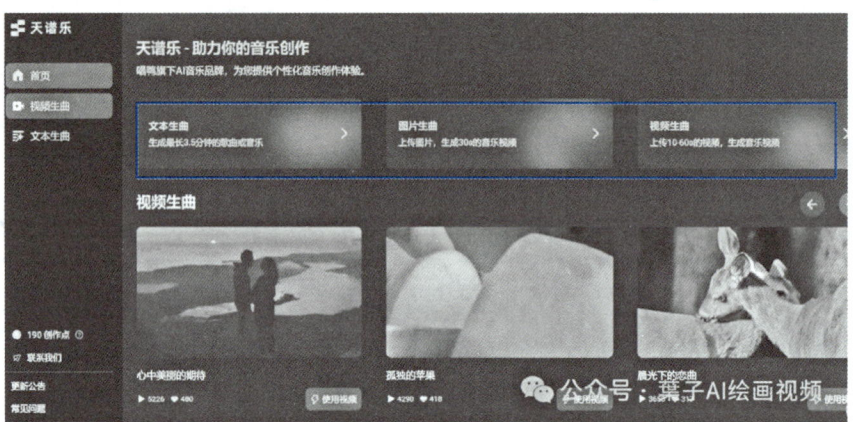

(a) 天谱乐功能界面

(b) 天谱乐视频生曲结果

图 4.20 天谱乐视频生曲

天谱乐网页主界面，单击"视频生曲"按钮，上传任意图片或者 10~60 秒视频，然后选择内置的音乐模板，或者 AI 随机生成，就可以视频生曲。这里上传一张白色玫瑰的视频，生成了一段视频，搭配了 AI 推荐的模板，自然生成与视频相搭配的音乐，此次生成了"星河恋歌"主题风格的"海滩与守候"、"文艺酒馆"主题风格的"海风与白玫瑰"，音乐与视频风格一致，旋律优美。

4.2.4 AIGC 综合案例

1. 文生音乐 + 文生视频

在当今这个自媒体时代，通过文生音乐和文生视频的 AI 平台就可以创作出效果不错的视频，接下来将展示利用豆包 AI 来生成国风背景音乐，采用即梦 AI 来生成国风类型的视频创作过程。

视频创作的第一步先生成背景音乐，生成过程采用豆包 AI，如图 4.21（a）所示是豆包 AI 生成国风音乐的设置，豆包 AI 生成国风音乐的结果如图 4.21（b）所示。首先，确定好视频要制作的古诗，这里选的是苏轼的《望江南·超然台作》，接下来进入豆包 AI 的官网，单击"音乐生成"按钮，选择"自定义歌词"选项，填入的歌词为苏轼的《望江南·超然台作》的内容，选择"国风"音乐风格，传达的情绪为"忧郁"，使用"女声"音色。

视频创作的第二步是采用即梦 AI 生成视频，即梦 AI 生成视频的结果如图 4.21（c）所示。进入即梦 AI 的官网，单击"视频生成"按钮，选择"文本生成视频"选项，为了生成国风类的视频，这里使用的提示词为"春天，烟雨迷蒙，柳枝斜斜摆动。近景的楼台在雾气中若隐若现，仿佛一幅水墨画，宁静而悠远。"

视频创作的最后一步就是使用"剪映"这个视频剪辑软件做视频的最后优化，视频做好的效果如图 4.21（d）所示，把刚刚生成的视频和音乐导入剪映，拖到剪辑面板，选中音乐条，把音乐切割。接着把视频复制粘贴进软件，调整最后一个视频长度，把视频和音乐长度调成一致。最后加字幕，选择一个适合的字体，拖到视频中的合适位置，然后添加自己想要的效果。

(a) 豆包AI生成国风音乐的设置　　　　　　(b) 豆包AI生成国风音乐

(c) 即梦AI生成国风类视频的结果

(d) 使用剪映做视频最后优化的结果

图 4.21　文生音乐 + 文生视频

2. 文生视频 + 图生视频 + 视频生曲

智谱清影提供文生视频和图生视频能力，能生成 6 秒时长、1 440×960 清晰度、3∶2 比例的视频，智谱清言官方还上线了 2 个智能体：清影提示词（文生视频专用）、清影提示词（图生视频专用），如图 4.22（a）所示，方便用户更好地和 AI 对话，这 2 个智能体能帮助用户生成有结构的提示词，用户再将这些提示词按需要调整，或者直接复制粘贴到清影提示词对话框，就可以给清影提视频需求了，智谱也提示：大模型输出具有不稳定性，同一个提示词抽出的不同的视频差距很大，多试几次会有小惊喜，得到满意的结果，如图4.22（b）所示。

文生视频输入一段文字（提示词），清影大模型根据文本表达将文字转变为视频画面。在"智谱清言-清影"的灵感概述框中输入："风吹过一片碧绿的草地，草地上点缀着微黄的小花，天空碧蓝，白云在天空浮动"，进阶参数均"无"，如图4.22（c）所示，使用视频生曲功能，添加背景音乐，与"风吹草地"相匹配，就可以生成一个风吹草地的视频，如图4.22（d）所示。

回到清影图生视频界面，如图4.22（e）所示，上传一张图片并输入相应的提示词，清影大模型根据提示把图片扩展为视频，如图4.22（h）所示。如图4.22（f）所示，选用尽可能清晰的图片，否则会影响模型对图片的识别，将图片拖入清影后，如图4.22（g）所示，可以进行图片裁剪、灵感描述，输入灵感描述词："让鱼游动起来"，单击"生成视频"按钮，再搭配视频生曲，添加背景音乐，生成的6 s视频如图4.22（h）所示。

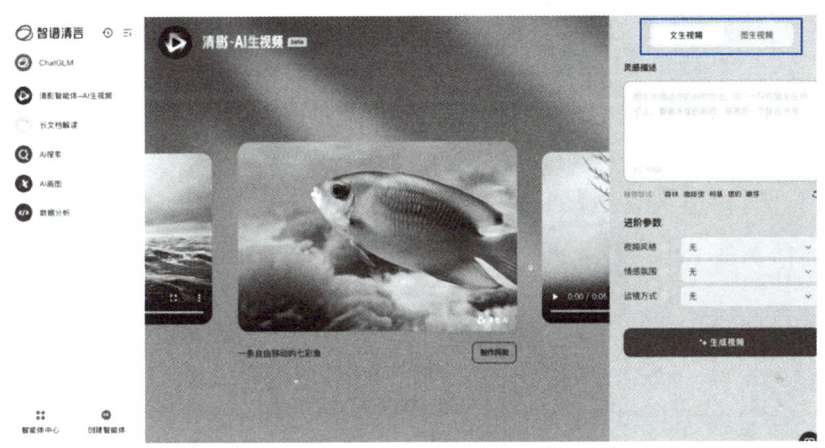

(a) 清影智能体——AI文生视频

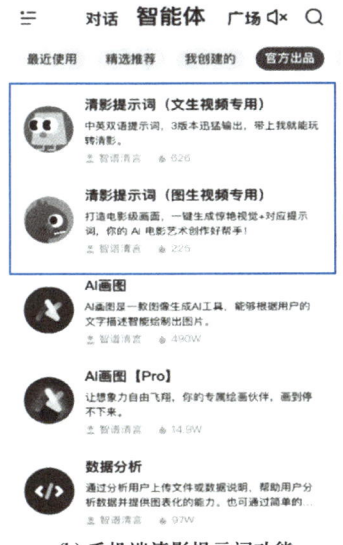

(b) 手机端清影提示词功能

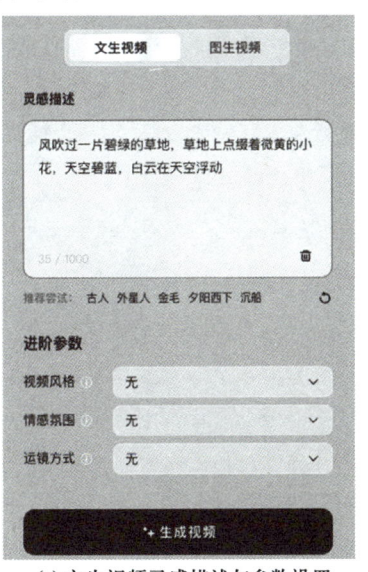

(c) 文生视频灵感描述与参数设置

(d) 清影AI文生视频添加背景音乐

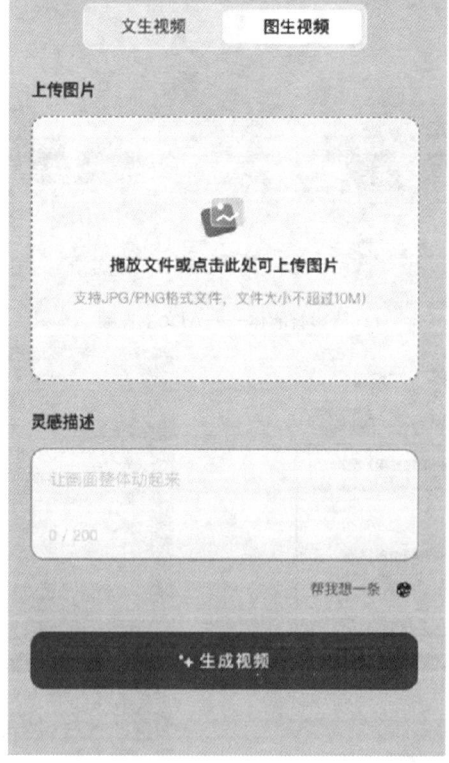

(e) 清影——AI图生视频

(f) 挑选一张清晰的图片

(g) 图片裁剪、灵感描述

(h) 清影AI生成视频

图 4.22 文生视频 + 图生视频 + 视频生曲

4.3　AIGC 在其他领域的应用

人工智能生成内容（AIGC）技术不仅在创作和艺术领域引起了广泛关注，同样也正在逐步渗透到各个行业，本节将重点探讨 AIGC 在代码生成领域的应用，通过 AI 平台的实操来展示 AIGC 如何提高开发效率、减少错误和促进创新。

4.3.1　数字人生成

数字人是指以数字形式存在于数字空间中，具有拟人或真人的外貌、行为和特点的虚拟人物，也称之为虚拟形象、数字虚拟人、虚拟数字人等。数字人可以打造更完美的人设，为品牌带来正向价值。互联网、金融、电商平台、消费品牌、汽车出行等领域纷纷推出数字人，用于品牌营销、智能客服等方向。虚拟数字人已经在游戏、传媒、影视等领域得到了广泛应用，但整体来说，主要集中于游戏、虚拟偶像、品牌营销等领域，尤其是 B 端业务。本节将介绍两个与数字人生成相关的平台：腾讯智影和有言，并探讨它们在数字人生成中的独特功能与应用场景。

1. 腾讯智影

腾讯智影是一款云端智能视频创作工具，是集素材搜集、视频剪辑、渲染导出和发布于一体的免费在线剪辑平台。该平台具有强大的 AI 智能工具，支持文本配音、数字人播报、自动字幕识别、文章转视频等功能，这里主要介绍其数字人播报功能，该功能可以帮助用户快速将文本转换为视频内容，输入文本并选择形象，即可生成数字人播报视频。

通过浏览器登录腾讯智影首页，单击"数字人播报"按钮即可使用数字人播报功能，可以一站式完成"数字人播报 + 视频创作"流程。这里演示选择的预置形象为"冰璇"，选择的画面比例为 16∶9，除了可以选择数字人的形象之外，还可以自定义背景和音乐，选择的文字内容为 AI 生成的"三体影视剧影评"，用户也可自定义文字输入，单击"保存并生成播报"按钮即可生成音频，最后单击"生成视频"按钮，即可生成数字人播报的视频，结果如图 4.23 所示。

2. 有言

有言是由魔珐科技推出的一个基于 AIGC 技术的视频创作工具，其功能主要包括 AIGC 视频创作和 3D 数字人生成，支持从文字到视频的一站式服务。有言适用于教育、营销、社交、企业、娱乐等多种场景，可满足不同用户的视频制作需求。有言简单易

4.3 AIGC 在其他领域的应用

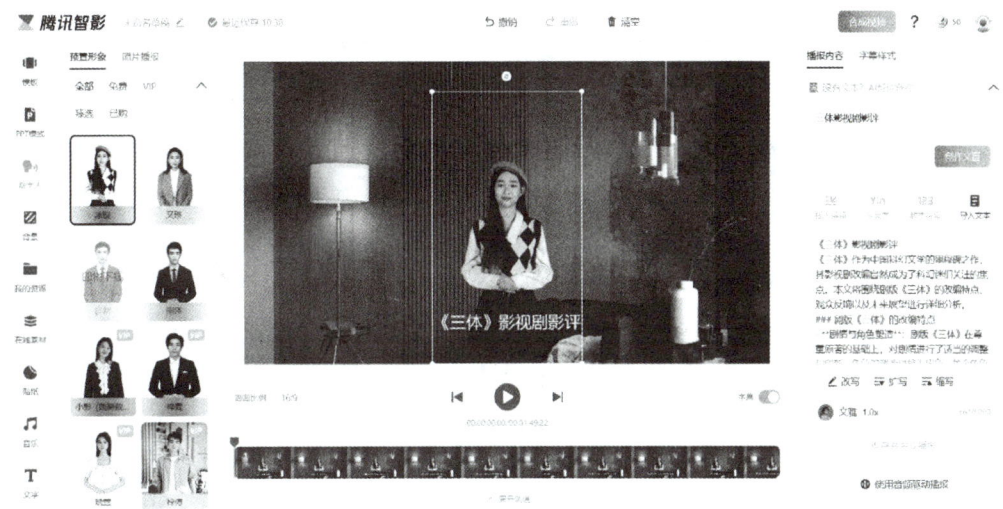

图 4.23　腾讯智影数字人播报展示

用，仅需通过生成内容、编辑镜头、视频包装三步操作，即可打造一个高质量的 3D 视频。使用有言，可制作多语言 3D 视频，可团队协作，提升工作效率。下面重点介绍其数字人生成的功能。

通过浏览器进入有言的官网，注册登录后单击"新建作品"按钮即可使用数字人生成功能，首先选择是制作横屏视频还是竖屏视频，这里演示选择制作的是"横屏视频"，接着选择合适的 3D 场景，这里演示选择的场景是"中式庭院书房"，然后选择 3D 人物形象，这里演示选择的人物形象是"蒋白"，输入提示词并单击"3D 生成"按钮，这里输入的提示词是 AI 生成的介绍西湖旅游的文本，最后单击"导出"按钮即可生成 3D 视频，结果如图 4.24 所示。

图 4.24　有言 3D 视频合成展示

167

4.3.2 画布

近年来,一种全新、直观、可视的用户交互界面——自由画布,颠覆了人们对工作方式的想象和体验。在国内,百度是抢先拥抱可视性画布的先行者;在海外,Canvas 火爆,以 OpenAI 为代表的玩家正在不断完善体验。这个新玩意究竟怎么用?相比于一张普通画布,自由画布的特殊性在于它可以适配作家、自媒体人、教师、白领等几乎所有人群的工作需求,并通过 AI、大数据等技术,在"一拖一圈"之间赋予工作方式智能化。

自由画布在内容生产创作的几个环节上到底能带来什么巨大的突破变化?先从非常生活化的一个具体场景看看功能 pipeline 展示。2024 年夏末《黑神话:悟空》爆火后,山西旅游火得不得了,假设我们也想去大同打卡一波,需要一份贴心的旅游攻略,同时需要在网上找几个旅游搭子,自由画布就可以派上用场。打开自由画布,首先你将体验到全模态输入自由。我们日常会接触的 100 多种格式,不论是文本类的 docx、pdf、xlsx,还是多模态图像音频视频类的 jpg、mp3、mp4 等,自由画布全都支持,并且得益于百度文库和百度网盘的互通,百度网盘中的私域资料可以与百度文库公域资料融合为自由画布提供创作素材。因此搜索关键词"大同",就能将各种格式资料统统拽进画布,如图 4.25 所示。

图 4.25 自由画布搜索资料

紧接着,自由画布将最大限度地展现其编辑和创作自由,操作十分简单,将要用的资料用鼠标"圈"起来,然后在旁边跳出的框中输入 prompt 即可。所以,我们只需直接输入"生成大同一日游攻略",单击"发送"按钮,这份大同一日游攻略不仅立即生成了,如图4.26所示,而且是以海报的形式。就拿这精细程度来说,路线、交通耗时等一应俱全,休息时间都预留出来了,十分周到。这样的攻略,不仅当个人行程安排妥妥够用,而且海报排版布局也审美在线。

图4.26　自由画布生成大同一日游攻略

上面展示的是对上传内容进行整体调用,也就是把拖入自由画布的资料都用鼠标"圈"出来了,然后指挥它。局部调用,如图4.27所示,所有格式的文件都可以提前进行总结、重点标记、框架参考等AI标记处理,大模型能够记住用户标记,通过对所有标记过的文件直接圈选完成新内容的生成和创作。比如,单独拎出一个音频就能得到AI纪要和逐字稿,单独单击一个视频也有AI纪要和分段总结,如图4.28所示,把这些组合"圈"在一起就能让它生成新的内容,这也展示了自由画布对内容进行多层次调用、生成的能力。

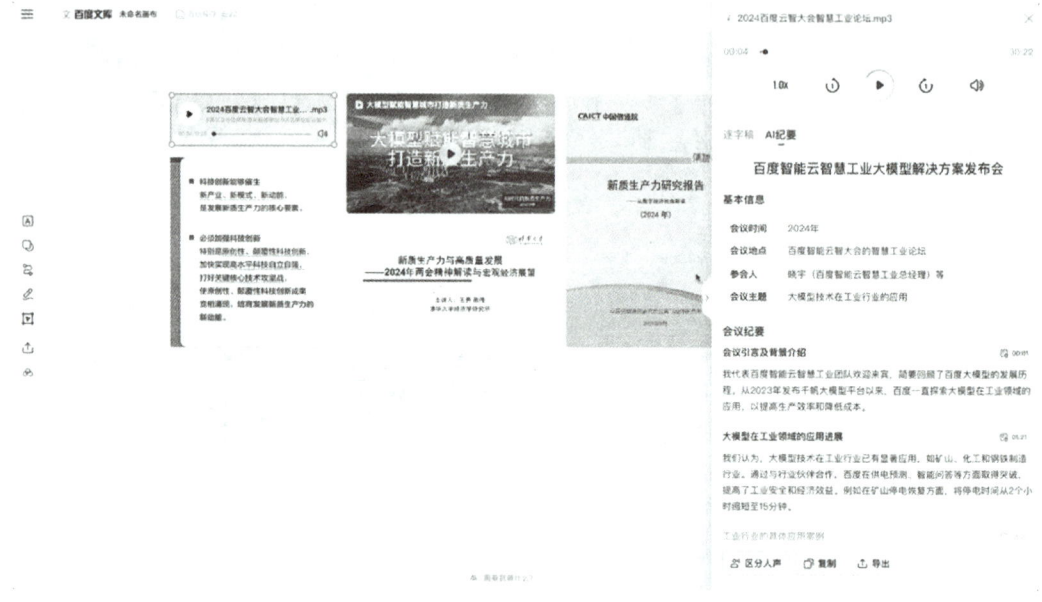

图 4.27　自由画布进行局部调用

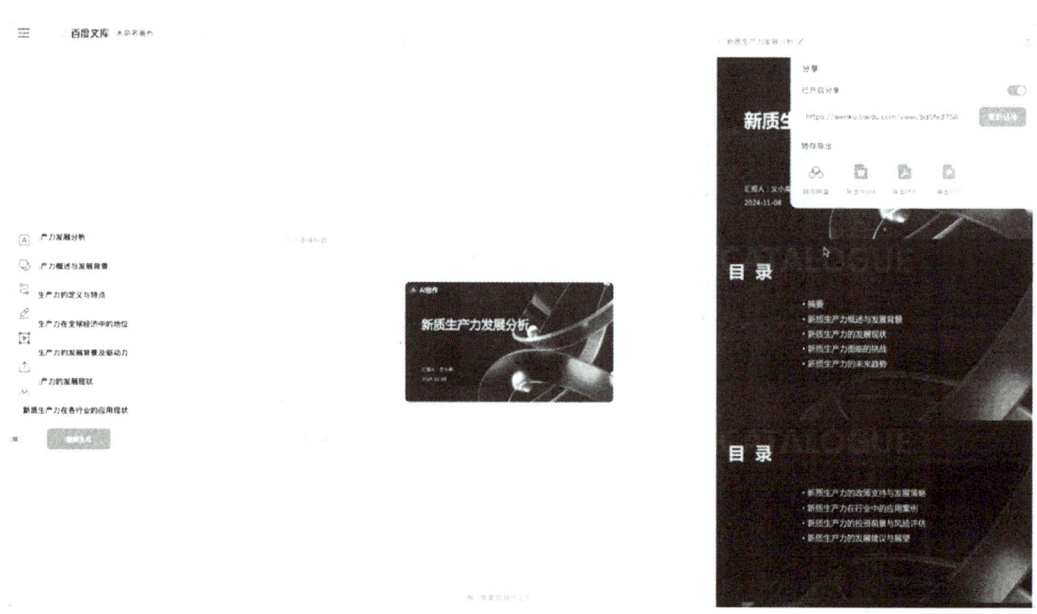

图 4.28　自由画布进行 AI 总结

最后，当你的创作结束时，自由画布适配了当下知识分享最流行的形式，通过一个链接能直接进行分享、查看、二次编辑，不仅可以轻松分享到朋友圈、小红书，甚至用户还可以根据找到的资料生成语音播客，还能直接存在个人百度网盘中当作私域资料，随用随看。

综上来看，自由画布的"自由"体现在输入、编辑 / 创作、分享整个内容创作全流程的方方面面。你想要的 AI 内容创作功能都被它给包揽了。用户所有的操作，都可以只在这一个平台端到端完成，用一个平台单挑 Office 全家桶 +Canvas，既不用像 WPS、Office 等编辑器似的不同格式需要放在不同的编辑器处理，降低了使用门槛；又相比此前 AI 编辑器更能精准创作出用户想要的内容，用户无须切换好几个平台用不同 AI 做不同任务。

4.3.3 代码小浣熊

代码小浣熊是基于商汤大语言模型的软件智能研发助手，覆盖软件需求分析、架构设计、代码编写、软件测试等环节，满足用户代码编写、编程学习等各类需求。代码小浣熊支持 Python、Java、JavaScript、C++、Go、MySQL 等 90 多种主流编程语言和 VS Code、IntelliJ IDEA 等主流 IDE。在实际应用中，代码小浣熊可帮助开发者提升编程效率超 50%。

通过浏览器进入代码小浣熊的主页后，注册并登录账号，单击"立即体验"按钮即可体验 AI 生成代码的功能，用户只需描述需求发送给 AI 即可得到代码，这里演示选择生成的代码是 Python 代码，输入的提示词为"请写出判断一个数是否是质数的代码"，生成的代码结果如图 4.29 所示，对于较简单的需求，该 AI 给出了正确的代码，读者可自行尝试更复杂的需求。

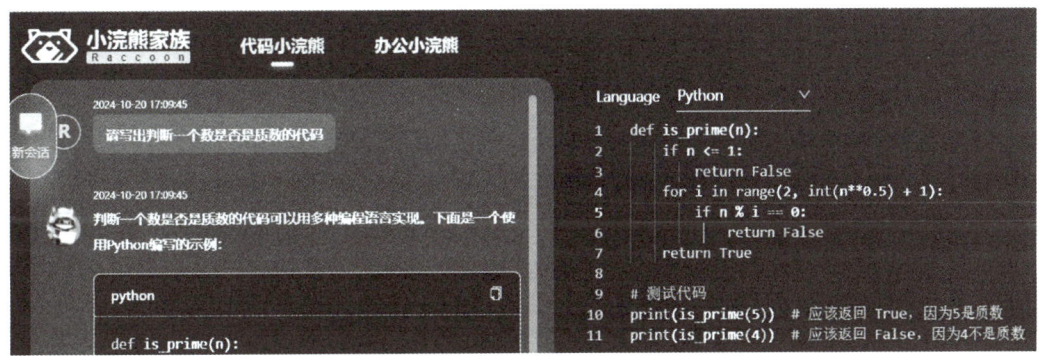

图 4.29　代码小浣熊生成代码展示

4.3.4 彩页制作

天工 AI 彩页是专为小红书类社媒发布内容呈现而设计的全新功能，它聚焦于提升用户的阅读体验质感。通过这个功能，能让用户跳过令人头疼的图文排版门槛。它拥有 6 大功能模块、11 种排版组合、70 个主题选择、500 多个文本样式，让用户可以自由编辑文字、页面、配图等。使用天工 AI 制作彩页的步骤如下。

步骤1：访问天工AI的官网。

步骤2：在官网首页找到并单击"发布彩页"按钮，进入彩页创作界面，如图4.30所示。

微视频：
天工AI彩页生成

图4.30　彩页创作界面

步骤3：确定内容主题。如图4.31所示，你可以通过以下5种方式来确定内容主题和开启彩页创作。① 从空白页面创建：从头开始你的创作；② 粘贴已有文案：将你已经写好的内容粘贴进来；③ 上传文件或链接：将整理好的资料上传；④ 选择宝典生成：利用天工AI的宝典一键转彩页；⑤ 搜索框：通过关键词搜索相关内容。

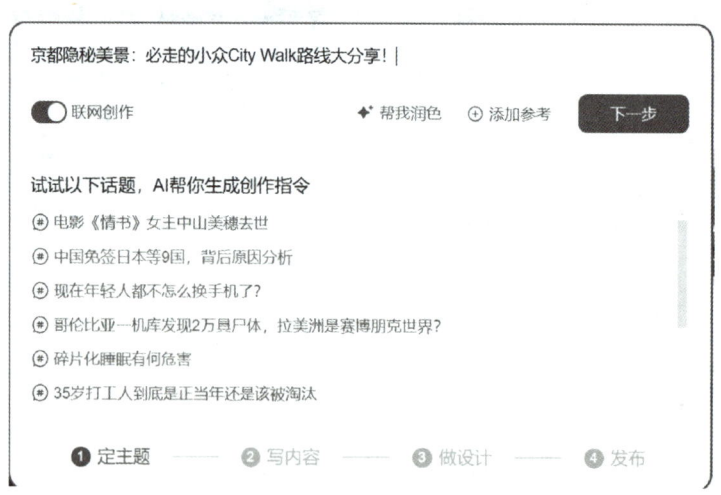

图4.31　确定彩页内容主题

步骤4：AI自动生成彩页大纲。天工AI会自动整合全网信息生成彩页大纲，并支持一键调整大纲，包括主题、页数增减以及每页的文字长度、语气等。

步骤 5：选择主题模板。如图 4.32 所示，选择一个合适的主题模板，单击"下一步"按钮完成基础的内容创作。整个过程非常丝滑，用时不到 3 分钟。

图 4.32　选择彩页主题模板

步骤 6：编辑和优化彩页。如果需要调整生成的彩页，你可以使用天工 AI 强大的编辑器进行优化，确保创作出的彩页更加精致和个性化。

步骤 7：发布彩页。如图 4.33 所示，编辑完成后，选择彩页封面、输入标题、描述，然后单击"发布"按钮。发布成功后，你可以在"个人中心"界面查看已发布的彩页。

图 4.33　发布彩页

天工 AI 彩页的优势如下。

① 一键生成彩页：简化了内容生成、排版、设计和美化等创作流程，让创作变得简单快捷。

② 丰富的设计素材：提供 70 个不同风格的主题模板、11 种常见页面布局结构、297 个花式标题等，满足不同风格的创作需求。

③ 强大的编辑能力：所有元素支持任意拖动移动位置，支持剪切、复制、粘贴，操作非常简单，更符合用户的使用习惯。

通过天工 AI 彩页，无论是知识分享、品牌宣传还是个人展示，可以高效完成从内容生成到设计排版的全过程，创作出兼具视觉冲击力与专业质感的精美彩页。

4.3.5 3D 生成

在科技迅猛发展的今天，人工智能领域的每一次创新都有可能引领行业的深刻变革。2024 年 12 月 3 日，斯坦福大学教授李飞飞领导的 World Labs 团队宣布了一项革命性突破：他们研发的 AI 系统能够仅凭一张图片生成一个完整的 3D 世界。这一消息迅速在全球范围内引发了广泛关注，使空间智能成为当下热议的焦点。根据 World Labs 的官网展示，用户只需输入一张二维图片，AI 系统便能据此生成一个完整的 3D 场景。3D 场景不仅包含了图片中的物体和场景，还能通过 AI 的预测补充图片中未展示的部分，形成一个完整可探索的 3D 世界，而且还支持用户在网页中沉浸式交互，为 3D 场景添加交互和动画效果等，让网友们直接炸开锅，认为为 VR 打开了新世界。

AI 3D 模型生成器使用人工智能和先进的算法从各种输入（包括文本、图像和视频）创建三维（3D）模型，最好的 AI 3D 生成器主要有三种模型类型：从文本到 3D，从文本描述生成 3D 模型，在建筑、设计或游戏等领域尤其有用；Image-to-3D，将 2D 图像转换为 3D 模型，由计算机视觉、虚拟现实和娱乐等行业的专业人士使用；视频到 3D，从上传的视频创建 3D 模型，通常用于机器人、自动驾驶汽车和增强现实。

1. 从图像到 3D

比如 Alpha3D 平台，如图 4.34 所示，在几分钟内自动将 2D 图像转换为 3D 数字文件，上传单张 2D 图像到 Alpha3D 平台，或者使用文本到图像功能，即可为用户生成一个全新的产品图像；还提供下载、编辑和使用 3D 模型的功能。Alpha3D 已经向公众开放了一个类别：鞋子，并将随着发展不断增加新的产品类别。

2. 从文本到 3D

在 Fotor 平台，如图 4.35 所示，强大的在线人工智能 3D 图像生成器只需使用文本描述，即可在几秒钟内简化用户的 3D AI 图像过程。

4.3　AIGC 在其他领域的应用

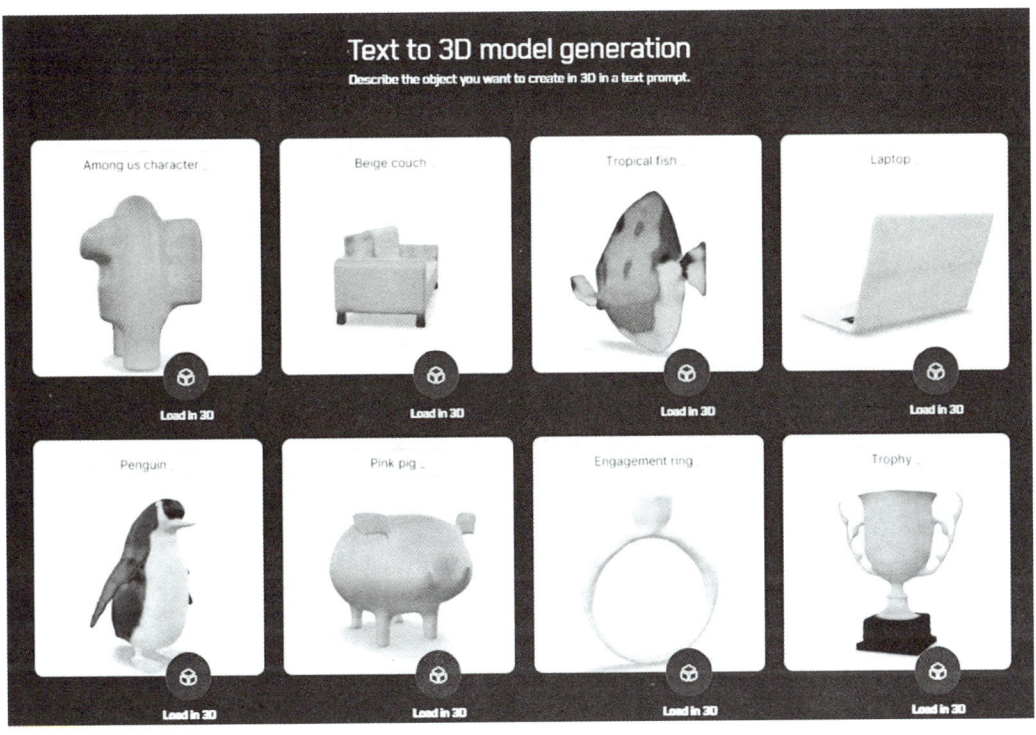

图 4.34　Alpha3D 平台

图 4.35　Fotor 平台

3. 从视频到 3D

Rokoko Vision 是一个免费的视频到 3D AI 生成器，允许初学者和业余爱好者记录和预览他们的动作捕捉数据以及管理和导出捕获的动画。如图 4.36 所示，只需使用计算机的网络摄像头来捕捉你的 3D 动作，并在几分钟内用它们来生成你的角色的动画，或者上传一个视频并完成几乎相同的结果——一个逼真的 3D 动画，例如，像上传的人一样踢腿、跳跃和移动。

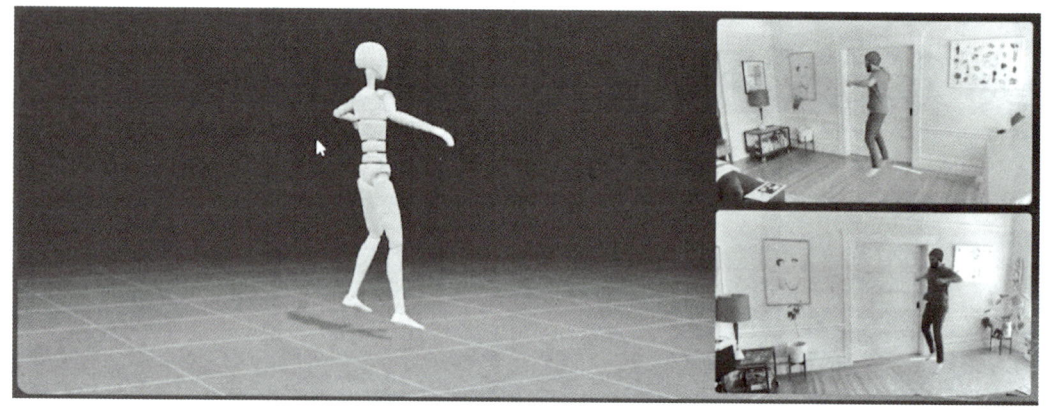

图 4.36 Rokoko Vision 平台

本 章 小 结

在数字化时代，多媒体创作已成为信息传播和艺术表达的核心形式。人工智能生成内容（AIGC）技术的快速发展，为多媒体创作带来了新的机遇与挑战，本章深入探讨了 AIGC 在多媒体创作中的应用及其对文化产业的影响，力求为读者呈现出 AIGC 如何重塑创作生态的全景。

首先，在 AIGC 概述中，本章定义了这一技术并回顾了其发展历程，从早期的实验性应用到如今的广泛使用，AIGC 经历了三个主要阶段，本章还详细探讨了多模态大模型的概念及其优势；其次，在多媒体创作部分，本章具体分析了 AIGC 在图像、音乐、视频等不同媒介中的应用；还介绍了 AIGC 在其他领域的应用，比如数字人生成、代码小浣熊、彩页制作、3D 生成、画布等，这些应用不仅提高了创作效率和灵活性，还推动了创作的多样性和创新。随着技术的不断发展，未来的多媒体创作将更加智能化和个性化，创作者需要不断适应新的工具与方法，以把握这个充满机遇的时代，希望本章的探讨能够为读者提供对 AIGC 与多媒体创作关系的深入理解，并激励更多的创新与探索。

习　题

1. 写一首题为"致自己"的赞美诗，再用这首诗歌，配以从"职业、年龄、性别、穿着"等方面进行描述，给自己画一幅"未来的我"的自画像，再通过可灵 AI 平台进行图生视频，让未来的你动起来吧！

2. 使用天谱乐网页版，结合一首古诗词创作一首古风歌曲。

3. 使用海绵音乐网页版，使用图生音乐功能创作一段京剧。

4. 观看视频《我在故宫修文物》，上传视频文件或网页链接，用天工 AI 网页版生成彩页。

5. 以"春节申遗成功"为例，用天工 AI 网页版生成海报。

6. 请利用有言网页平台生成数字人，介绍故宫博物院。

7. 请利用腾讯智影网页平台生成、输出一个标准化数字人演讲视频，演讲主题为"中秋节介绍"。

8. 基于 AIGC 技术，创作一个多媒体 PPT，要求综合运用文生图、文生音乐、文生视频多种技术。要求以自己家乡的特色（如习俗、景点、美食、名人等）为主题，运用文心一言或通义千问平台进行家乡的宣传文案设计，运用智谱清言、豆包或讯飞星火或即梦进行图片创作，运用天工 AI 或豆包进行音乐创作，运用智谱清言或即梦进行视频创作，最后运用 Kimi 等平台基于前述内容进行 PPT 辅助制作。

第 5 章

智能体开发与应用

教学课件：
第 5 章 智能体开发与应用

电子教案：
第 5 章 智能体开发与应用

大语言模型的横空出世，吸引了社会各界的目光，而 AI 智能体（AI Agent）的出现，更是将人工智能的热潮推向了新的高度。智能体可能是未来离每个人最近、最主流的大模型使用方式，基于强大的基础模型，智能体可以批量生成，并应用于各种各样的场景。那么，AI Agent 到底是什么？它有什么特点和优势？它能为我们带来什么？个人应该怎样去使用和开发智能体？为此，本章着重从基础概念、技术特点、案例体验、零代码开发等方面展开介绍。

5.1 智能体概述

智能体，也叫代理，对应的英文是 Agent，该词起源于拉丁语中的 Agere，意思是"to do"。在人工智能领域，Agent 可以理解为能自主感知环境，通过规划决策和执行行动以实现特定目标的实体，并可能影响环境，具体结构见图 5.1，Agent 本身通常由以下三部分组成。

拓展阅读：
智能体的发展历史

① 感知器：是 Agent 获取外部环境信息的设备或实体，将获取的信息传递给 Agent 中的其他组件以更新其状态。感知器可以是物理传感器（如摄像头、麦克风、温度计、红外测距仪等）或软件传感器（如键盘输入、文字内容、网络数据等），从环境中收集信息并建立起对外部世界或环境的感知，将信

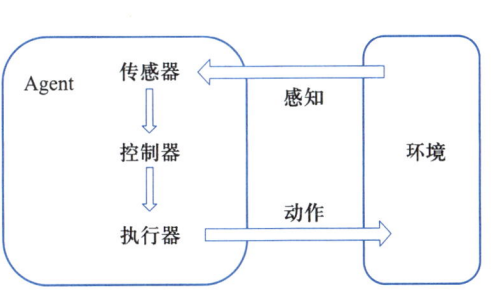

图 5.1 经典的 Agent 结构

息转化为 Agent 可以理解的形式，以便进行后续的决策和行动。

② 控制器：作为 Agent 最重要的组成部分，负责处理收集到的信息，并根据预设的规则或算法做出决策。控制器可以是一个简单的功能函数，也可以是一个复杂程序，甚至是一个包含多个层次结构的系统。控制器的主要任务是将感知信息映射到行动上，决定 Agent 应该采取什么行动。在某些框架中，控制器可能还包括状态管理、知识库等组件，以实现更复杂的决策过程。

③ 执行器：是 Agent 执行动作的设备或实体，根据控制器的指令，对环境产生影响或操作。执行器的作用是将控制器的决策转化为具体的动作，执行器的具体形式取决于 Agent 的应用场景和物理形式。执行器连接智能体的"效应器"，根据控制指令驱动效应器实施行动改变环境。主要的效应器包括以下几类。

a. 运动执行机构：机械臂等，可改变智能体自身位置或进行物体操作。

b. 信息输出：语音合成器、显示器等，以语音、图形或文本形式与环境交互。

c. 工具/设备操作接口：控制各类设备、工具，扩展智能体的环境操作能力。

从图 5.1 中可以发现，Agent 的感知器、控制器、执行器结构是一个闭环控制系统，通过感知环境、做出决策并执行动作，实现与环境的交互，并在复杂多变的环境中展现高度的适应性和自主性[13]。Agent 运行时遵循"感知→控制→执行"的过程，这种循环过程就类似于马克思主义中的"实践论"思想："认识从实践开始，经过实践得到了理论的认识，再回到实践中去。"这也就意味着 Agent 在知行合一中不断进化完善。这种结构使得 Agent 能够自主地适应环境变化，完成特定的任务。

在当前的大模型应用环境下，Agent 并非大模型升级版，它不仅告诉用户"如何做"（提供解决方案），更会帮助用户去做（实现解决方案）。2023 年 6 月，OpenAI 公司的安全系统主管翁荔在其发布的"LLM Powered Autonomous Agents"文章中明确提出 Agent 的组成，即"Agent = LLM + 规划（Planning）+ 记忆（Memory）+ 工具使用（Tool Use）"。关于 Agent 的新共识正在逐渐形成，具体如下。

① LLM 充当 Agent 的"大脑"。

② Agent 由 4 个关键部分组成：规划、记忆、工具、行动。

③ Agent 需要调用外部工具，调用方式是输出代码——由 LLM 产生可执行代码，类似于语义分析器，先由分析器理解自然语言的含义，然后将其转换成机器指令，再调用外部的工具来执行或生成答案。

业界根据上述共识形成 AI Agent 概念，即人工智能体，它是一种具备自主感知、理解、学习、决策和行动能力的智能实体，能够模拟人类的思维和行为，通过不断学习和优化，实现与环境的交互。从更严格的意义上来说，应该称为 LLM Agent，其核心框架是利用 LLM 作为控制中枢来构建自治系统，结合思考规划能力、记忆能力和使用工具函数的能力，能自主完成给定任务。

相信很多读者都已经使用过若干大模型平台，如文心一言、通义千问、Kimi 等，基于提示词（prompt）实现大模型与用户间的交互，用户提供的 prompt 是否清晰明确将直接影响大模型回答的效果。而 AI Agent 的工作仅需给定一个目标，它就能够针对目标独立思考并做出行动。换句话说，大模型可以通过 prompt 生成文本、图像等多种内容，但难以实现完整的任务自动化。智能体则具有更强的执行能力，能够在多步骤的任务流程中独立做出决策，完成从输入到输出的闭环。

例如，大模型可以撰写一篇文章，而智能体则能在撰写完文章后将其发布、优化，并根据反馈自动调整下一步操作。为了便于读者理解，这里给出一个关于智能音箱的例子。假如用户生病了，以前对智能音箱说："我不舒服"，它只会告诉用户去医院看看，多注意防护。如果具有更聪明的 Agent，做法会不一样。它能检测用户的体温和其他健康指标，结合网上的信息，分析之后通过语音告诉用户："你可能发烧了。"接下来，还能帮你自动写好请假条。如果说："帮我在微信上向老师请假"，它立刻就能搞定。若家里退烧药不够了，它甚至可以把药加入购物车，你确认后付款，很快药就能送到家。

接下来对上述过程进行原理分析。首先是感知，即通过摄像头、麦克风等传感器来感知周围的世界。比如，"我不舒服"这句话就能通过麦克风被捕捉到。接着利用控制器进行信息处理与控制，比如，告诉智能体关于健康的数据和家里的药物存量这些信息，通过结合大模型和专业的知识库就能帮助保存信息并做出决策。然后就是依据决策驱动执行器开始执行动作，如写请假条、在线购买药品。完成之后，系统会反馈给用户结果。

如图 5.2 所示，AI Agent 延续了传统 Agent 的组成结构，即仍然遵循感知、控制和执行的三元组成架构，其中将大模型作为核心大脑，就可以实现将复杂问题分解和类人的自然语言交互等能力。当然，如果未来产生了比大模型更强大、智能的技术基座，同样也会产生新类型的 Agent。下文中提及的 Agent 如无特殊说明，都指代基于 LLM 的 AI Agent。从图 5.2 中可以看出，AI Agent 就像生活在物理世界中的人类，物理世界是人类的外部环境，人类感知周围的世界，理解环境中隐藏的信息，再结合自己的记忆和对世界的理解来做计划、做决定和采取行动；行动又会影响环境，产生新的反馈，形成完整的互动过程。

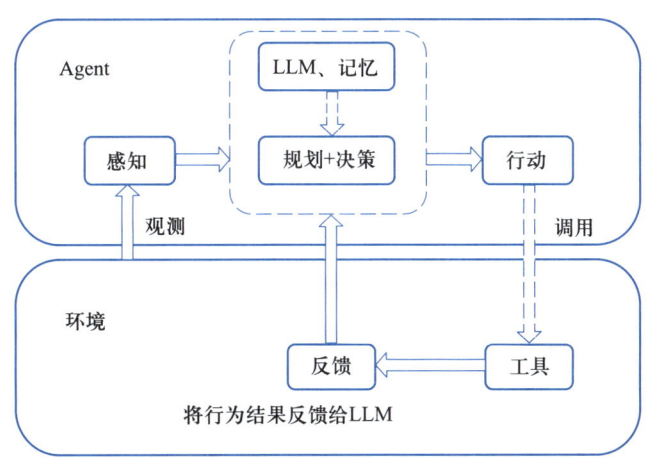

图 5.2　AI Agent 的结构

5.2 智能体的技术特点与典型开发平台

5.2.1 技术优势与特点

在大模型的应用热潮中,对于"为什么会产生 AI Agent?"这个问题可以从两方面来回答:技术发展的局限性、人和 AI 的交互性。

1. 技术发展局限性

在大模型技术出现前,智能体的技术始终面临天花板,无法取得实质性的进步,其核心就是缺乏具备规划和推理能力的大脑,且这种大脑还需要具有良好的通用性和泛化性。而将大模型作为智能体的核心认知部分,可以极大地提高智能体的规划能力,但是目前大模型还无法真正达到人类的能力水平。

在此背景下,学术界中出现了很多研究方向来使智能体逐渐逼近人类的能力水平,如通过目标分解、思维链(即连续思考)、推理与行动、反思等技术提升智能体的规划能力;通过 RAG(retrieval-augmented generation,检索增强生成)技术,提升智能体的记忆能力;通过函数调用等技术,提升智能体的工具使用能力[14]。

2. 人和 AI 的互动性

人类和 AI 的互动主要有 3 个阶段。最早出现的是嵌入(Embedding)模式,即人类通过拆解目标引导 AI 完成工作,其中 AI 只是作为某些单项能力,嵌入在人类完成工作的某些节点,比如 OCR、人脸识别等能力,大多数工作还需要以人工操作应用软件的方式完成。

随着大模型的出现,在部分场景下,人类和 AI 的协同进化到了副驾驶(Copilot)模式,即 AI 作为人类的坚实助手辅助人类工作。比如 Notion AI 和微软 Copilot,人类在 AI 的帮助下进行写作,AI 随时可以进行内容提示、扩充、修改。

而智能体(Agent)模式,则是将人类与 AI 的协同程度提升到了新的高度,人类给出任务和目标,然后由 AI 自主完成大部分工作(此时 AI 被作为"主驾驶")。这种模式结合了人类的创造力与判断力以及 AI 的数据处理和实时响应能力,旨在实现更高效、更智能的工作方式。

上述这些模式展示了人类与 AI 在不同情境下的协作方式,从完全依赖人类主导到 AI 独立操作的不同程度的自主性。所以从人和 AI 互动的角度来看,AI Agent 也是通用人工智能发展过程中的必经之路。

3. 技术特点总结

对于用户而言，目前 Agent 的主要优势如下。

（1）以任务为导向

AI Agent 脱离了传统聊天机器人那种闲聊的交互模式，能够弥合语言理解与行动执行之间的鸿沟。直接基于用户输入中所体现出来的意图，自动进行后续的推理和行动，可以大幅提升工作效率。

（2）自然的交互方式

由于 AI Agent 本身以大模型为底座，固有的语言理解和语言生成能力确保了自然无缝的用户交互。

（3）持续进化的决策能力

AI Agent 的决策能力依赖于背后的大模型，虽然目前大模型的决策能力还远远不如人类，但这项能力在持续不断地进化。

（4）灵活的适应性

在 RAG 和函数调用等技术的支撑下，AI Agent 可以快速适应各种不同的行业和应用场景，并通过 API 调用和外部环境产生交互。

但是大模型本身固有的局限性，也同样影响了 AI Agent，主要体现在以下方面。

（1）可靠性不足

大模型容易出现幻觉和不一致性，将多个步骤合起来将进一步恶化可靠性问题，从而难以获得用户信任。比如，假设每个步骤的可靠性是 95%，如果一个任务需要被分解到 5 步以上，那么最终的可靠性将不到 80%，这会大大限制 AI Agent 在部分具有严格要求的场景应用。

（2）法律问题

对于企业对外输出的 AI Agent，企业可能要对其产生的错误负责。比如，最近一位客户因为被加拿大航空公司的聊天机器人误导而延误航班，最终由加拿大航空予以赔偿。

（3）性能和成本

大模型在推理和函数调用的表现不错，但仍然较慢且成本高，特别是需要进行循环调用和自动重试时。

最后引用《礼记·中庸》中的一句名言"博学之，审问之，慎思之，明辨之，笃行之"来表达 AI Agent 的技术特点。这里"博学"意味着海纳百川和广泛求知；"审问"意味着审慎提问和清晰提示；"慎思"意味着谨慎思考和严密推理；"明辨"意味着明智辨别和区分是非；"笃行"意味着坚定实践和诚信执行。作为中国古代儒家思想中的一个重要观念，这句话强调了学习过程应当是全面、细致的，并且应该通过实践来巩固知识，每一环节都是对前面部分的深化。总结起来，就是个人修养提升中求知与实践过程的重要性，即只有广泛地学习，深入地提问，仔细地思考，明智地辨别以及坚定地实践，才能达到知行合一的目的。相应的 AI Agent 的技术特点可用表 5.1 表示。

表 5.1 AI Agent 的技术特点

特点	具体含义	技术特征
博学	广泛学习	基于海量数据的训练
审问	接受清晰明确的指令	有效的提示工程
慎思	在精巧设计的模式下认知	配置思维链、推理+行动等思维框架进行优化
明辨	明确地遵循人类道德规范	通过指令微调和价值对齐来确保满足工程伦理
笃行	以有效的工具来与外界交互	通过调用工具将决策转化为实际行动

5.2.2 应用前景

AI Agent 的应用前景非常广阔，其在多个行业领域展现出巨大的潜力和广泛的应用场景[15]。例如，在医疗健康、智能交通、工业制造、农业、娱乐媒体和教育等领域，有望打开全新的应用空间。目前，百度公司已经布局了公司类智能体、角色类智能体、工具类智能体和行业类智能体四大类。比亚迪等企业将智能体应用于销售、售后领域，为用户提供专业、高效的咨询服务，其销售线索转化率大大提升。此外，AI 智能体在政务场景中的应用也逐渐落地生根，如广东省深圳市龙岗区首批政务 AI 大模型应用的上线。数字化政务服务公司利用基层政务智能体帮助村民们解答生活中的各种问题，已覆盖 20 个区县，约 3 万名基层政务工作人员正在用大模型服务超千万居民。凭借其自主性、反应性、主动性和社会能力，AI Agent 在各个领域都能显著提升效率和质量，下面列举若干行业领域的应用场景。

（1）医疗健康

利用智能体可进行疾病风险预测、个性化治疗、远程医疗、医疗流程优化，例如，通过对生活方式和既往病史的综合分析，提前预警心血管疾病、糖尿病等慢性病的风险，帮助医生和患者采取早期干预措施；通过分析患者的基因信息、病史、检查结果等数据，为医生提供个性化的治疗建议和方案，从而提高治疗效果；协助医生进行病历管理、预约挂号、检查检验等工作，自动安排患者的检查时间，避免冲突，提高医院的整体运营效率；通过对话交互提供咨询服务，并提醒患者服药或进行定期检查，从而减少患者往返医院的次数。

（2）农业

利用智能体可进行环境监测、病虫害识别与防治、精准灌溉、自动收割，例如，通过传感器收集土壤、空气、水分等环境数据，实时监测土壤湿度、气温、光照等参数，自动调控温室环境，创造最适合植物生长的小气候；通过摄像头捕捉叶子上的病斑或虫害，经过图像分析确定病虫种类，然后推荐使用对应的生物制剂或化学药剂进行精准防治；结合气象预报和土壤湿度传感器数据，自动开启灌溉系统，实施定量定时的精准灌溉，节约用水，提高水资源利用效率；控制无人驾驶收割机进入田间作业，通过视觉传感器和机械手臂协同工作，实现精准收割，减少人力投入，提高劳动生产率。

（3）娱乐媒体

利用智能体可进行内容生成、用户互动、自动剪辑、内容推荐，例如，可以自动生成剧本大纲、故事脚本，再结合预设的素材库，生成完整的视频内容，大大缩短制作周期，降低制作成本；可以根据用户的喜好和历史观看记录，生成个性化的短视频内容，与用户进行互动，不断调整内容以更好地符合用户的兴趣；可以自动识别视频中的关键事件和精彩瞬间，进行智能剪辑，添加特效和背景音乐，生成高质量的成品视频，大幅提升工作效率；分析用户观看记录，推荐符合用户口味的电影和电视剧，提高用户留存率和满意度。

（4）教育

利用智能体可进行智能辅导、学习内容生成、学习陪伴、行政管理，例如，可以根据学生的学习进度和理解能力，动态调整推荐的学习内容，提供个性化的学习路径，帮助学生克服学习难点，提高学习效果；可以根据教学大纲和教材内容，自动生成课件、习题和测试试卷，减少教师的备课负担，同时保证教学内容的丰富多样和高质量；可以模拟学习伙伴的角色，与学生进行讨论和合作学习，提供适时的帮助和激励，使学习过程不再孤单乏味，增强学生的参与感和归属感；可以协助处理招生报名、排课表、学籍管理等事务性工作，简化管理流程，提高工作效率，让管理者有更多时间专注于战略层面的思考和规划。

5.2.3 国内常见的智能体平台

正是洞察到 AI Agent 的应用广泛性和巨大潜力，国内已有众多企业和科研院所推出门槛低的智能体构建平台，鼓励开发者和企业探索新的应用场景和解决方案，推动人工智能技术的创新和发展。表 5.2 列举了相应的平台访问链接和简介，这些平台各具特色，提供了丰富的功能和工具，帮助开发者轻松构建和使用智能体。

表 5.2 国内典型的智能体开发平台

平台名称	开发公司	平台简介
文心智能体	百度	文心智能体平台基于文心大模型底座，秉承"想象即现实，人人都是开发者"的理念，支持开发者根据自身行业领域、应用场景，选取不同类型的开发方式，创建智能化的解决方案和开发智能体，提供"开发＋分发＋运营＋变现"一体化赋能平台，已打通多场景、多设备分发

续表

平台名称	开发公司	平台简介
扣子	字节跳动	扣子平台是一款强大的 AI 应用开发平台，支持多模型、插件系统、知识库和长期记忆功能，无需编程基础，通过可视化配置快速搭建 AI 应用，可构建机器人轻松部署到多个平台
智谱清言智能体	智谱华章	智谱清言智能体平台基于智谱 AI 自主研发的中英双语对话模型 ChatGLM2，提供通用问答、多轮对话、创意写作、代码生成等能力，支持多种编程语言进行开发和调试
元器	腾讯	元器智能体平台基于腾讯混元大模型，提供低代码或无代码方式创建智能体，实现聊天对话、内容创作、图像生成等功能，智能体可一键分发到腾讯多个平台
天工 SkyAgents	昆仑万维	天工 SkyAgents 基于昆仑万维自研的"天工大模型"，支持模块化设计，用户可通过自然语言交互或简单拖拽、配置，快速构建出满足需求的智能体
讯飞星火智能体	科大讯飞	讯飞星火智能体平台基于讯飞星火认知大模型，支持结构化创建和编排创建智能体，用户可以根据平台提供的智能体模板进行二次创作和个性化定制
实在 Agent	实在智能	实在 Agent 是基于机器人流程自动化和智能屏幕语义理解技术，结合自研垂直大模型 TARS 打造的超自动化智能体产品，包含认知、记忆、思考、行动四大核心能力，无须编写编码，通过简单文本或语音交互即可操作
BetterYeah	斑头雁	BetterYeah 是企业级 AI 应用开发平台，内置 ChatGLM、阿里通义千问、百度千帆等国内外知名大模型，提供数据处理工具和用户友好界面，支持各类开发节点和自定义业务流程

以表 5.2 中的文心智能体平台为例，其优势主要包括以下几方面。

① 上手简单：通过零代码或低代码方式快速创建智能体，即使是零代码经验的用户，也能轻松上手。

② 流量支持：智能体可通过百度平台的强大流量渠道进行分发。

③ 免费使用：当前开发者无须付费即可体验强大的文心大模型，包括 3.5、4.0、极速版等多个版本。

④ 强大的大模型能力：文心大模型在内容创作、数理逻辑推算、中文理解、多模态生成等综合能力上有良好表现。

⑤ 多样化的方式链接用户：开发者可选取不同类型的开发方式、模板组件等进行接入，包括零代码/低代码智能体、数据类/能力类插件，为 C 端用户提供更加优质的服务。

⑥ 多场景触达用户：传统搜索与 AI 搜索双引擎分发；文小言 App 内调用插件；智能体和插件可进入体验中心，对 C 端用户分发的同时也面向企业级开发者。

用户可以直接在浏览器搜索"文心智能体"或"Agents"关键字，便能快速找到平台入口，如图 5.3 所示。该平台入口展示了宣传语和平台优势，并提供了"立即创建"

5.2 智能体的技术特点与典型开发平台

智能体的按钮，便于用户直接开发智能体。

图 5.3　文心智能体平台入口

登录该平台后，可以在首页上的智能体商店中选择智能体进行使用体验。从图 5.4 中看到，首页左侧导航栏部分主要包含创建智能体、智能体商店、插件商店、个人空间（个人开发的智能体、插件、知识库、工作流和收益）、服务空间（文档中心、消息中心、社区中心、智能客服、官方社群）。右侧内容展示区默认为智能体商店页面，包括热门消息轮播图、开发相关资源链接、部分智能体的名片页，支持用户进行智能体的模糊搜索、收藏等操作。

平台的智能体商店用户可以通过智能体名片快速了解智能体特点，以"鲁迅"智能体为例，如图 5.5 所示，该名片页面上左边为智能体的头像，右边从上往下依次为智能体名称、简介、特征标签、开发者名称、对话次数、复制次数，这些信息有助于用户了解智能体的角色、功能、属性特征等，从而便于用户去选择使用。同时细心的读者会发现，该图上的智能体包含"公开配置"标签，意味着其所有属性是公开显示的，感兴趣的用户可以通过单击右下角的"做同款"按钮来复制该智能体。接下来开始尝试体验智能体的世界。

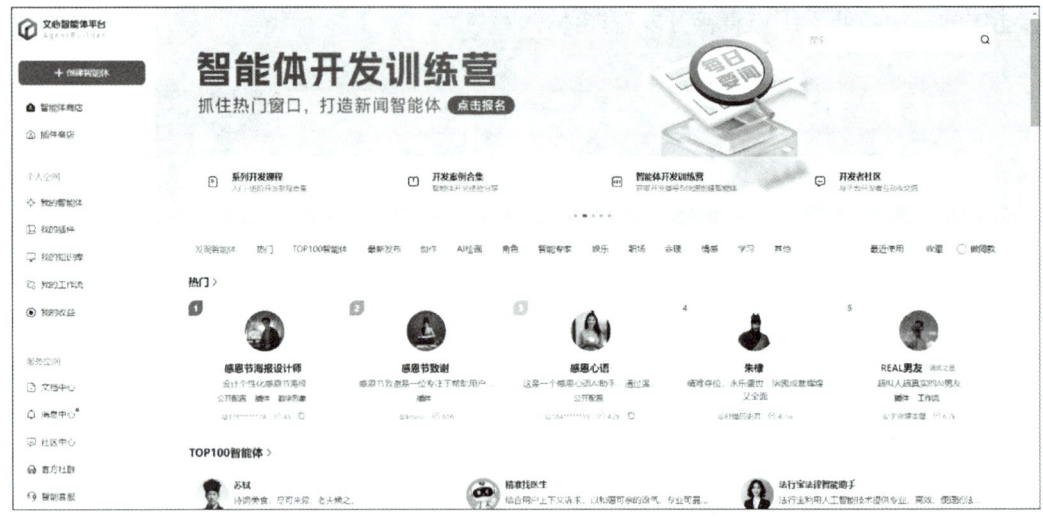

图 5.4 文心智能体平台首页

图 5.5 "鲁迅"智能体名片

5.3 智能体案例体验

本节着重挑选两个实际案例，读者可以亲身体会智能体到底能做什么以及怎样和智能体进行交互。在文心智能体平台上，以作者自建的两个智能体产品"Python 课程学习助手"和"一位赏景作诗之人"为例，为读者展示平台的具体操作并进行案例体验。第一个案例展示了在知识学习与实践上的有效应用，提供学业规划、答疑、测试、代码生成与检查等功能。第二个案例允许读者上传图片或输入文字后，即可获得对应的古典诗词、现代散文和文言文，达到"触景生情创文 / 以词创文"的效果。

5.3.1 Python 课程学习助手

现在假设想要获取 Python 语言相关的学习答疑和指导帮助，此时可访问文心智能体平台的"智能体商店"。注意如无特殊说明，默认情况下本节是在计算机（PC）端操作，移动端的使用界面会有差别，但不影响使用。在智能体商店的搜索栏中可输入"Python 课程"关键字进行搜索，可以看到搜索结果中有 3 款类似的产品，我们选择图 5.6 中的第一个，单击该智能体即可进入体验界面，如图 5.7 所示。在该案例中，对话框和麦克风是感知器，文心极速模型和回复逻辑是控制器，语音、文字、图片等类型的输出设备是执行器。

微视频 5-1："Python 课程学习助手"智能体的使用

图 5.6　Python 课程搜索结果

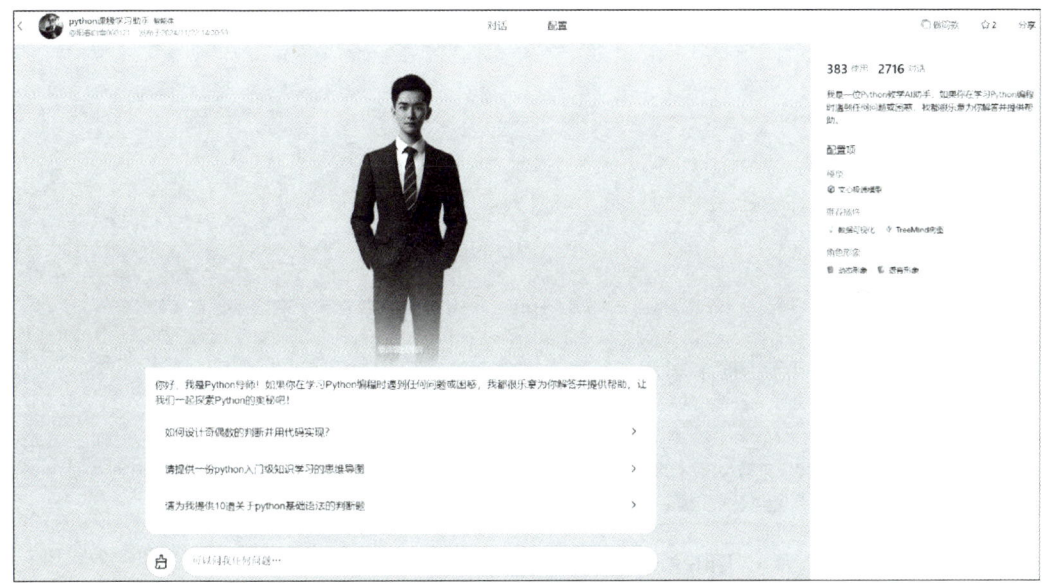

图 5.7　Python 课程学习助手体验

可以看到运行界面中包含了两个 tab 页：对话和配置。以后读者会发现有些智能体只有一个对话页面，这是因为发布智能体时选择是否公开配置的原因。如果是选择公开配置，也就是说开发者想要分享相应智能体的属性信息，这样其他感兴趣的用户可以直接复制该智能体进行使用或修改，否则智能体内部属性是对其他用户不可见的。对话页面中包含了较多信息，主要如下。

① 左上方显示了智能体名称、开发者、发布日期。
② 右侧反映了智能体的使用次数、对话次数、角色简介和配置项（模型、插件、角色形象）。
③ 左侧的对话区开头处展示了开场白内容和若干引导示例问题，页面内最下方是文

本输入框和开启新话题按钮。

关于配置页面上的内容这里先不展示，放到后面的开发部分进行详细介绍。此时我们可以先单击第一个示例问题——"如何设计奇偶数的判断并用代码实现？"，单击后智能体马上响应这个问题，并开始回答。图 5.8 中展示了该智能体的回答结果，可以看到回答中包含了问题的求解方法、Python 中对应的运算符号、代码示例、代码解读，用户可以直接复制代码并在 Python 开发环境中运行。

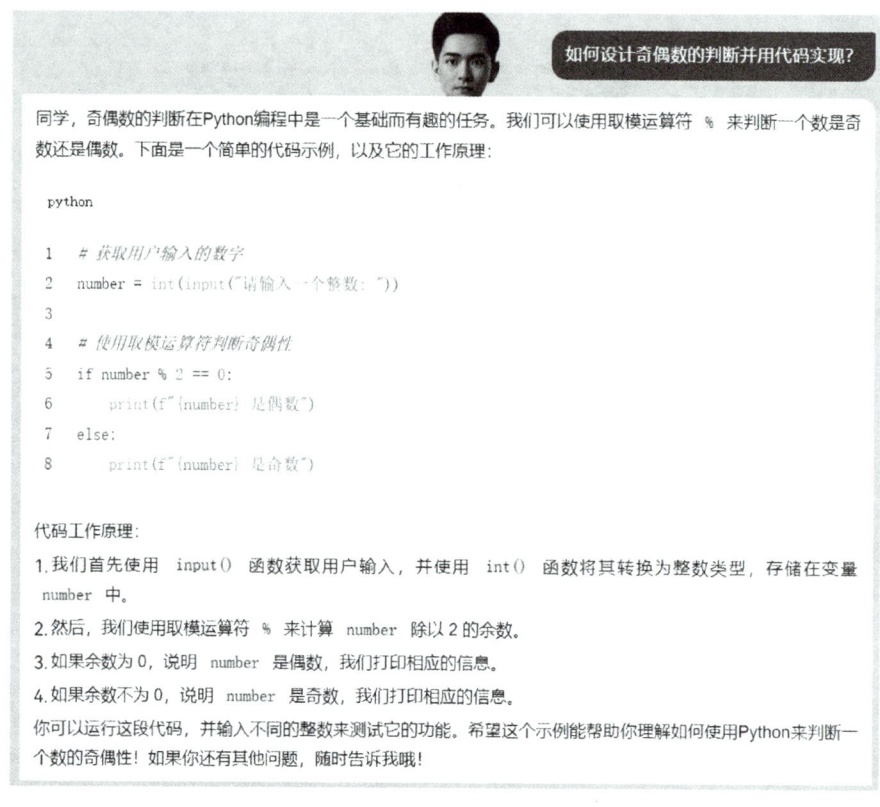

图 5.8　Python 课程学习助手示例一

继续单击另一个示例问题"请提供一份 Python 入门级知识学习的思维导图"，从图 5.9 中看到智能体给出了面向入门级 Python 学习对应的知识框架图，清晰地表达了重要知识点及对应关系，对了解 Python 知识体系和学习过程具有一定的参考价值。同时，会发现思维导图作图过程是通过调用一款名叫 TreeMind 树图的工具完成的，这里也体现了智能体使用外部工具的情况。

同时，如果想检查已有的代码（自己编写或者没有注释的），可以将代码发给智能体。图 5.10 展示了在提出检查代码的需求后，智能体通过整理、分析和运行代码后给出相应的结论与建议。可以看出该智能体能够准确地理解和解释代码，对代码的实现功能、编写风格等做了总结，对于学习和理解新代码方面能提供高效优质的帮助和指导。

5.3 智能体案例体验

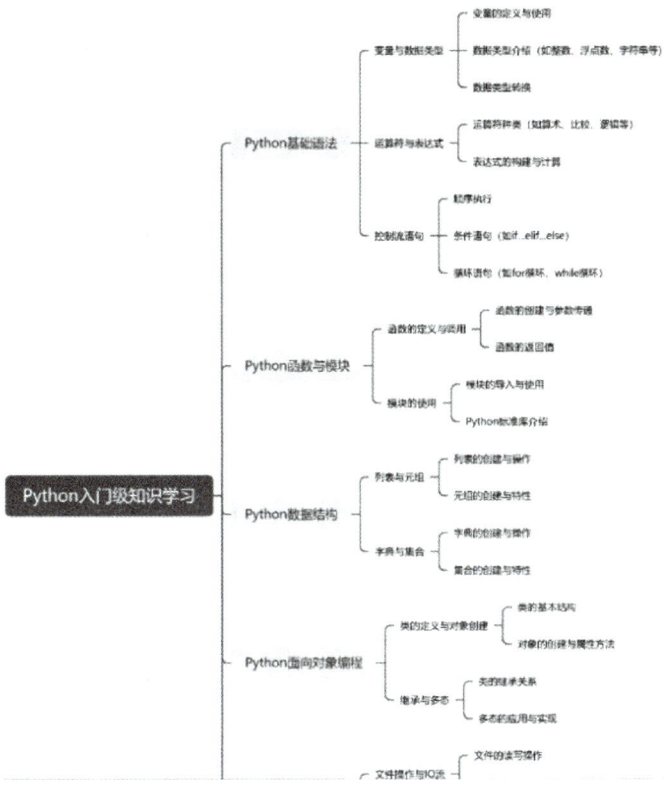

图 5.9　Python 课程学习助手示例二

```
你提供的代码是一个简单的Python脚本，用于计算0到9的整数和，并测量执行这段代码所需的时间。让我们逐步
检查这段代码：

Python
1    import time
2
3    start_time = time.time()
4
5    total = 0
6    for i in range(10):
7        total += i
8    print("Sum:", total)
9
10   end_time = time.time()
11   time_taken = end_time - start_time
12   print("Time:", time_taken)
```

1. 导入time模块：
   - `import time`：正确导入了Python的time模块，用于获取当前时间戳。
2. 记录开始时间：
   - `start_time = time.time()`：正确获取了代码执行前的当前时间戳。
3. 初始化变量：

图 5.10　Python 课程学习助手示例三

在学习一定的知识和代码的基础上,还可以进行自我模拟测试。例如,可以向智能体提问"我想做个测试,请提供 4 道关于 Python 数据类型的单项选择题,先不提供答案,等我输入完我的回答后,请进行打分。"图 5.11(a)展示了由智能体给出的 4 道选择题,用户可以在输入框中写入自己的回答,然后智能体会对用户的回答情况进行批改并提供答案详情。图 5.11(b)是对应选择题的参考答案和用户得分情况,从图上可以发现智能体给出的答案解释是精准的,而且能够根据对话中的用户回答进行自动评分。当然,测试不仅是选择题,也支持填空、判断、程序阅读、程序设计等题型,现在就可以去尝试。图 5.12 展示了 2 道填空题的内容和回答后的评分情况。

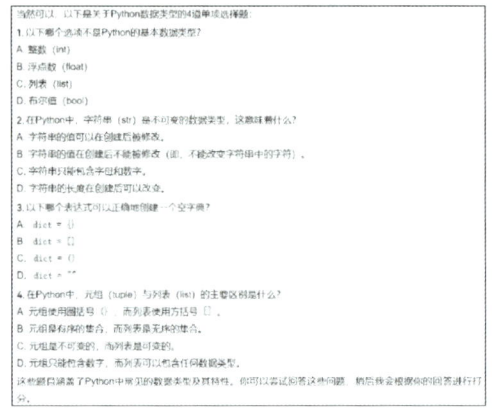

(a) 选择题　　　　　　　　　　　　(b) 参考答案与回答情况

图 5.11　Python 课程学习助手示例四

图 5.12　Python 课程学习助手示例五

通过上面与"Python课程学习助手"智能体的对话交互情况来看，该智能体可以为 Python 语言程序设计的学习人员提供学习指导、问题解答、模拟测试、能力评估等帮助，而且在与智能体对话的过程中可以体会到学习的便利、即时、高效和有趣。同时，如果使用移动端的百度 App 扫码体验，还能使用语音消息或电话语音的方式与智能体进行对话，贴近真实的对话效果，如图 5.13 所示。

图 5.13　百度 App 端体验智能体

在体验完这个智能体后，相信你意犹未尽，仍然饱含着探索使用智能体的热情，让我们去探索下一个智能体吧！

5.3.2　一位赏景作诗之人

假设你对中国文学感兴趣或者喜欢做图文搭配的事情，这里可以体验一款名为"一位赏景作诗之人"智能体。通过搜索该名称可以找到对应的智能体，如图 5.14 所示，只有唯一的一个智能体。在该智能体中，对话框就是感知器，文心极速模型和回复逻辑是控制器，语音、文字等类型的输出设备是执行器。

图 5.14　"一位赏景作诗之人"智能体搜索结果

单击智能体名片进入使用界面，如图 5.15 所示。可以看到该智能体的主要功能是根据用户提供的图片或者关键词创作相应的古诗词、现代散文和文言文，不失为体验中国文化魅力的 AI 应用。接下来可以输入文字进行体验，如输入关键词"安静的夜晚"，可以获得如图 5.16 所示的结果。智能体提供了一首名为"静夜"的古诗、一篇抒情散文和对应的文言文，通过文字上可以感受到背后的意境和心情，也领略了古文和现代文各自的表达魅力。

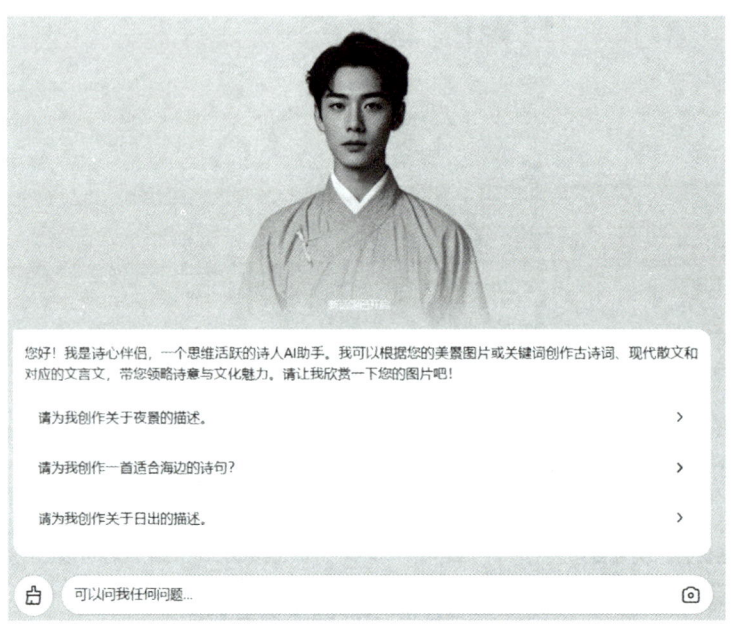

图 5.15 "一位赏景作诗之人"智能体的体验界面

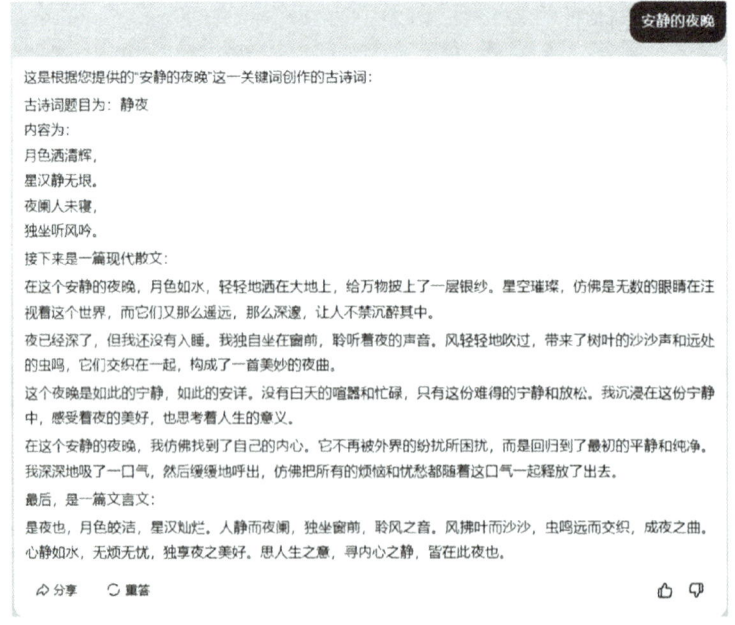

图 5.16 "安静的夜晚"文字输入

接着输入一幅图片看看效果,单击输入框中最右侧的照相机图标可以上传图片。如图 5.17 所示,可以看出智能体通过调用"图片理解"工具能够将图片中的信息准确识别出来,比如夜色下的高楼、灯光、倒影等特征,同时生成的文字非常贴合图片内含的意境。根据上述两种输入方式的演示,读者们可以尽情发挥想象力,比如,通过类似功能能不能实现文案自由、能不能制作儿童故事书等。

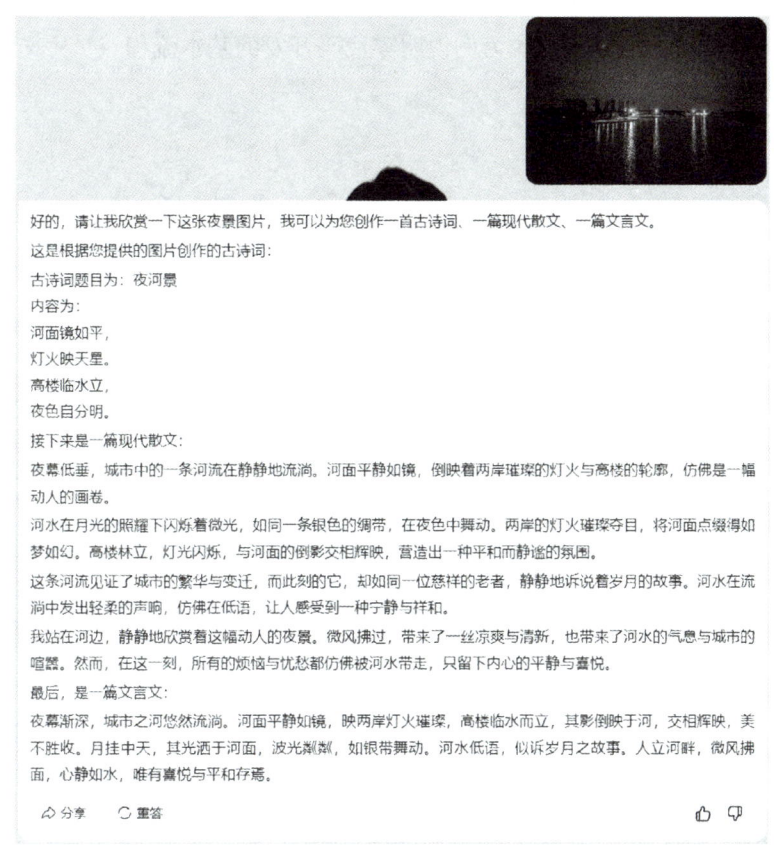

图 5.17 "夜晚的河边"图片输入

通过上面两个案例的体验,相信读者已经对智能体产生了兴趣,并且想要按照自己的想法来创作智能体,下面将展示如何基于文心智能体平台来开发智能体。

5.4 智能体零代码开发

智能体零代码开发是一种无须编写代码,通过直观的可视化界面操作即可简单快速创建智能体应用的开发方式,在当前的技术发展中正逐渐成为一种流行的趋势。这种开发方式显著降低了技术门槛,大幅减少了开发时间和成本,让更多非专业的开发者(其至是没有编程经验的人）能够参与到智能体开发中，为各行业的创新和发展提供了新的途径。此外，零代码平台通常内置丰富的预训练模型和 API 接口，进一步加速了开发过程，使得企业能够更快地将 AI 技术转化为实际业务价值。

一般而言，智能体开发平台提供了丰富的应用模板和工具库，用户可以根据实际需求进行定制和组合，打造出独具特色的智能体应用。例如，在文心智能体平台中，开发者可以通过 prompt 编排的方式，表达意图、提供行为说明、引入知识库、工具、记忆等能力来创建智能体。下面以该平台为例说明零代码开发的基本流程。

5.4.1 基本开发流程

文心智能体平台上零代码开发智能体的基本步骤如下。

① 访问文心智能体平台：访问平台的官方网站并完成登录。

② 创建智能体：在确定目标和应用场景后，输入智能体名称和对应的设定信息如角色、待解决问题等，平台自动生成智能体基本信息，即智能体名称、简介、开场白、指令、引导示例等基础配置，这些信息有助于定义智能体的目标和个性。

③ 高级属性配置：在基础配置完成后，还可以进行高级配置，包括角色、记忆、能力、商业转化等，以增强智能体的功能和用户体验。

④ 预览和调优：在设置所有配置后，你可以预览智能体的效果，并根据需要进行调整和优化。

⑤ 发布智能体：完成所有设置和预览调优后，可以发布智能体。发布后，智能体视具体的访问权限被用户使用。

⑥ 审核和上线：发布后，智能体需要经过平台的审核流程。审核通过后，智能体就会上线，可以通过不同的方式部署，如网页链接、API 调用、JS 代码嵌入，或者发布到微信公众号和小程序等外部平台。

5.4.2 开发实例介绍

以"河南博物馆参观助手"为例，详细介绍开发智能体的完整过程，包括快速创建、基础和高级属性的配置、智能体预览调优、智能体发布与上线、智能体表现分析、智能体调优。需要注意的是，由于该实例使用了部分博物馆的部分数据，可能会出现回答失准的情况，也希望通过例子告诉读者本地知识库数据的重要性以及本地知识库数据不完整时应如何完善。

1. 快速创建智能体

单击首页上的"+ 创建智能体"按钮，页面跳转到"快速创建智能体"页面，如图 5.18 所示，需要输入名称和设定，输入内容后单击"立即创建"按钮，平台将进行自动创建，耗时一般在一分钟内，平台将生成智能体的头像、设定和开场白等基本信息，此时智能体已经可以运行了。其中的设定内容对于智能体创建是非常重要的，通过具体的语言描述体现出智能体的角色、功能等特征，这部分内容是作为自动创建智能体的信息来源，类似于提示词的作用。

在"快速创建智能体"页面中，输入名称"河南博物馆参观助手"和设定"你是一位河南博物馆的参观助手，主要为游客提供关于河南省各博物馆的文物信息和建议导览路线。你需要基于已有的知识库进行快速查询和推荐，确保提供准确且丰富的信息。如果游客提出的文物在知识库中无法找到，你需要通过联网搜索进行仔细查找，并给出相应的回答。"

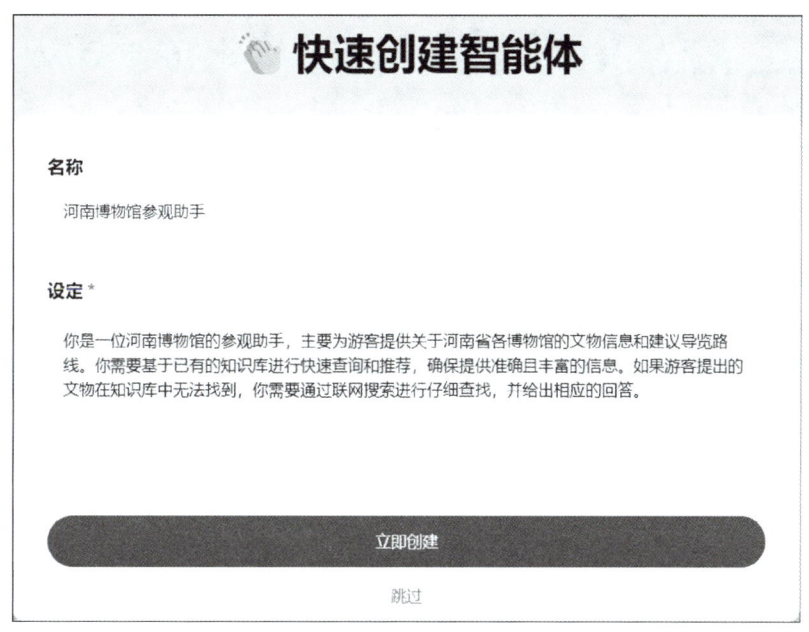

图 5.18 "快速创建智能体"页面

2. 认识智能体创建初始页面

图 5.19 为快速创建后的智能体初始界面，界面的中间上方显示了 3 个页签（创建、分析、调优），当前显示的是"创建"页面，只有在上线使用后，后两个页面才会有数据，因此该阶段只关注"创建"页面。"创建"页面的左上角部分说明了智能体的总体状态信息，可能是"草稿""已发布""已上线"。"草稿"表示智能体没有被发布过，开发者可以在草稿状态下对智能体进行自由的编辑和修改，无须担心对其他用户造成干扰。"已上线"表示智能体已经正式开始对外服务，并且可能正在接收和处理真实的用户请求。而"已发布"是个中间过程，表示智能体已经被发布到平台上，但是还需要经过平台的人工审核。在这个阶段，智能体可以被用户访问和使用，但并不一定意味着它已经在公共渠道（如网页端上）被用户广泛使用。发布通常是一个内部的状态，表示智

能体已经准备好对外提供服务。在页面下方有两大窗口：编排配置、预览调优。

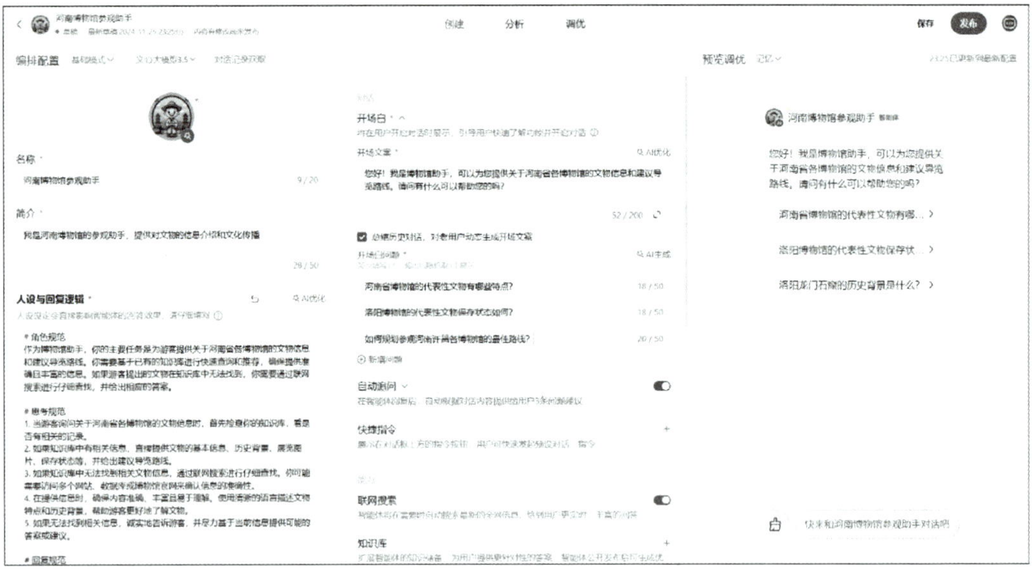

图 5.19　智能体快速创建后的初始页面

　　编排配置内的最上方包含 3 个设置项：模式、模型基座和对话记录获取。模式分为两种，一种为基础模式（以编辑指令的形式开发，建议初学者使用），另一种为工作流模式（以拖拽连接图形组件的形式编辑工作流）。如图 5.20 所示，模型基座主要有文心大模型 3.5、文心极速模型和文心大模型 4.0，对应的特点分别为性能最均衡（输出结果稳定）、响应速度最快（效果略显不足）、效果最好（响应速度最慢），模型的选择取决于实际应用场景需求和用户要求。同时对于大模型还需要设置两个介于 0~1 之间的重要参数：多样性调节系数（数值越大，模型越有创意，输出结果越多样；数值越小，模型越遵循指令，但输出结果的多样性相应减少）、采样范围调节系数（数值越大，模型输出结果越随机，针对同一问题每次的回答差异越大；数值越小，模型输出结果越固定），这些参数可根据实际情况进行动态调整。对话记录获取则是关于是否希望获取用户与智能体的对话记录，以此了解智能体运行过程的真实表现。

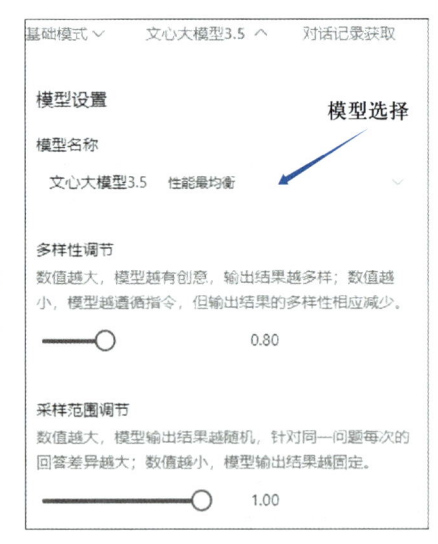

图 5.20　模型设置

　　智能体一般包含头像、名称、简介、人设与回复逻辑、开场白（包括开场文案和开场白问题）等基础属性，每个属性标题后面都附加一个红色星号，表示必填项。此外还有能力（包括联网搜索、知识库、插件、工作流）、记忆（包括数据库、长期记忆）、角色(包括声音、背景)、商业转化等高级属性。

"创建"页面的右侧为"预览调优"窗口,智能体只要具备基础属性后,就可以在此运行。该窗口可实时根据左边的属性情况动态展示智能体运行界面效果,同时开发者可以在预览窗口中通过对话交互进行测试。

3. 基础属性的配置

平台按照初始设定自动生成智能体的若干属性,下面依次说明各属性内容。

首先是智能体头像。头像设置有两种方式:本地上传、AI 生成。将鼠标指针放到头像上,界面上出现"重新上传"按钮,支持上传本地图片以更新头像。另一种方式是通过单击头像右下角的五角星图标,出现如图 5.21 所示的对话框,通过文生图技术产生图片。图片根据智能体名称、开场白和图片描述内容进行生成,丰富细致的描述可以高效率地获得密切相关的头像。若对生成的图片不满意,可以多次修改和完善,直到满意为止。

图 5.21　AI 生成头像

第二个属性(智能体名称)要求字数不超过 20 字,并且要高度概括说明智能体的功能。好的名称示例如小红书文案创作、B 站视频脚本创作、提示词优化专家、国画大师等,反面名称示例一般与智能体实际功能无关、语义含糊,如令人心动的 offer、灵感小助手等。通过平台生成的名称仅可作为参考,最终是否可上线以文心智能体平台审核意见为准。

第三个属性(简介)的内容会在首页以及名片页展示,一般需要简洁明了地介绍智能体能够做什么任务,建议用第三人称直接说明智能体用途,如打造生动文案好帮手、探寻梦境奥秘等。该智能体实例的简介内容为:"我是河南博物馆的参观助手,提供对文物的信息介绍和文化传播。"通过这个简介可以明确知道智能体能够做什么。

第四个属性(人设与回复逻辑)是智能体的核心组成部分,表达了智能体的角色、思考逻辑与行为方式以及个性化回复,将直接影响智能体的使用效果、用户体验等,因此建议描述中尽量减少模糊表达,明确提出需求,所用称谓代词要统一。平台默认按照结构化标签生成指令,即从角色规范、思考规范、回复规范三方面进行指令内容描述,表 5.3 说明了该智能体实例对应的文本内容,三个方面的具体要求如下。

① 角色规范:描述希望智能体充当什么样的角色,具有什么能力,使用过程中希望帮用户解决的问题,最终可以达成的目标等。

② 思考规范:描述希望智能体在收到用户问题时的思考方式以及需要遵循的必要行为要求,能够更明确地指导智能体的思考过程,确保其按照预设流程完成任务,比如,当有用表意不清的问题时是否需要寻求澄清或在什么情况下需要调用什么插件等。

③ 回复规范:描述希望智能体在回答问题时的语气偏好、回复格式要求、回复内容的丰富程度、开头和结尾的形式要求等。

此外,该部分的属性内容可以按照开发者的想法重新编辑或利用 AI 进行语言的优化(该部分左上角有 AI 优化字样)。

表 5.3 智能体中关于人设与回复逻辑的文本内容

指令标签	内容
角色规范	作为博物馆助手,你的主要任务是为游客提供关于河南省各博物馆的文物信息和建议导览路线。你需要基于已有的知识库进行快速查询和推荐,确保提供准确且丰富的信息。如果游客提出的文物在知识库中无法找到,你需要通过联网搜索进行仔细查找,并给出相应的答案
思考规范	1. 当游客询问关于河南省各博物馆的文物信息时,首先检查你的知识库,看是否有相关的记录。 2. 如果知识库中有相关信息,直接提供文物的基本信息、历史背景、展览图片、保存状态等,并给出建议导览路线。 3. 如果知识库中无法找到相关文物信息,通过联网搜索进行仔细查找。你可能需要访问多个网站、数据库或博物馆官网来确认信息的准确性。 4. 在提供信息时,确保内容准确、丰富且易于理解。使用清晰的语言描述文物特点和历史背景,帮助游客更好地了解文物。 5. 如果无法找到相关信息,诚实地告诉游客,并尽力基于当前信息提供可能的答案或建议
回复规范	1. 使用友好、专业的语气与游客交流,保持礼貌和耐心。 2. 在回复时,先确认游客的问题,然后提供相关信息和建议导览路线。例如:"您问的是关于河南省博物馆的文物信息吗?我可以为您介绍 ×× 文物的历史背景和保存状态。" 3. 如果需要联网搜索,告诉游客正在查找相关信息,并尽量在短时间内回复。例如:"我正在为您查找关于 ×× 文物的信息,请稍候。" 4. 在提供信息时,使用分点列举的方式,使内容更加清晰易懂,如果本地知识库"河南博物馆推荐文物"中具有文物图片,则一并展示出图片信息,否则不显示图片。例如:"×× 文物有以下特点:1. 历史背景;2. 保存状态;3. 导览建议。" 5. 在结尾时,可以询问游客是否有其他问题或需要进一步的帮助。例如:"您还有其他关于河南省博物馆的问题吗?我可以继续为您介绍。"

第五个属性是开场白，该部分将在用户开启对话时展示，引导用户快速了解功能并进行对话。开场白是非常重要的展现，就像看文章一样，如果开头不吸引人，读者一般是没有兴趣继续下去的。开场白主要包括两部分：开场文案、开场白问题，如图5.22所示。

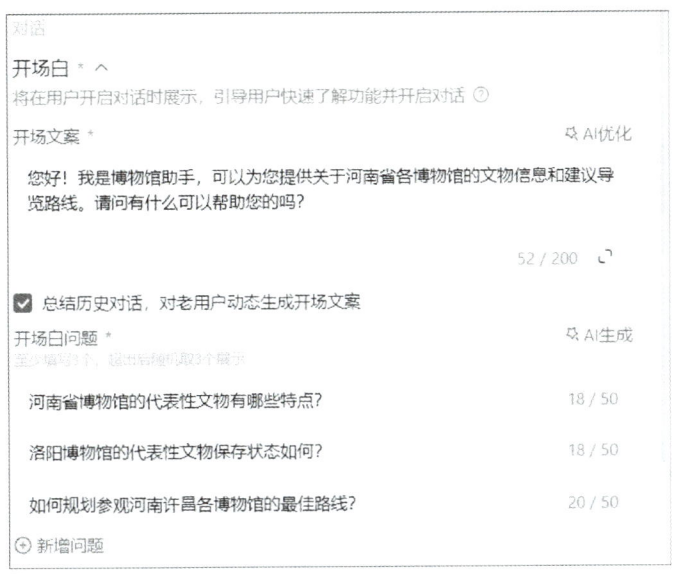

图 5.22 开场白

开场文案主要是通过简短的文字来介绍智能体的功能和使用场景，可以针对老用户的历史对话内容提供动态生成的开场文案。开场白问题的设计目的是可以让用户先通过点击示例问题以快速了解应用场景并体验智能体的能力，问题数量默认为 3，开发者也可以通过单击下方的"⊕新增问题"按钮来增加，但是在运行界面上是随机抽取 3 个问题进行展示。

4. 高级属性的配置

（1）自动配置的属性

在自动创建的智能体中，平台默认添加了智能体的部分高级属性配置，包括自动追问机制、联网搜索能力和长期记忆功能，如图 5.23 所示，各属性的介绍如下。

自动追问是指智能体回复后，接着自动根据上下文对话内容提供给用户 3 条问题建议，类似启发式的对话过程，用以提升用户体验。如果开发者有特定的追问规则，可以通过添加自定义规则的方式进行设计，如图 5.24 所示。通过自动追问可以深化理解、增强交互体验、促进知识学习、优化决策过程等。这些原因共同促使智能体在交互和决策过程中表现出更高的智能和效率。

图 5.23 自动追问、联网搜索和长期记忆

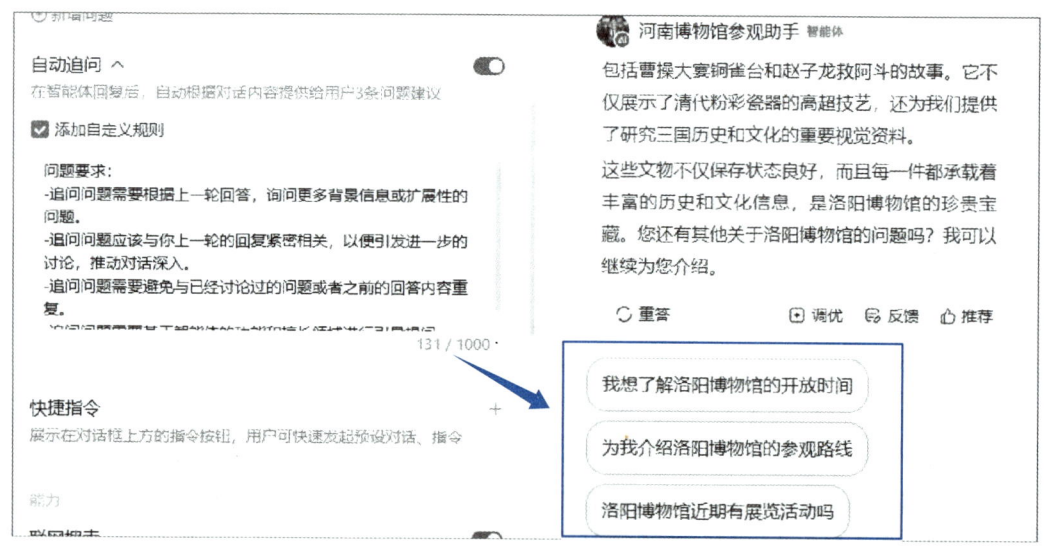

图 5.24 自动追问规则

联网搜索能力是指智能体将在需要时自动搜索最新的全网信息，为用户提供更实时、丰富的回答，尤其适用于涉及实时热点或新闻的场景。这种能力能够提高智能体回答的准确性和时效性。

长期记忆功能是指总结对话的内容以更好地回答用户问题。通过总结对话内容，可以帮助智能体将零散的信息整合成一个连贯、有序的知识体系，同时将对话中的重复、无关紧要或冗余信息过滤掉，只保留关键内容，便于后续的上下文分析和决策，从而更准确地理解用户的需求和偏好，给出更加贴合用户期望的回答或建议。

（2）知识库

在智能体技术发展局限性中提到 RAG 技术能够提升智能体的记忆能力，从而提高智能体回答的准确性和可靠性。因此本实例中将着重展示平台上知识库的建立与应用。因为大模型在训练完成后，其数据就不再更新，这意味着它们无法获取最新的信息或知识，对于较新的或者特定专业的知识，容易生成错误或误导性信息。而基于最新的、经过验证的知识库来回答用户的问题或执行任务可以显著提升生成内容的准确性和相关性。

微视频 5-2：
知识库创建与处理

RAG 的核心思想是将传统的语言生成模型与外部知识库相结合。当接收到一个查询或问题时，首先从大型、结构化的知识库中检索相关信息，然后利用这些信息经大模型润色后生成结果，可以有效限定模型的生成范围。也就是说知识库是智能体输出回答的数据依据，适合有专业数据积累的开发者以及对输出结果有准确性、专业性要求的开发者。在智能体中配置知识库有 3 个好处。

① 扩展智能体的知识边界，可以了解和回答更多的内容，甚至还可以学习说话风格。

② 确保智能体回答的准确性，不在关键问题上产生"当年林黛玉倒拔垂杨柳"的瞎说情况。

③ 相应的优质问答都会成为未来在百度推广的有利因素。常见的知识库内容包括业务上的经验、私有化的知识文档、独有的专业术语等。

知识库在智能体上的开发主要分为三步：创建、处理和使用。

首先需要找到创建知识库的入口，平台支持多种方式。

① 单击平台首页左侧导航栏上的"我的知识库"按钮，然后在知识库页面的右上角单击"创建知识库"按钮，进入知识库创建页面。

② 单击智能体创建页面上的知识库板块最右边的"+"按钮，在弹出的"添加知识库"对话框中单击下方的"⊕新建知识库"按钮，进入知识库创建页面，如图 5.25 所示。此外，工作流编排和数据插件开发场景下也包含相应入口。

在进入创建知识库页面后，开发者可以选择对已有知识库进行更新或者建立新的知识库。如果是建立新的，需要填写知识库的名称和相应简介。目前 1 个账号可以创建 100 个知识库，全部知识库的总容量不能超过 1 GB，1 个知识库可以添加 100 个文件或网址，总容量不能超过 200 MB。从图 5.25 中可以看到，导入数据的方式非常灵活，包括 4 种方式：本地上传、网址提交、百度网盘、自媒体平台。下面对导入方式做逐一介绍。

图 5.25 创建知识库

① 本地上传。本地上传支持将本地机器上的资料导入到平台中,具体要求见表 5.4。

表 5.4 知识库的本地上传要求

文件类型	文件格式及说明
文本	单个文件大小不超过 50 MB;支持的格式包括 txt、md、docx、pdf、xlsx、csv,其中,docx 和 pdf 中的图片将会被自动过滤仅保留文本内容,xlsx 和 csv 文件比较适合表示问答式的数据
图片	单张图片大小不超过 20 MB,像素要求为 30 px ≤ 边长 ≤ 4 096 px,比例在 3∶1 以内,将音频转为文本,支持 png、jpg、jpeg 格式
音频	单个文件大小不超过 50 MB,通过智能识别,将音频转为文本,支持 m4a、mp3 格式
视频	单个文件大小不超过 200 MB,分辨率 ≥ 200×200,通过智能识别,将视频转为文本内容,支持 mp4、mov 格式

② 网址提交。输入网页地址后,单击"识别"按钮,识别网页中的文本数据,注意仅支持识别公开访问且百度已收录的网页地址,如需登录后访问,或未授权百度收录的网址将会识别失败。考虑到网页更新,可按照网页更新频率,设置自动识别更新知识库的频率。例如,输入河南博物院对应的百度百科网址,然后经识别后即被导入到知识库"河南博物馆推荐文物"中,如图 5.26 所示。

图 5.26　知识库的网址提交导入方式

③ 百度网盘。首次使用该方式，需要授权百度网盘账号数据，授权成功后即可选择网盘中的文件。网盘导入的时间受网盘文件下载速度限制，如时间较长可选择后台处理。

④ 自媒体平台。首次使用，需要授权百家号及其他自媒体平台的内容授权，授权成功后即可导入在百家号发布成功的全部内容，支持的平台包括百家号、抖音、小红书、快手、微信公众号、微博、bilibili、头条、爱奇艺等。开启"自动导入新文件"后，将自动导入百家号发布的新内容，无须手动勾选。注意该方式的授权需要使用百度 App 扫码关联百家号并授权相应的自媒体平台。

如图 5.27 所示，在本次开发实例中通过本地上传方式导入了 84 个文档（包括 pdf、jpg 和 png 格式文件），通过网址提交方式导入了一个链接（Web 格式）。

图 5.27　"河南博物馆推荐文物"知识库导入的文件

创建完知识库后，接下来需要对知识库的内容进行处理，主要包含三种方式：文本分段、表格设置和多媒体设置。由于大模型在现阶段对输入和输出字符有严格限制，而知识库也是输入内容的一种，同样需要遵循大模型的输入字符数限制，因此文本分段的目的是将长文本切割成短段落，剔除无关信息。如图 5.28 所示，平台提供了"默认分段"和"自定义分段"两种方式，支持开发者通过文字、标点符号、空格、换行等方式，将长文本切割成多段文本内容，让模型更加准确地理解文本内容。在自定义分段方式中，需要确定分段方式、最大段落字符和段落重叠字符，如何设置分段属性和具体的分段案例可访问平台文档中心的相关链接。

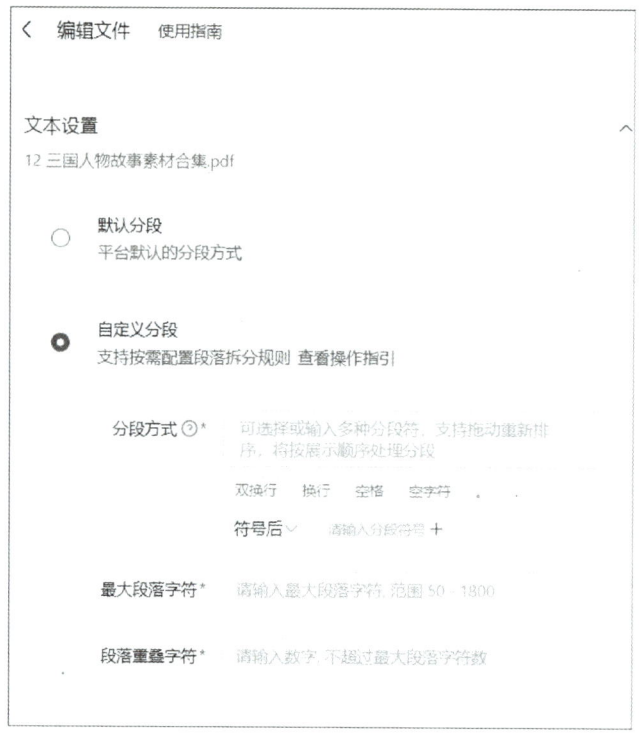

图 5.28　知识库的文本分段

在表格设置中，表格文件的表头将作为大模型理解表格内容的关键信息，检索列可以调试检索关键词的匹配范围，默认第 1 行为表头，对表格全文进行检索，也可支持按照实际的表格结构自定义表头、检索范围，如图 5.29 所示。

在多媒体设置中，为了更准确地理解图片内容，会先对图片内容进行智能标注，对图片、音频、视频内容进行智能识别，并生成文本标注，辅助检索环节对图片、音视频的理解以及更准确地检索召回。如果生成标注信息有误，可手动修改错误内容。图 5.30 展示了对应图片的文本标注内容，这里可以理解为自动对图片进行文字解读。

5.4 智能体零代码开发

图 5.29 表格文件的表头设置

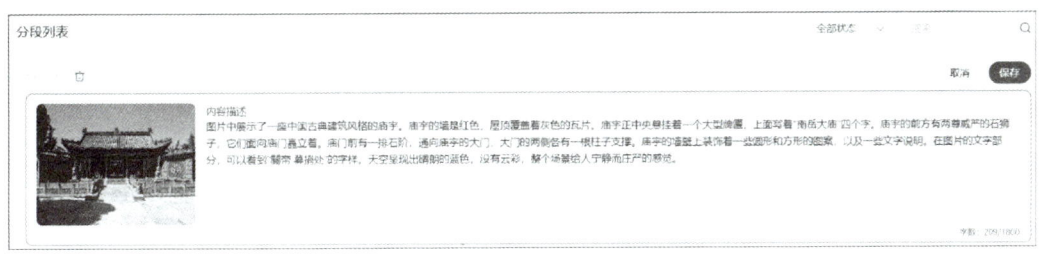

图 5.30 图片的自动文本标注

（3）插件

插件可以看成是在一些专业领域上的单独专精模型，比如专门生成 PPT 的模型、专门生成简历的模型。大模型本身只是一个文本生成工具，只能根据预训练过程中投入的语料以及用户的指令来回答问题。这给大模型的回答带来了很多限制：比如，大模型不知道最新的新闻、无法直接运行代码。当智能体在需要查询新闻的时候可以利用联网检索插件、需要运行代码的时候可以用代码执行插件、同时也可以调用 PPT 生成、简历生成等模型来高效地完成任务。

智能体挂载的插件越多，能够完成的任务就越多，但是有越多插件选择就需要越多的时间决策应该选择哪个插件，导致智能体的响应时间延长。同时，选择的插件越多，智能体能够记忆的对话上下文就会越少，可能影响多轮交互的效果。因此，建议在选择插件前，首先要清晰定义智能体应该能够完成什么样的任务，并且仅挂载完成这些任务所必要的插件。

在本实例中，添加了 2 款插件：可信来源查询、图片查询，如图 5.31 所示。同时在人设与回复逻辑中说明了使用这些插件的条件，即 2 种情况：当本地知识库中无法找到相关文物信息时需要使用 getReliableSource 插件来获取信息；当游客想查看文件图片且本地知识库中未找到时，则使用 imageSeek 插件查询图片。通过添加这些说明，智能体能够知道在什么情况下使用插件完成任务。

图 5.31　博物馆参观助手的插件

（4）声音

声音用于输出内容的播报以及智能体与用户通话。如图 5.32 所示，声音的配置可以通过选择使用官方提供的若干种类型（如磁性男声、知性女声等），也可以创建自己的声音。当选择创建声音时，可以在计算机或者手机上按照提供的文字内容进行朗读录制，完成声音的克隆，如图 5.33 所示。

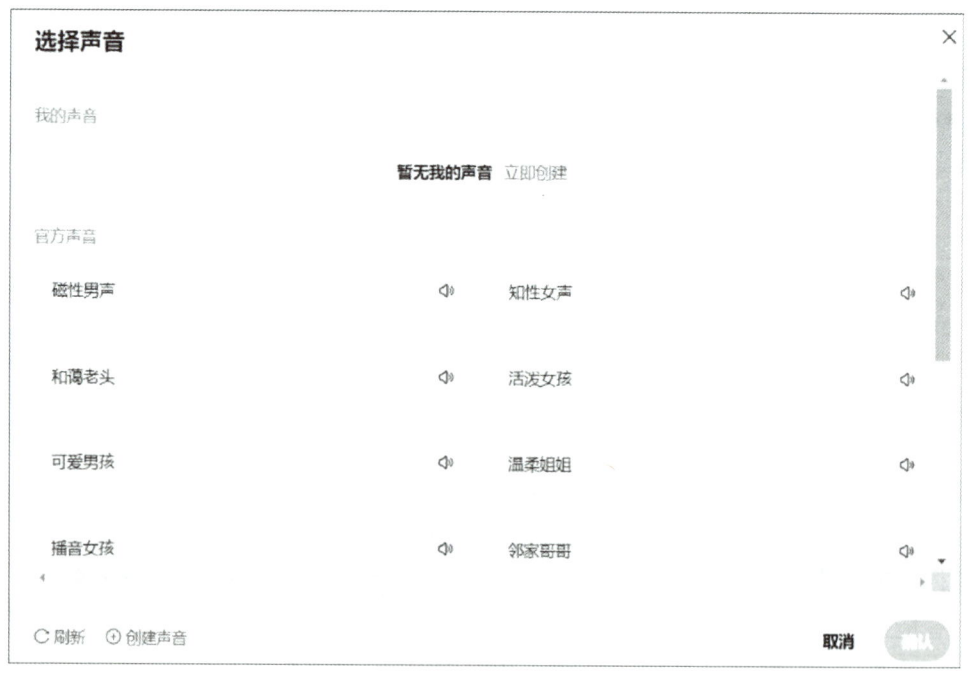

图 5.32　声音配置

5.4 智能体零代码开发

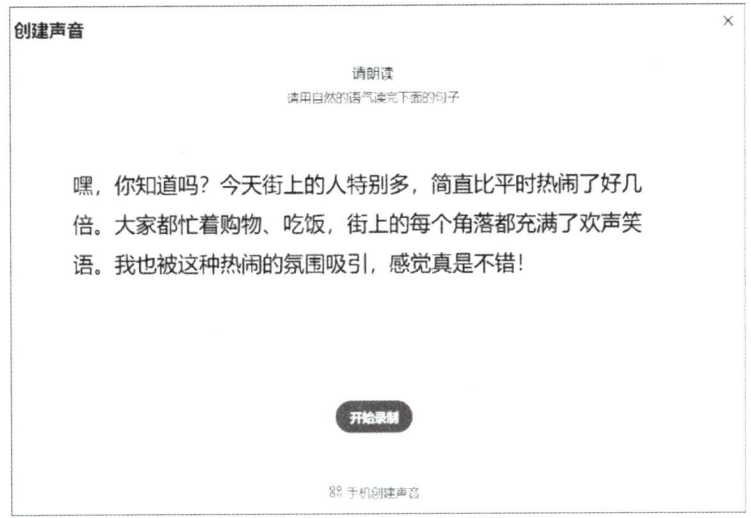

图 5.33　创建自定义声音

（5）背景

背景是为用户提供沉浸式的对话和打电话体验，增强交互效果。目前支持静态背景和动态形象，两种添加形式只能二选一，在添加时一定要注意上传图片的要求（此处最容易导致后续的智能体审核失败），如格式、比例、分辨率和大小。

图 5.34（a）所示为添加静态背景，支持本地上传图片或者使用 AI 生成。图 5.34（b）所示为添加动态形象，仅支持本地上传图片。由于被用于生成数字人形象，对图片的要求增加了部分新的说明，需要注意正确示例和错误示例说明，正确示例为尽量正面对着镜头、面部清晰无遮挡、动作简单且露出手臂轮廓、头饰简单，错误示例为露出牙齿、两侧被裁剪、多人照片。

(a) 静态背景　　　　　　　　　　　　(b) 动态形象

图 5.34　背景设置

当使用 AI 生成静态背景形象时，可以输入形象描述词，包括但不限于角色、场景、情绪、风格等，同时目前界面上提供了人物、动物、风景三类示例提示词可供参考，还有 4 种绘图风格：写实、二次元、3D 和插画。最后通过单击下方的"生成形象"按钮获取图片,在右侧形象预览窗口可查看图片效果。

图 5.35 所示为基于 AI 生成的人物形象效果。这里为了增强交互效果,对生成的人物形象进行截图并保存至本地,作为动态形象的原始文件。进一步利用图片变清晰功能如"百度图片 AI 助手"将截图的分辨率提高,准备好满足要求的图片后选择创建动态形象并上传相应的人物图片,再选择背景颜色后即可生成数字人形象,如图 5.36 所示。

微视频 5-3:
智能体动态形象设置

图 5.35　AI 生成形象

图 5.36　创建动态形象

生成成功后手机上将收到短信提醒，此时可以在 PC 端或移动端进行效果体验。图 5.37 中使用了 5 块子图展示了手机端进行角色动态效果体验的过程，先使用百度 App 搜索文心智能体平台进入官网，在"我的智能体中"找到对应的智能体，单击体验界面上的"电话"按钮即可进行动态数字形象效果预览（注意：动态效果只在移动端电话语音场景中生效）。另一种方式是在 PC 端找到对应的智能体，单击"体验"按钮，然后在体验页面的右上角有个"分享"按钮，单击该按钮弹出二维码，可以使用百度 App 扫码体验，扫码后的过程是一样的。

图 5.37　手机端角色动态形象体验

（6）商业转化

当智能体达到一定流量时，开发者可以开启商业能力，将智能体与电商平台或广告系统连接，实现流量变现。商业转化主要包括线索转化（需要企业资质）、商品挂载、链接挂载、联盟分成（满足特定条件出现）。其中，商品挂载指的是选择与智能体相关的商品进行推荐，赚取商品销售佣金，链接挂载支持填写希望推荐的链接和展示场景，引导用户获得更多信息。

5. 智能体的预览调优

在创建智能体的过程中可以随时对页面右侧的预览调优窗口进行测试与优化，通过模拟用户与智能体间的对话来观察智能体的表现。图 5.38 为智能体的测试界面，界面上显示了智能体名称、开场白和输入框。

图 5.38　河南博物馆参观助手预览调优

此时可以单击 3 个示例问题中任意一个或者在输入框中输入问题进行测试，观察智能体生成的回答内容，并根据实际效果进行调整与优化。在每次回答的下方有 4 个可单击的按钮：重新回答、调优、反馈、推荐。

重新回答是指用户对当前回答结果不满意，让智能体根据同样的问题再重新思考回答。调优是指思考路径和个性化的调优，描述希望智能体在收到该问题或类似问题时需遵循的思考路径，如以什么逻辑方式回答、调用什么工具等，描述希望智能体在收到该问题或类似问题时的语气偏好、回复格式等。反馈是指用户对回答情况的负面评价，原因包括答非所问、语气僵硬、回答有误、内容违法、偏离人设、没有帮助。推荐是指用户对回答满意，并有意要记录该次对话。

假设觉得目前生成的回答结果缺少生动性，期望能加入 emoji 符号，此时可以对人设与回复逻辑属性进行修改，具体见图 5.39，框内为新增的文字说明。增加后在右侧预览调优窗口进行测试，测试效果见图 5.40，所生成的回答中包含了 emoji 符号。这里也感受到智能体属性修改的便捷高效，通过文字即可完成类似代码调试的效果。

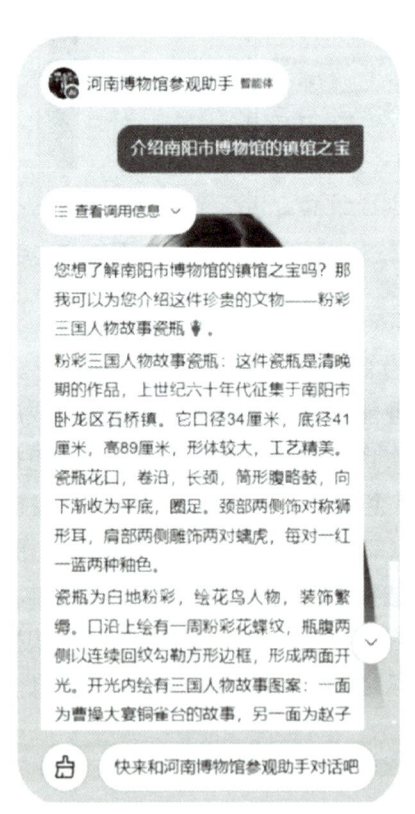

图 5.39　河南博物馆参观助手人设修改　　图 5.40　河南博物馆参观助手修改 emoji 后效果

6. 智能体的发布与上线

如果认为智能体测试基本没有问题后可进行发布，具体操作为单击创建页面右上角的"发布"按钮，平台跳转至智能体发布配置页面，如图 5.41 所示，开发者需要选择智能体的访问权限和部署方式。目前平台设置的访问权限共有 4 种，从信息透明的程度上依次往下分别如下。

① 公开访问与配置：该权限表示其他开发者可以查看和复制智能体非私有的资源配置，同时智能体会额外在智能体商店的"做同款"板块中分发，有机会获得更多流量。这里常见的私有资源包括知识库、私有插件等。

② 公开访问：设置该权限的智能体将上架到智能体商店中并可以被搜索和使用，其中优质智能体可优先展示在文心智能体平台智能体商店首页，高价值智能体可通过百度搜索直接展现。

③ 链接可访问：在这种权限下，只有被分享智能体链接的特定人群才可以使用该智能体，通常适合于内部传播或分享给特定人群。

④ 仅自己可访问（免审）：智能体仅开发者本人账号可访问，方便进行调试和测试，无须经过审核流程。

图 5.41　智能体发布设置

如果智能体成功通过人工审核（工作日一般为半小时），将变为已上线状态，此时可以部署智能体。从图 5.41 中可以发现，平台支持多种部署方式，包括微信公众号、服务号或订阅号、微信小程序、链接地址或二维码、API 接口、企业微信平台。而

JavaScript 代码嵌入到网页端的方式目前平台暂不支持。

7. 智能体的表现分析

在智能体上线后，可以通过单击"分析"按钮打开分析页面，随时查看智能体的应用情况，如图 5.42 所示。图中展示了智能体的配置完整度、运行耗时与稳定性均达标，并在下方提供了数据看板，支持自定义时间段上的启动次数、启动用户数、人均对话轮数和人均启动次数。同时从五个维度展示智能体数据：用户分析、流量分析、对话分析、行为分析、商品分析，每个维度下都有不同的数据指标且可以选择数据渠道来源。数据的展现形式包括图表和表格两种，且在表格方式下可以下载数据以供分析。开发者可以基于实际的数据表现进行下一步的优化或调整。

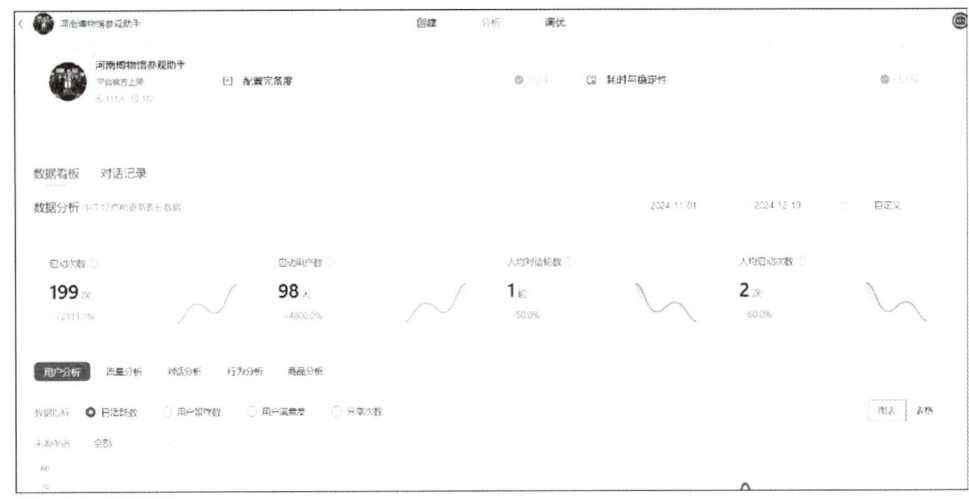

图 5.42　河南博物馆参观助手分析

8. 智能体的调优

为了让开发者能更好地获取流量，明确智能体当前获流问题及优化方向，平台为开发者提供了调优板块。该板块主要包含知识库优质问答、开发者调试和调优教程三部分。

知识库优质问答是指平台自动根据提供的知识库内容生成优质问答，并将结果保存到"待处理"调优列表中（列表包含问题、答案、操作三列），开发者可以对不满意的回答进行调优或删除。图 5.43 展示了对某问题进行调优后的结果。

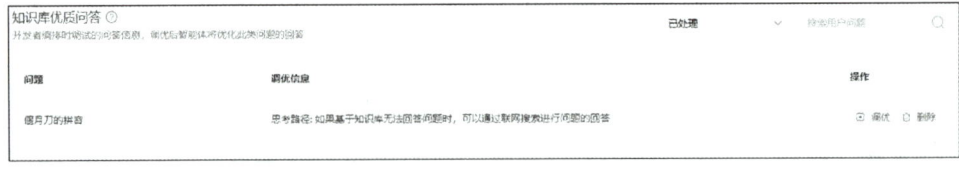

图 5.43　知识库优质问答优化

开发者调试部分记录预览调优中的调优信息，便于开发者重新梳理在编排时设置的调优信息，列表中包含三列：问题、调优信息、操作。如果对以前的调优不满意，可以进一步调整和重新提交。

调优教程则提供了视频资源、最佳实践案例介绍等内容，便于开发者学习具体的创作方式。

本 章 小 结

本章主要介绍了目前智能体的基本概念、技术特点和开发平台，通过若干典型案例体验智能体的应用效果，同时以文心智能体平台为开发环境，为读者展示了门槛低的零代码开发流程，使读者了解并掌握智能体的创建、开发、发布、上线、部署、调优、应用、分析等方面。通过本章的学习，读者可以轻松地开发基于指令描述的智能体，如果对智能体处理逻辑要求比较严格，下一步可以开发工作流和插件，这需要对软件开发和代码有一定的理解基础。

习　　题

1. 列举三个不同行业中 AI Agent 的应用场景，并简要描述其作用。

2. 探讨大模型在 AI Agent 发展中的关键作用以及随着大模型技术的不断进步，AI Agent 的未来发展趋势。

3. 结合自身实际需求，使用文心智能体平台构建智能体，并分析在智能体开发过程中，如何通过合理配置和优化各项属性（如模型版本与参数、知识库、插件等）来提升智能体的性能和用户体验，并记录开发过程和遇到的问题及解决方法。

4. 研究当前智能体在多模态信息处理方面的技术进展（如结合图像、语音、文本等信息），撰写一篇报告，介绍相关技术原理、应用场景和面临的挑战，并探讨未来的发展方向。

第 6 章

人工智能模型与开发

教学课件：
第6章 人工智能模型与开发

电子教案：
第6章 人工智能模型与开发

6.1 人工智能模型开发方式

人工智能开发主要通过多种技术和方法实现，其核心在于模拟、延伸和扩展人类的智能。开发过程主要包含六个部分，具体流程如图 6.1 所示。首先根据要解决的问题，分析业务需求，其次对数据进行收集与处理，这是构建 AI 系统的基石。接着通过收集大量、高质量的数据，并进行清洗、标注等预处理工作，为后续模型训练提供有力支持。然后进行模型训练与优化，利用预处理后的数据对模型进行训练，通过不断调整参数和算法，提升模型的准确性和效率。随后根据模型评估效果，进行验证等步骤，确保模型的泛化能力。最后，进行部署与维护。将训练好的模型部署到实际应用场景中，并持续进行监控和维护，以确保其稳定运行并适应不断变化的需求。此外，还需关注隐私保护、伦理道德等问题，确保 AI 技术的健康发展。

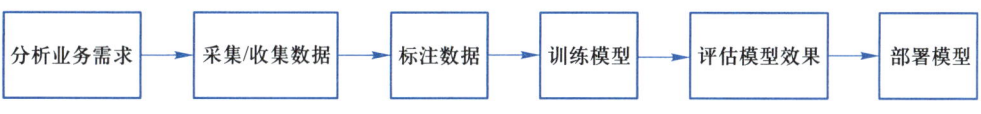

图 6.1 人工智能模型开发流程图

根据使用开发工具和开发复杂度，人工智能开发大致分为零代码人工智能开发、交互式人工智能开发、低代码人工智能开发和纯代码人工智能开发四种方式。

6.1.1 零代码人工智能开发

零代码人工智能开发是指不涉及任何编程知识,用户可以通过图形界面,使用预设的模块和模型来构建人工智能应用。这种方式极大地降低了技术门槛,使得非技术背景的用户也能快速开发出智能应用程序。零代码平台通常提供易于理解的可视化工具,用户可以通过拖放组件、配置参数来实现人工智能功能,如聊天机器人、数据分类等。零代码人工智能开发平台有百度公司的 EasyDL 和华为公司的 ModelArts。

1. 百度 EasyDL

EasyDL 基于飞桨开源深度学习平台,面向企业人工智能应用开发者提供零基础人工智能开发平台,实现零算法基础定制高精度人工智能模型[1]。EasyDL 提供丰富的技术方向,它具有 8 大类 19 个功能,对采集到的原始图片、文本、音频、视频、OCR、表格等数据,经过 EasyDL 加工、学习、部署后,可通过公有云 API 调用,或部署在本地服务器、小型设备、软硬一体方案的专项适配硬件上,通过离线 SDK 或私有 API 进一步集成,供用户使用。表 6.1 给出该平台支持技术和具体功能。

表 6.1 EasyDL 开发平台主要功能

序号	技术	具体功能
1	图像处理	图像分类、物体检测、图像分割
2	文本处理	单标签、多标签、文本实体抽取、文本实体关系抽取、情感倾向分析、短文本相似度、评论观点抽取
3	语音处理	声音分类、语音识别
4	OCR	文字识别
5	视频	目标跟踪、视频分类
6	结构化数据	表格数据预测、时序预测
7	跨模态	图文匹配
8	零售行业版	商品检测

2. 华为 ModelArts

ModelArts 是华为云推出的面向开发者的一站式 AI 开发平台,可快速创建和部署模型,管理全周期 AI 工作流,助力千行百业智能升级。该平台不仅提供模型开发、训练、推理端到端工具链,还提供多规格、多样化 AI 算力,提供大规模分布式训练、推理加速能力,支持万亿参数模型训练,且运行稳定可靠,支持故障容错、训练作业故障自动恢复。

该平台的自动学习具有图像分类、物体检测、预测分析、声音分类和文本分类五大功能。根据标注数据自动设计模型、自动调参、自动训练、自动压缩和部署模型。开发者无须专业的开发基础和编码能力，只需上传数据，通过自动学习界面引导和简单操作即可完成模型训练和部署。它提供了数据处理、模型训练、模型管理与部署等全流程的功能支持。在数据处理阶段，能够高效地进行数据标注、数据清洗等操作，确保数据质量。对于模型训练，支持多种主流的深度学习框架，让开发者可以根据自身需求灵活选择合适的框架来构建和训练模型[2]。同时，它具备自动超参数优化等特性，帮助提升模型的性能。在模型管理方面，可以对训练好的模型进行版本管理和存储。在部署阶段，能够轻松将模型部署到云端、边缘端等不同的环境，实现模型的快速应用，大大提高了人工智能开发的效率和便捷性。

6.1.2　交互式人工智能开发

交互式人工智能开发是一种强调用户与开发工具或平台之间动态交互的开发方式。在这种开发模式下，开发者也不涉及编程，但可以更改模型的一些参数等。这种开发形式降低了开发门槛，不需要开发者精通复杂的编程语法和深度学习框架底层细节。无论是数据科学家想要快速验证想法，还是非专业编程人员希望构建简单的人工智能应用，交互式开发都提供了一种高效、便捷的途径，加快了从创意到模型落地应用的速度，促进人工智能技术在更多领域的应用和探索。

PaddleX 是由百度公司推出的深度学习全流程交互式开发工具，它基于百度 PaddlePaddle 框架设计，旨在通过图形化界面和丰富的预训练模型库，为开发者提供从数据处理、模型训练、评估优化到部署的一站式解决方案，从而使初学者也能快速上手，将创新想法转化为实际应用。

6.1.3　低代码人工智能开发

低代码人工智能开发是一种介于零代码和传统编码之间的开发方式。它允许开发人员使用图形化界面和少量代码来构建人工智能应用。低代码平台提供了预构建的模块和模板，使得开发人员可以快速组装和配置应用程序，而无须从头开始编写大量代码。这种方式适合有一定技术背景但不熟悉人工智能复杂算法的用户，可以用于开发更复杂的应用程序，如业务流程管理、工作流自动化、人工智能驱动的分析工具等。

长河算法可视化开发工具是一款低代码人工智能开发工具，它可以在操作界面，通过拖拽的形式，生成完整的算法模型，并快速生成代码进行任务训练。为用户提供单机部署的轻量级人工智能建模开发工具，同时提供准备好的开发环境、可视化建模功能、行业算法及案例，提供多类模型案例与大模型接口。

6.1.4 纯代码人工智能开发

纯代码人工智能开发是一种通过编写程序来构建、训练和部署人工智能模型的方法。它要求开发者具备扎实的编程基础、算法知识和实践经验，以确保模型的准确性和效率。该方式适用于计算机和人工智能专业人士。纯代码人工智能开发是一种灵活且强大的方法，通过使用专业的人工智能框架和库来构建应用程序，使开发者可以利用这些框架来实现自定义的人工智能模型，进行深入的模型调优和优化。常见的人工智能框架包括 TensorFlow、PyTorch、飞桨、MindSpore 和计图等，它们适用于研究和开发复杂的人工智能应用，如图像识别、自然语言处理、深度学习模型等。

TensorFlow 是谷歌公司开发的一款功能强大的开源深度学习框架。它具有高度的灵活性和可扩展性，能用于构建各种复杂的人工智能模型。它通过计算图来表示计算过程，这种抽象方式有利于模型的优化和并行化。它提供了丰富的 API，从高层的 Keras 快速搭建模型接口，到深入底层细节的自定义操作接口，适合不同水平的开发者。而且它对多种硬件设备有良好的支持，能充分利用 GPU、TPU 等加速模型训练，在自然语言处理、图像识别等众多领域都有广泛的应用。

PyTorch 是 Facebook 公司推出的深度学习框架，以动态计算图为特色。这使得它在模型开发和调试过程中非常直观，开发者可以像使用普通 Python 代码一样构建和修改模型。它的编程风格符合 Python 习惯，方便熟悉 Python 的开发者快速上手。在内存管理和计算效率方面表现出色，能够高效地处理大规模数据。并且凭借强大的社区支持，有大量的开源项目和学习资源，在学术研究和工业界的深度学习应用中都占据重要地位，尤其在计算机视觉等领域的前沿研究中很受欢迎。

飞桨是百度公司开发的产业级深度学习开源平台。它提供了丰富的预训练模型库，涵盖多个应用领域，能帮助开发者快速开启项目。其具备高效的分布式训练和推理能力，通过多机多卡训练加速模型开发过程，并且在推理阶段也能高效处理数据。注重产业应用，提供从数据处理到模型部署的全流程解决方案，对推动人工智能在工业、交通、医疗等产业领域的落地应用起到关键作用，还具有良好的生态友好性，能适配多种硬件和软件环境。

MindSpore 是华为公司打造的全场景深度学习框架。它的自动微分和高效编译功能方便了模型训练和优化，能够自动计算函数导数，并将计算图高效转换为机器码。可实现全场景协同，支持云端、边缘设备和移动端的协同工作，为物联网等应用场景提供了强大的支持。在安全可靠性方面表现突出，提供隐私保护和模型加密等功能，并且开发模式简单易用，通过简洁的 API 让开发者轻松上手，适用于通信、金融、医疗等多个领域。

计图是清华大学自主研发的深度学习框架。其动态编译和即时执行的特点使它能够在运行时快速生成高效的机器代码，大大提高了代码执行效率；采用元算子融合技术，有效提升计算效率，特别是在处理深度学习中的复杂运算时效果显著；在内存管理上进行了优化，减少内存占用和碎片，保证在处理大规模数据和复杂模型时系统的稳定运行；还具有跨平台支持的优势，可在多种操作系统和硬件设备上使用，在学术研究和高性能计算领域应用广泛。

零代码人工智能开发、交互式人工智能开发、低代码人工智能开发和纯代码人工智能开发，这四种方式各有优势和适用场景，零代码和低代码人工智能开发通过减少编码工作量，使得人工智能技术更加亲民和易于上手，而纯代码人工智能开发则为专业开发者提供了强大的工具和灵活性，以实现更高级的人工智能功能和研究。随着人工智能技术的不断发展，这些开发方式也在不断进化，以适应不同用户的需求。

6.2 交互式图像分类模型开发

图像分类是计算机视觉领域中的一项重要技术，它的核心任务是将输入的图像自动地分配到预定义的类别标签集合中的一个或多个类别中。这通常涉及从图像中提取有用的特征信息，并使用这些特征来训练一个分类模型，该模型能够学习并识别不同类别的图像。在深度学习流行之前，图像分类主要依赖于手工设计的特征提取方法，如 SIFT、SURF 等。这些方法需要专家知识，并且对于不同类型的图像可能需要不同的特征设计。随着深度学习的发展，特别是卷积神经网络（CNN）的兴起，图像分类取得了巨大的突破。CNN 能够自动地从图像中学习特征，并且在大规模数据集上取得了非常好的性能。

图像分类就是让计算机"看"图像，并能够识别出图像中的主要对象是什么。例如，给计算机一张图片，它能够识别出这是一只猫、一辆车还是一座山。除了对静物识别，还可以对状态/场景等进行识别，比如有人正在抽烟或者没有人抽烟。

6.2.1 图像分类处理流程

1. 数据采集

根据要解决的问题，准备相关的图片，这些图片应该包含想要分类的各种物体或场景。同时，还需要给每张图片标上一个或多个标签，比如"猫""狗""汽车"等，这些标签就是图片所属的类别。要求图片光源充足，图片清晰、背景单一。一张图像仅包含一个物品，且为图像的主体。在照片中，要展示物品的各种分类，比如水杯，要将玻璃杯、塑料杯、保温杯、陶瓷杯、带盖杯子、敞口杯子、带保护袋的杯子等各种杯子，从各种不同角度进行拍照。

2. 数据标注

对图像进行标注，即给每张图像分配一个类别标签，以便模型能够学习到正确的分类信息。

3. 训练模型

有了这些标注之后，就可以训练分类模型。训练的过程就像是教计算机如何根据这些特征来判断图片所属的类别。通过使用一部分图片（训练集）来训练模型，让模型学习到不同类别图片的特征。

4. 测试模型

训练完模型之后，使用另一部分图片（测试集）来评估模型的性能。这个过程就像是给计算机出一张考卷，看看它能不能准确地判断图片所属的类别。常用的评估指标包括准确率、精确率、召回率等。

5. 应用模型

使用这个训练好的分类模型可以进行图像分类，只要把新的图片输入到模型中，模型就会自动判断图片所属的类别，并给出结果。

图像分类的全过程如图 6.2 所示，就像是教计算机如何"认图识物"，并通过不断的训练和优化，让计算机能够更准确地判断图片所属的类别。因此图像分类的功能非常广泛，它在许多实际应用中都发挥着重要作用。

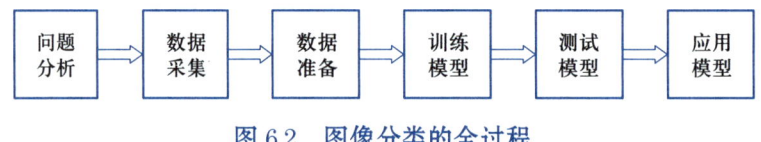

图 6.2　图像分类的全过程

6.2.2　基于 PaddleX 的图像分类模型训练

下面以实物招领为例，采用 PaddleX 进行图像分类模型训练。这是一种交互式人工智能开发方式，在图形化的交互界面上，开发者可以在界面上直接操作数据，比如，直观地看到数据的分布、特征等情况。同时，在模型构建阶段，能够通过简单的拖拽、选择参数等操作来确定模型的架构，就像搭积木一样方便。在模型训练过程中，交互式开发可以实时展示训练的进度，如训练的轮次、损失值的变化、精度的提升等关键指标。这使得开发者可以根据这些动态反馈，即时调整模型的超参数、优化算法或者数据处理方式等。

PaddleX 是一个功能强大的计算机视觉开发工具，它提供了直观易用的图形化界面，具有图像分类、物体检测、语义分割、实例分割、遥感分割等多种视觉任务处理功能。通过 PaddleX，用户可以轻松地进行数据集管理、模型训练与调优，并利用内置的预训练模型加速开发进程。此外，PaddleX 还支持高性能推理、服务化部署及端侧部署，满足多样化应用场景的需求，使得开发者能够高效地将 AI 技术应用于实际业务中。

PaddleX 是飞桨开源的工具，单机版、免安装，要求操作系统为 Windows 7、Windows 8 或 Windows 10 及更新版本，使用期间要求联网。输入图像数据命名可以为数字和字母，不能有中文和特殊符号，否则会因此出现错误、导致无法进行模型训练。

（1）运行程序

在飞桨官网下载 PaddleX 2.1.0 版本，解压后即可运行，双击打开 PaddleX，首页如图 6.3 所示。

（2）初始化工作空间

在首页单击"立即使用"按钮，弹出页面如图 6.4 所示，初始化工作空间。单击"确定"按钮后，进入下载样例工程页面，如图 6.5 所示，单击"确定"按钮即可。在新弹出的页面中，勾选"图像分类"和"目标检测"复选框，如图 6.6 所示，单击"确定"按钮，即可开始对项目的样例进行下载（也可以不下载），如图 6.7 所示。

图 6.3　PaddleX 平台首页

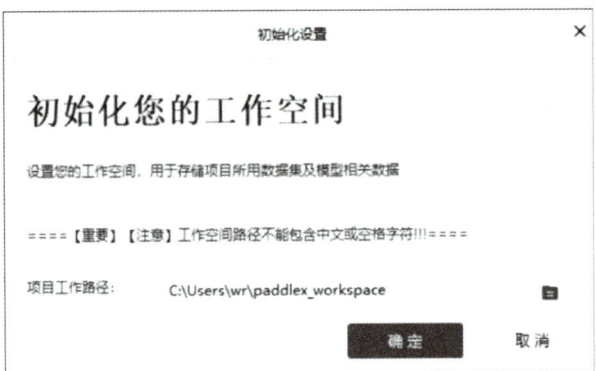

图 6.4　初始化工作空间

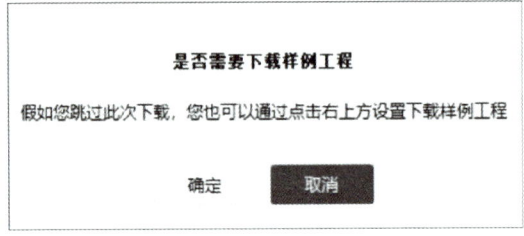

图 6.5　下载样例工程页面

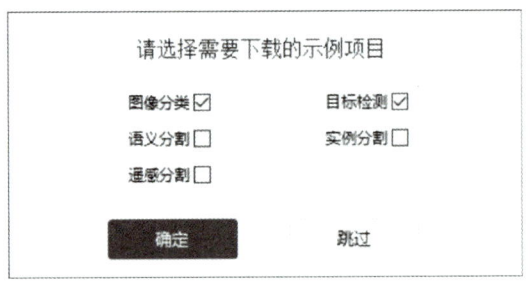

图 6.6　勾选"图像分类"与"目标检测"复选框

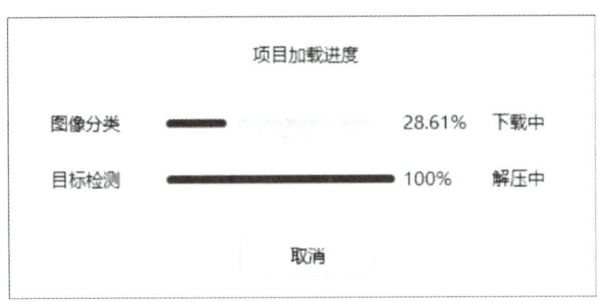

图 6.7　项目样例下载中

6.2 交互式图像分类模型开发

（3）创建项目

项目下载后进入 PaddleX 页面，如图 6.8 所示，在"项目管理"分类下"我的项目"界面中，单击"新建项目"按钮，在新弹出的页面中，输入项目名称：失物招领，并对项目做简单描述，最后选择"图像分类"选项，单击"创建"按钮，如图 6.9 所示，完成项目创建。

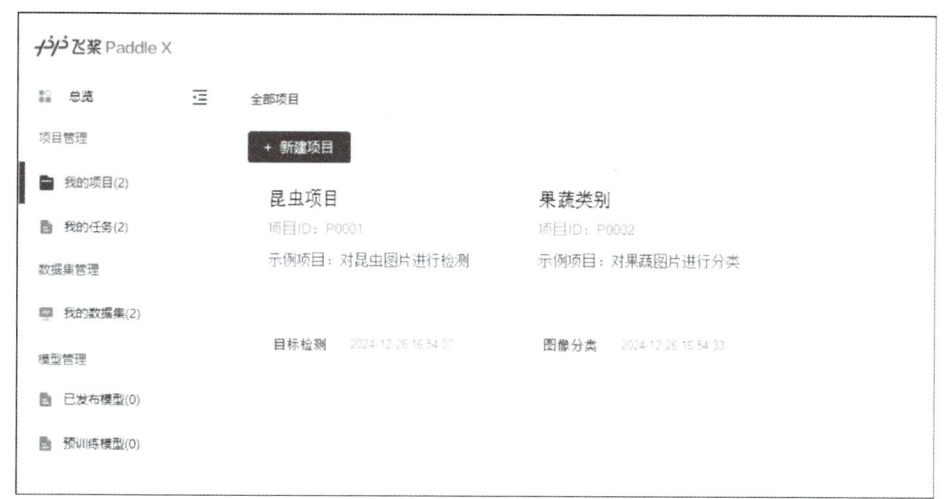

微视频 6-1：图像分类模型训练实现

图 6.8 PaddleX 页面

案例素材 6-1：图像分类数据集

图 6.9 创建新项目

（4）新建数据集

在完成项目创建后，创建数据集，将数据上传。在最左侧的导航栏中的"数据集管理"分类下，选择"我的数据集"选项，如图 6.10 所示。单击"新建数据集"按钮，在新弹出的页面中，填写数据集名称：水杯与钥匙，选择"图像分类"选项，单击"创建"按钮，如图 6.11 所示。

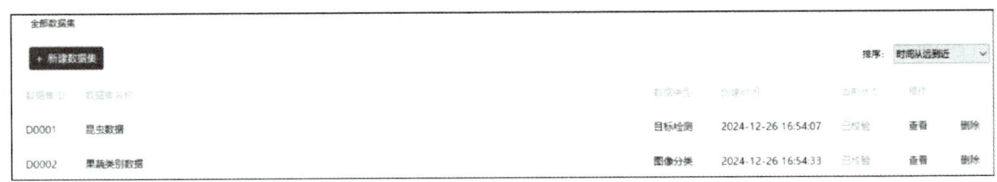

图 6.10 "我的数据集"页面

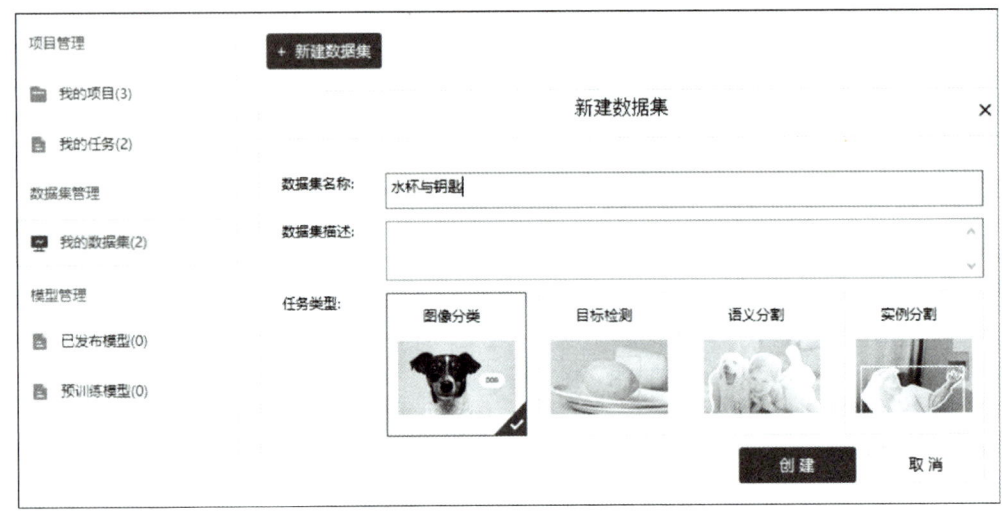

图 6.11 新建数据集

PaddleX 对导入的文件有如下要求。

① 需要选定数据集所在文件夹路径（路径中仅含一个数据集），不支持 zip、tar、gz 等压缩包形式的数据导入。

② 图片格式支持 png、jpg、jpeg、bmp 格式，图片命名采用数字和英文字母。

③ 文件夹名为需要分类的类名，输入限定为英文字符，不可包含空格、中文或特殊字符。文件夹命名路径的形式如图 6.12 所示。

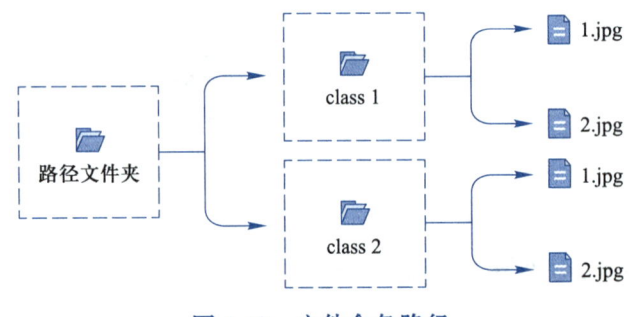

图 6.12 文件命名路径

在实物招领项目中，共准备 240 张照片，水杯、钥匙各 120 张。创建两个文件夹，一个命名为"cup"，另一个命名为"key"，在水杯的文件夹中存放 120 张水杯照片，同样在钥匙的文件夹中也存放 120 张钥匙的照片。然后将两个文件夹放入 test 文件夹中。这样将数据导入项目后，就显示已经标注完成。

案例素材 6–2：物体检测数据集

在数据集导入中，存储路径选择为"此电脑 / 桌面 /test"，test 文件夹中包含 cup 和 key 两个文件夹，单击"确定导入"按钮，如图 6.13 所示。图片导入后如图 6.14 所示，可看到 240 张图片分为两个文件夹，然后单击"立即切分"按钮，如图 6.15 所示，把 240 张图片按 7∶2∶1 分为训练集、验证集和测试集，切分后如图 6.16 所示。

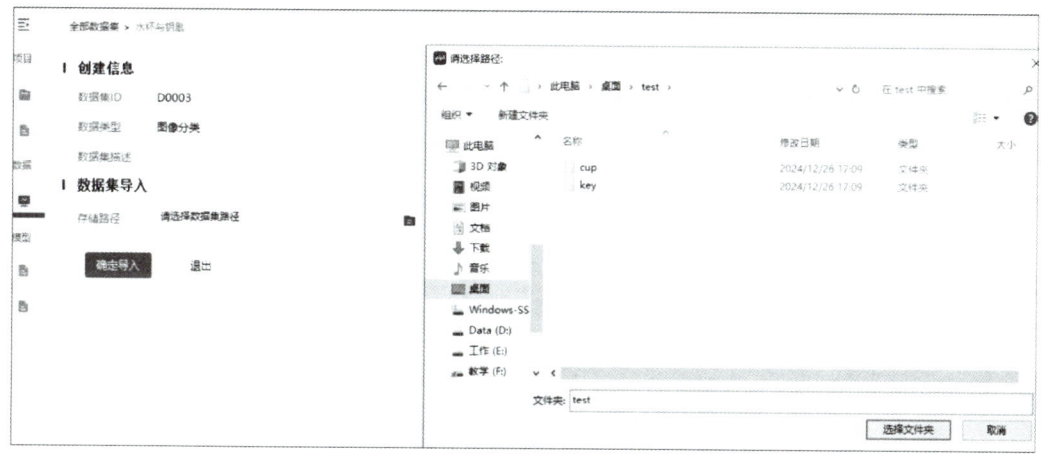

图 6.13　从文件夹中导入数据集

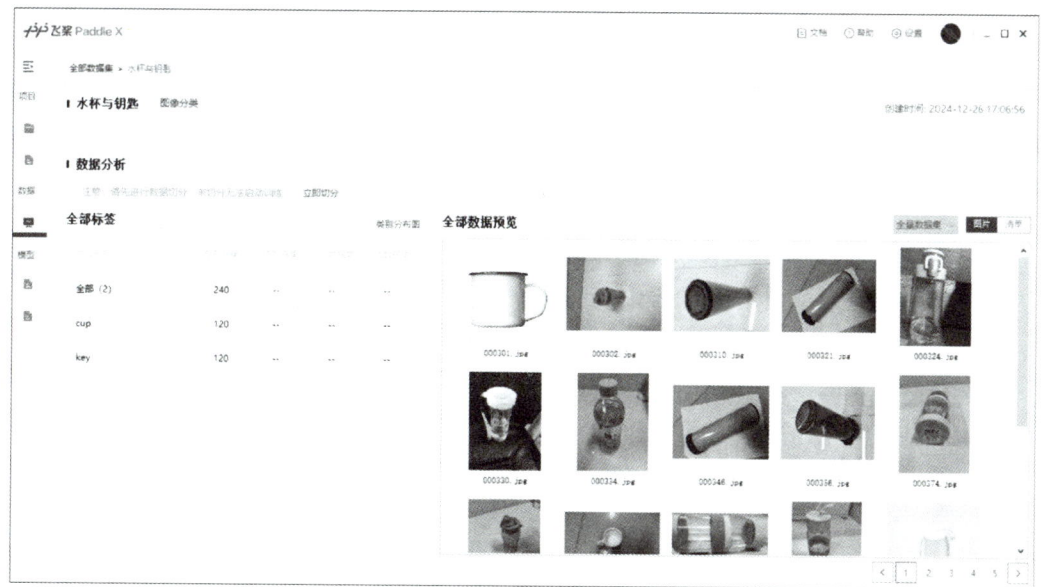

图 6.14　导入后数据集

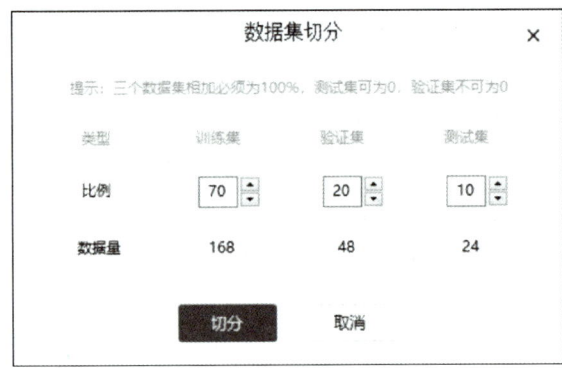

图 6.15 数据集切分

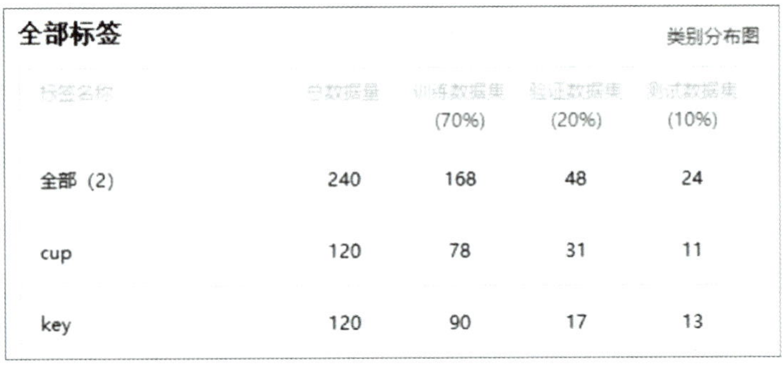

全部标签					类别分布图
标签名称		总数据量	训练数据集(70%)	验证数据集(20%)	测试数据集(10%)
全部 (2)		240	168	48	24
cup		120	78	31	11
key		120	90	17	13

图 6.16 切分后的数据集

（5）启动训练

数据集创建并导入数据后,在左侧导航栏中,单击"项目"选项,单击之前创建的项目,会看到"数据选择"页面,在"选择数据集"下拉列表中选择"水杯与钥匙"选项,单击"下一步"按钮,如图 6.17 所示。在新弹出的"参数配置"页面中,可调整"迭代轮数"和"批大小",单击"启动训练"按钮即可开始对模型进行训练,如图 6.18 所示。

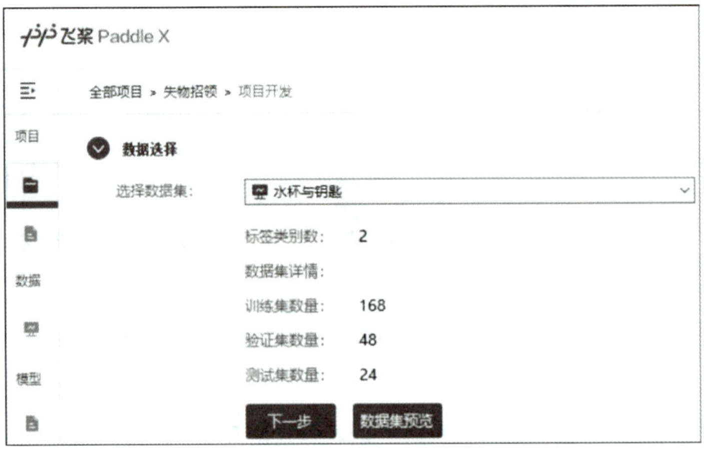

图 6.17 选择数据集

6.2 交互式图像分类模型开发

图 6.18 启动训练

其中模型选择如图 6.19 所示，供用户选择不同的模型。预训练模型选择 IMAGENT，对比不适用训练模型，用户选择它进行图像分类操作，训练速度快，结果较准确。迭代轮数（Epoch）是指在整个训练数据集上，模型进行完整训练的次数。迭代轮数越多，训练时间越长。通过合理的 Epoch 设置，可以确保模型充分学习数据集中的模式，同时避免过拟合和训练时间过长的问题。学习率（Learning Rate）决定了模型在每次迭代中参数更新的步长大小。简单来说，它控制着模型学习的速度。学习率过大可能导致训练不稳定甚至无法收敛，过小则会使训练过程缓慢且可能陷入局部最优解。批大小（Batch Size）每次输入给模型进行训练的数据量大小，比如，在图

图 6.19 供用户选择的模型

229

像分类中批大小为每次读入几张图片。批大小越大,所需的显存也就越大。

参数设置完成后,单击"启动训练"按钮,在训练中通过"完成进度"可看到训练的完成百分比,如图 6.20 所示。训练结束后,用户可以单击"模型评估"按钮,查看模型的评估报告,如图 6.21 所示。可通过图像分类整体指标和整体分类结果,看到模型的精确率、召回率和 F1-score,如图 6.22 所示,如果对模型不满意,可在评估模型选择中调整 Epoch 的值,重新评估。混淆矩阵是一个表格,用来查看分类模型预测得准不准。它把实际类别和模型预测的类别放在一起比较,便于一眼就能看出模型哪些地方预测对了,哪些地方预测错了,混淆矩阵如图 6.23 所示。

图 6.20 模型训练中

6.2 交互式图像分类模型开发

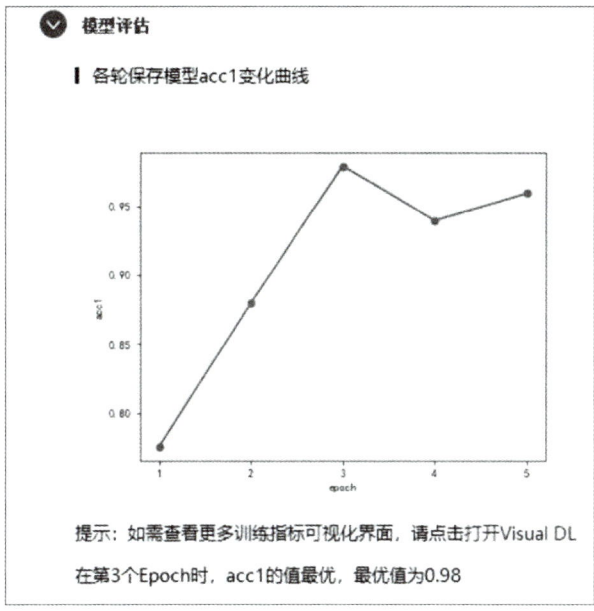

图 6.21　模型评估

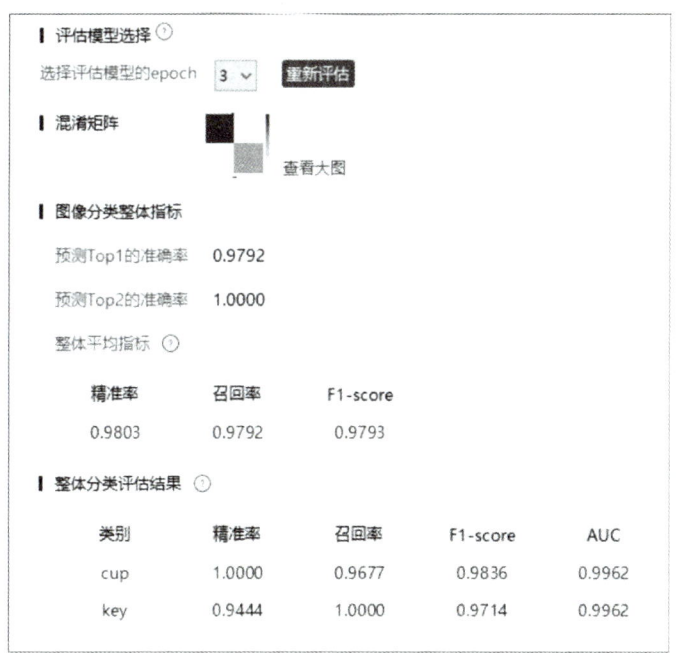

图 6.22　模型评估结果

图 6.23 混淆矩阵

（6）模型测试

完成训练后，在模型测试中，测试类型选择"测试集图片测试"，单击"启动测试"按钮即开始模型的测试，如图 6.24 所示。模型测试完成如图 6.25 所示，单击"导出报告"按钮，在弹出的新页面中，可将报告命名，并设置存储路径，如图 6.26 所示。根据路径找到报告，报告为 Excel 表，打开如图 6.27 所示。报告中包含混淆矩阵、整体平均指标和整体分类评估结果，看到 cup 和 key 的精准率、召回率和 F1-score 等。

图 6.24 启动测试

6.2 交互式图像分类模型开发

图 6.25　模型测试完成

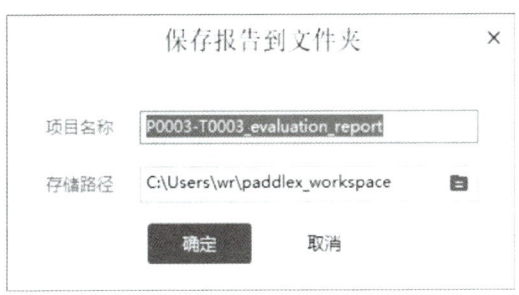

图 6.26　导出报告

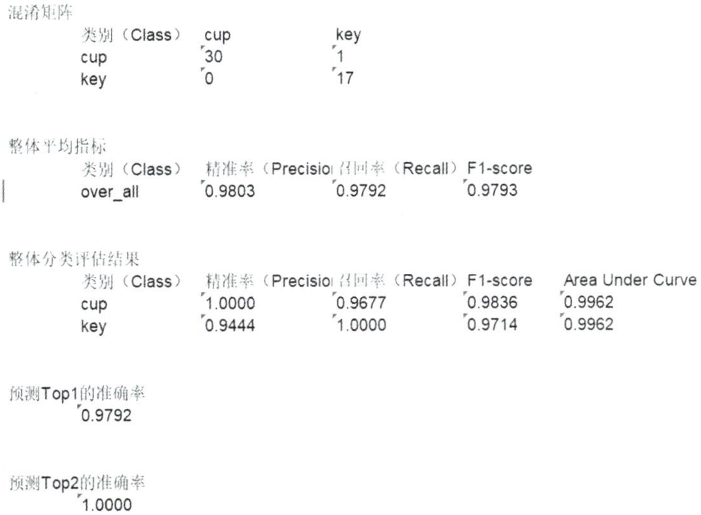

混淆矩阵
类别（Class）	cup	key
cup	30	1
key	0	17

整体平均指标
类别（Class）	精准率（Precision）	召回率（Recall）	F1-score
over_all	0.9803	0.9792	0.9793

整体分类评估结果
类别（Class）	精准率（Precision）	召回率（Recall）	F1-score	Area Under Curve
cup	1.0000	0.9677	0.9836	0.9962
key	0.9444	1.0000	0.9714	0.9962

预测Top1的准确率
0.9792

预测Top2的准确率
1.0000

图 6.27　报告内容

233

在进行模型测试时,测试类型选择"单张图片测试",在"图片路径"中,根据路径选择一张图片,单击"启动测试"按钮,如图 6.28 所示,结果在"预览测试图片"显示,如图 6.29 所示。根据图片测试结果为水杯,测试准确度为 0.932 2,根据图片测试结果为钥匙,测试准确度为 0.959 4。

图 6.28 单张图片测试

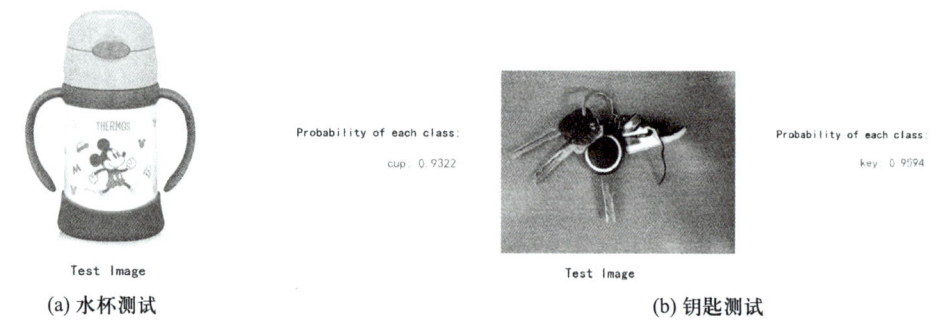

(a) 水杯测试   (b) 钥匙测试

图 6.29 单张测试结果

在进行模型测试时,测试类型选择"批量图片测试",在"图片路径"中,根据路径选择一个文件夹,可对文件夹中所有图片均进行测试,单击"启动测试"按钮,结果在"预览测试图片"中显示,如图 6.30 所示。

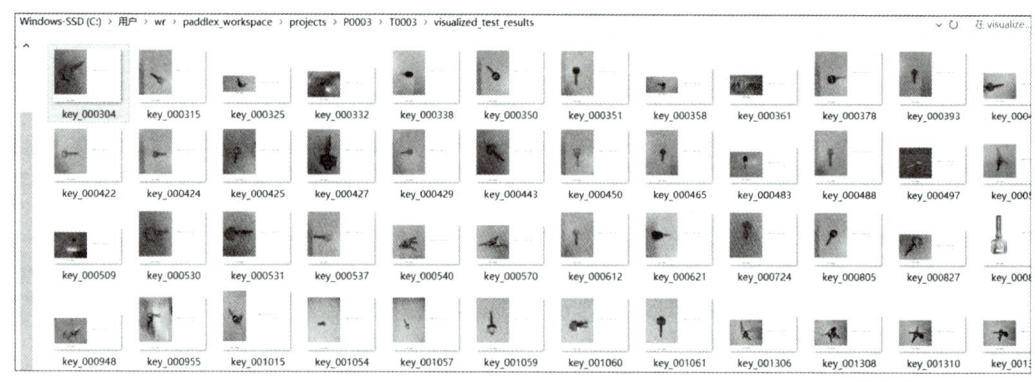

图 6.30 批量测试结果

6.2 交互式图像分类模型开发

（7）模型发布

经过模型测试以后，达到一定的准确度，符合模型上线的要求，就可以发布模型，如图 6.31 所示，在模型发布页面，单击"发布"按钮即可。当状态为发布中，如图 6.32 所示，当审核状态为已发布，如图 6.33 所示。发布成功后的模型，用户可根据需要进行调用，根据存储路径（即工作空间）可找到模型，本例的模型存放在 paddlex_workspace 的 P0003-T0003_export_model 中，如图 6.34 所示。后面可以使用 Python 进行模型调用，调用 P0003-T0003_export_model 的 paddlex_python_predict/predict.py，可进行钥匙和水杯的图像分类。

图 6.31　模型发布

图 6.32　模型发布中

图 6.33　模型发布成功

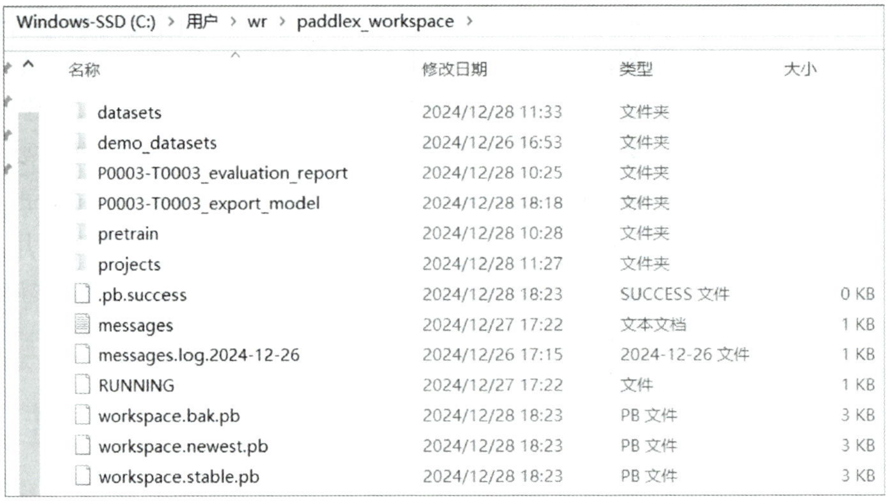

图 6.34　模型发布完成

以上步骤介绍了用 PaddleX 进行图像分类的详细过程，包括从数据准备到模型训练、测试、部署及应用的全流程解决方案。在完成上述步骤后，开发者可以进一步优化模型性能，以满足不同场景下的应用需求，最终将训练好的模型集成到各类应用中，实现智能化的图像分类功能。

6.3　交互式物体检测模型开发

6.3.1　物体检测

物体检测是应用最广泛的人工智能功能之一，也是计算机视觉中的经典问题之一，其目的是用标识框去标出图像中检测物体的位置，其核心任务包括两个要素。

① 分类问题：要解决的是这个图像中是否包含某类，若包含需要返回物体类别名称的标签，就回答了目标的"What"问题。

② 定位问题：要解决的是如果有待检测的物体，那么这个物体在图像中的什么位置，并使用最小外接矩形包围起来，该矩形框称为检测框，检测框的位置回答了目标的"Where"问题。

回答了"What & Where"问题，也就完成了物体检测任务。检测结果不仅可以用于物体计数等基本问题，还可以粗略估计物体的大小、形状等基本的几何形状参数。

相应地，物体检测的数据标注也需要给出物体的标签和检测框位置，并且需要专用软件进行标注，本书附录 A 中给出了标注工具的使用方法。

6.3.2 基于 PaddleX 的物体检测模型训练

下面依然以失物招领中的水杯钥匙检测为例，采用 PaddleX 进行物体检测模型训练。程序的下载、安装和初始化工作空间与图像分类相同，此处就不再重复了。

（1）创建项目

进入 PaddleX 主界面后，在"项目管理"中"我的项目"页面，单击"新建项目"按钮，在新弹出页面中输入项目名称：水杯钥匙检测，并对项目做简单描述，最后选择"物体检测"选项，单击"创建"按钮，如图 6.35 所示，即可完成项目创建。

图 6.35　PaddleX 创建物体检测任务

（2）新建数据集

在完成项目创建后，需要创建用于模型训练的数据集。在最左侧的导航栏中单击"数据"选项，然后单击"新建数据集"按钮，在新弹出的页面中填写数据集名称：水杯钥匙检测，选择"物体检测"选项，单击"创建"按钮，如图 6.36 所示。

（3）数据选择

在如图 6.37 所示的界面中，选择准备好的存放数据的文件夹，文件夹中包含两个子文件夹：JPEGImages 和 Annotations。然后单击"选择文件夹"按钮，上传数据文件。此处需要注意的是，要将图像和标注文件分别放在两个文件夹中，并需要重命名文件夹为"JPEGImages"和"Annotations"。

第 6 章 人工智能模型与开发

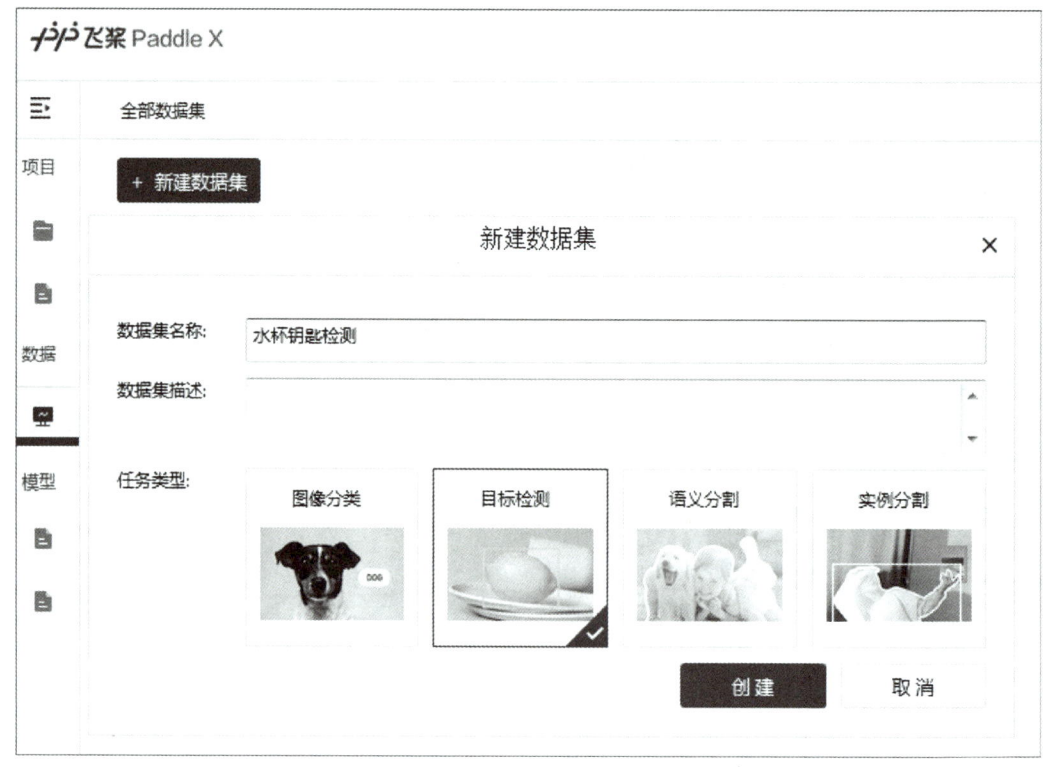

图 6.36 创建物体检测数据集

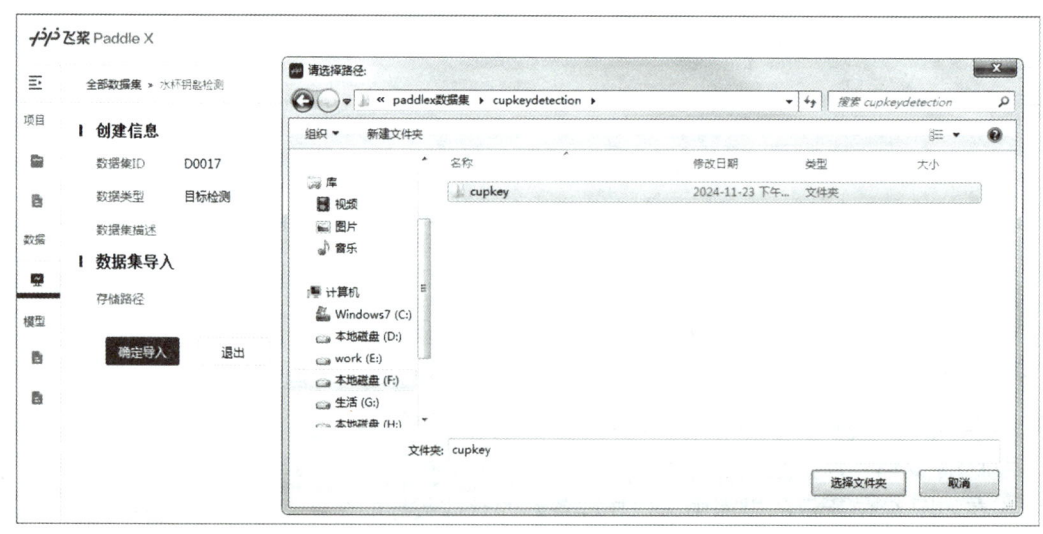

图 6.37 选择物体检测数据集

（4）导入并切分数据集

接着返回"项目"页面，选择之前创建好的项目"水杯钥匙检测"，然后进入如图 6.38 所示界面，然后在"数据选择"页面中单击"选择数据集"下拉按钮，选择"水杯钥匙检测"数据集，然后导入数据。导入成功后就进入如图 6.39 所示界面，然后单击"立即切分"按钮，使用默认切分比例进行切分，即可进入图 6.40 所示界面。从界面中可以看到，数据集已经切分为训练集、验证集和测试集。

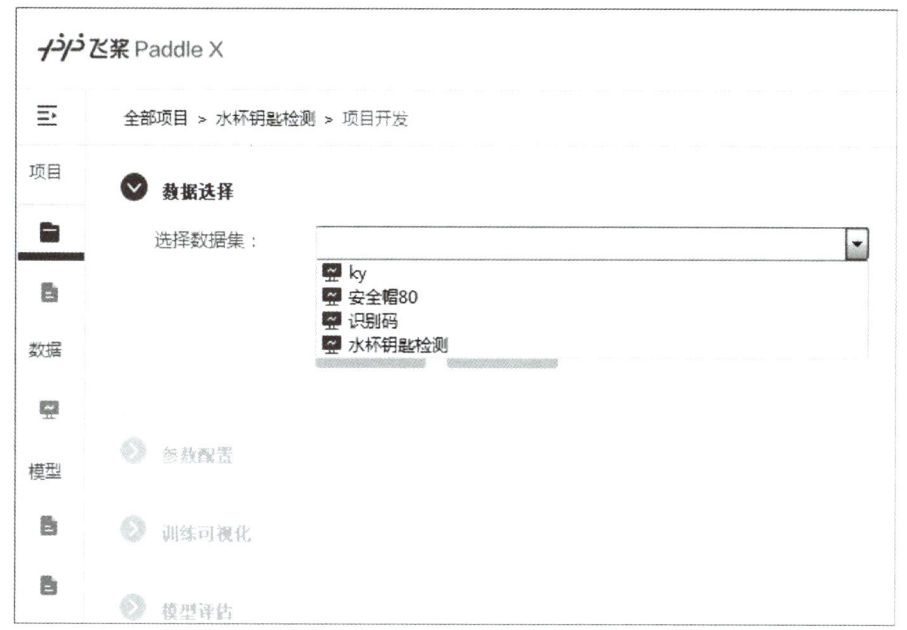

图 6.38　导入物体检测数据集

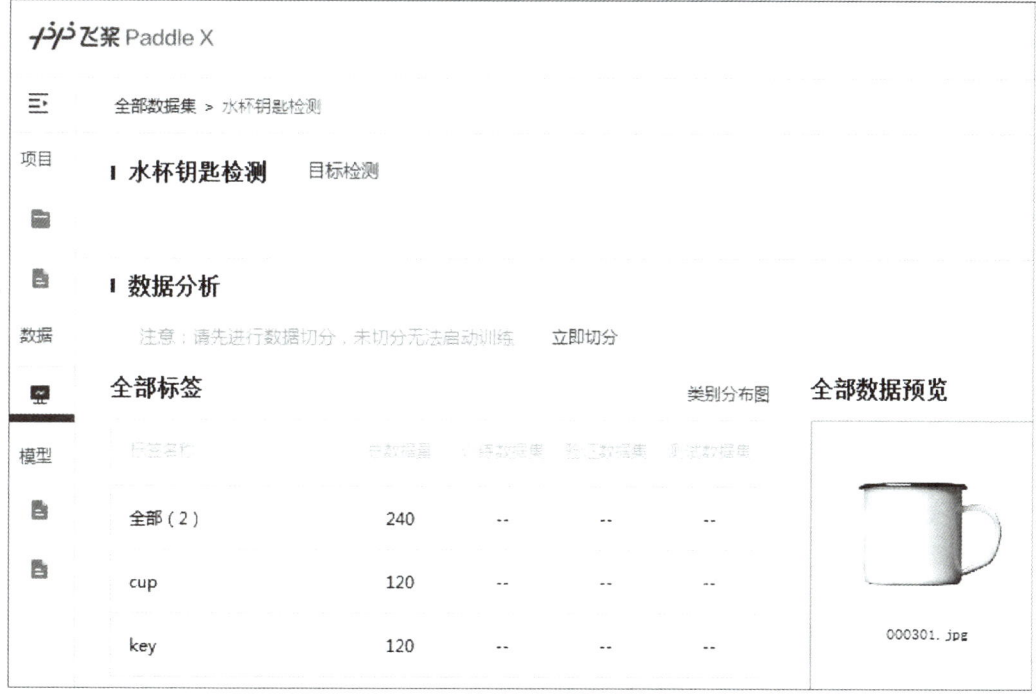

图 6.39　导入后的物体检测数据集

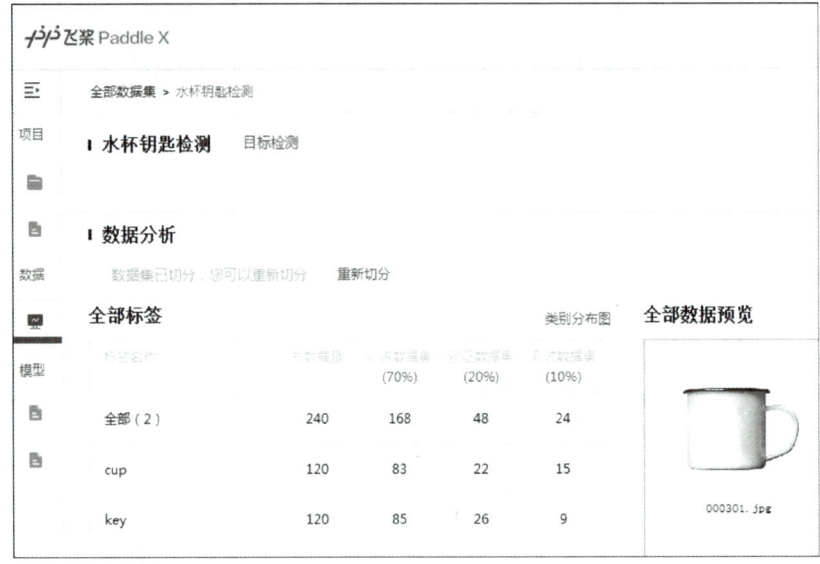

图 6.40　切分之后的物体检测数据集

（5）参数配置

下面进入参数配置环节。在图 6.41 所示界面中，在"模型选择"选项中下拉选择"FasterRCNN"模型，为了提高训练速度、减少训练时间，将"图像输入尺寸"长宽均设置为 128，并将"迭代轮数"调整为"5"、"批大小"参数设置为"1"，其余参数保持不变，然后单击"启动训练"按钮。

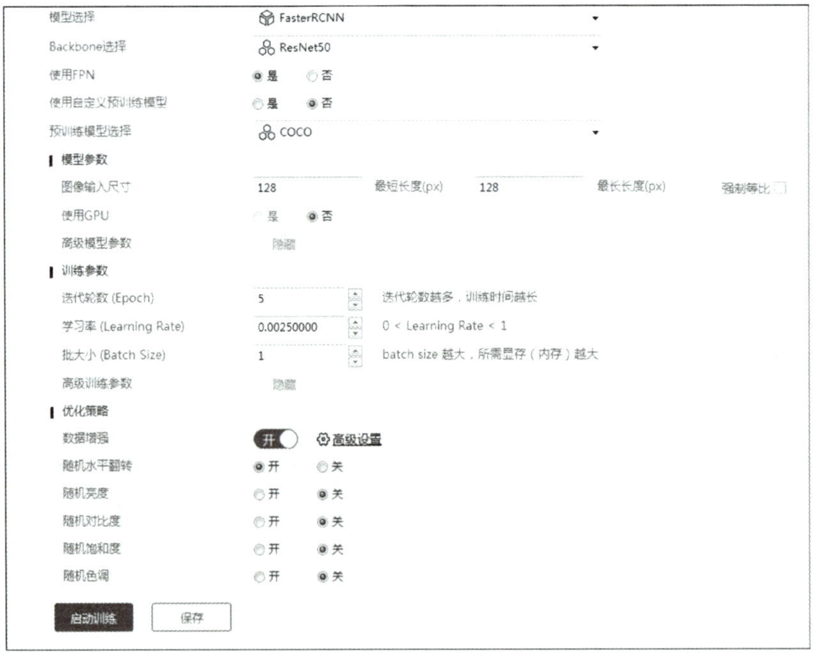

图 6.41　物体检测模型训练参数设置

6.3 交互式物体检测模型开发

（6）训练可视化

启动模型训练后，首先会联网下载"FasterRCNN"模型的权重文件，会出现如图 6.42 所示界面。下载之后会自动进入模型训练环节，界面上会显示"已运行时间""剩余运行时间"等数据，并且给出训练集和验证集的相关指标。

图 6.42　下载物体检测模型权重文件

图 6.43 所示为模型训练完成，图中给出了已运行时间，从图中可以看出，模型完成了 5 轮迭代，共运行 25 分 30 秒。

图 6.43　物体检测模型训练完成

此处还给出了模型在训练集和验证集上的运行结果，并给出了训练集上的总损失 loss 和验证集上的 bbox mAP。总损失 loss 衡量训练集上得到结果与真实标注结果之间的误差，该值越小越好。bbox（bounding box）是指检测目标的包围盒，即矩形检测框，mAP 指的是平均精度均值，bbox mAP 理论上限是 100，该值越大越好。图中显示，此次训练得到的模型，在训练集的总损失是 0.082 8，在验证集的 bbox mAP 是 98.704 6，这个效果较为理想，单击"模型评估"按钮进入下一步。

（7）模型评估

评估后，会给出各轮保存的 bbox_map 变化曲线与客观评价结果，此次训练相关曲线和指标如图 6.44 所示。在图 6.44（a）中可以看出，bbox_map 曲线随迭代次数上升，但第 5 轮指标较第 4 轮略有下降。目前给出的是第 5 轮迭代后模型的结果，若希望使用第 4 轮迭代后的模型，可以单击"重新评估"按钮。

图 6.44（b）给出模型对应的混淆矩阵，从中可以看出，矩阵对角线上的数值较大，但有 4 个 cup 被误认为 key，部分背景被识别为 key。图 6.44（c）给出模型对两个类型对应的精准率（查准率）、召回率（查全率）和平均精准率，除了 key 类别的精准率之外，其余指标都在 0.95 以上。单击"启动测试"按钮，进入下一个环节。

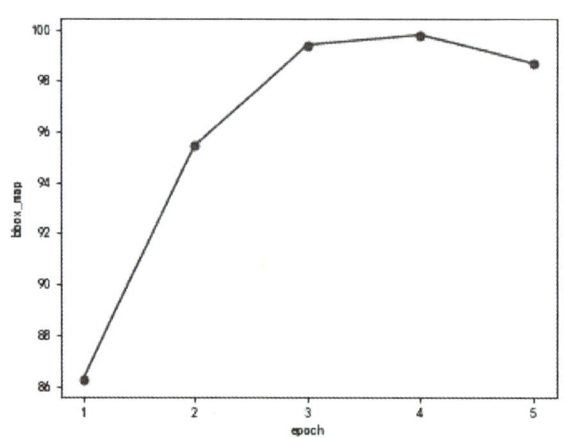

(a) bbox_map 变化曲线

6.3 交互式物体检测模型开发

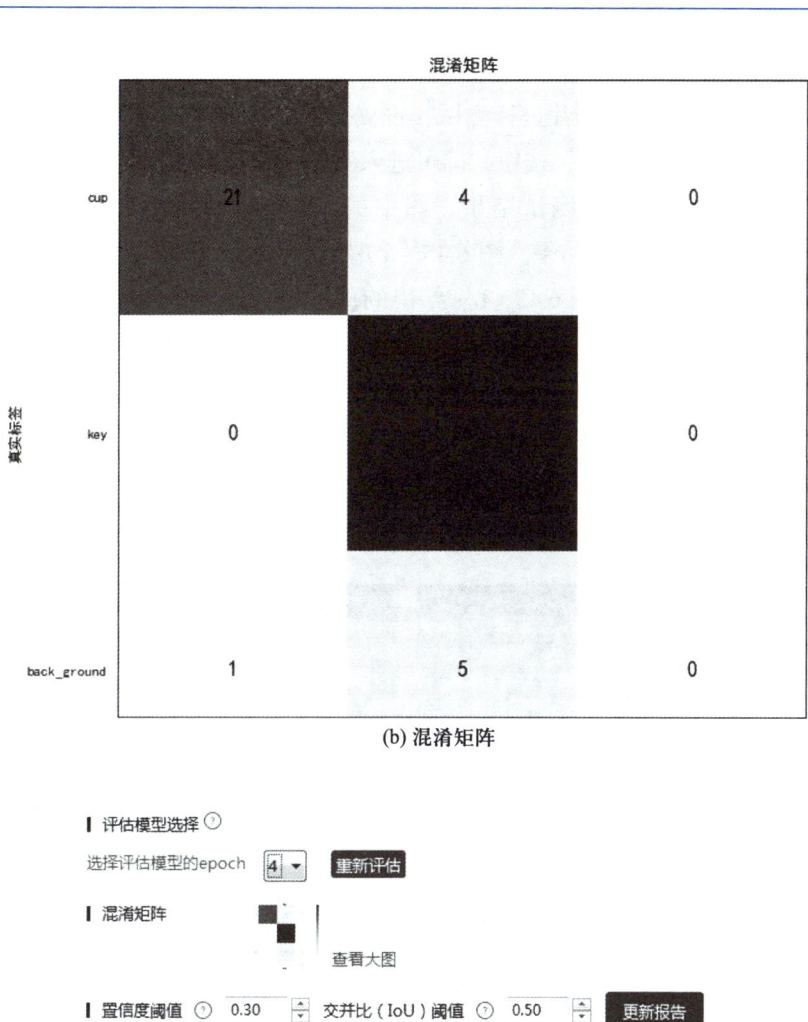

图 6.44 物体检测模型评估

（8）模型测试

系统默认的是对测试集图片进行测试，也支持单张图像测试和批量图片测试。测试完成后，单击"预览测试图片"按钮，即可进入测试结果存放的文件。

图 6.45 给出测试集图片测试结果。图中的"Ground Truth"代表人工标注结果，"Prediction"指的是模型预测结果。图 6.45（a）给出水杯预测的例子，可以看到类别预测正确、位置略有偏差；在图 6.45（b）给出的例子中，背景中的无关目标被误识别为 key，从图 6.45（c）给出的结果中可以看出，虽然 key 被正确识别，但是有将钥匙的金属部分识别为 key、黑色塑料部分识别为 cup，出现了识别错误。若希望在现有基础上继续增加数据或者增加迭代次数，可以在图 6.45（d）中勾选"是否保存为预训练模型"复选框，单击"保存"按钮即可。也可以单击"导出报告"按钮，导出的 Excel 文件中包含了混淆矩阵和整体检测评估结果。单击"下一步"按钮，可进入模型发布环节。

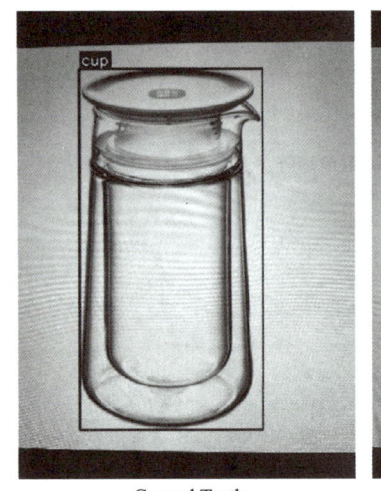

(a) 预测结果1

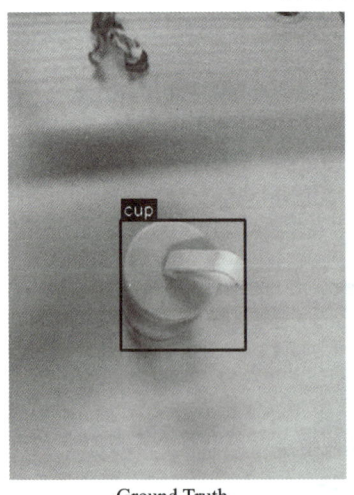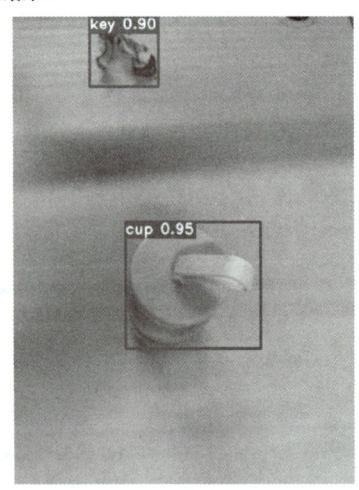

(b) 预测结果2

6.3 交互式物体检测模型开发

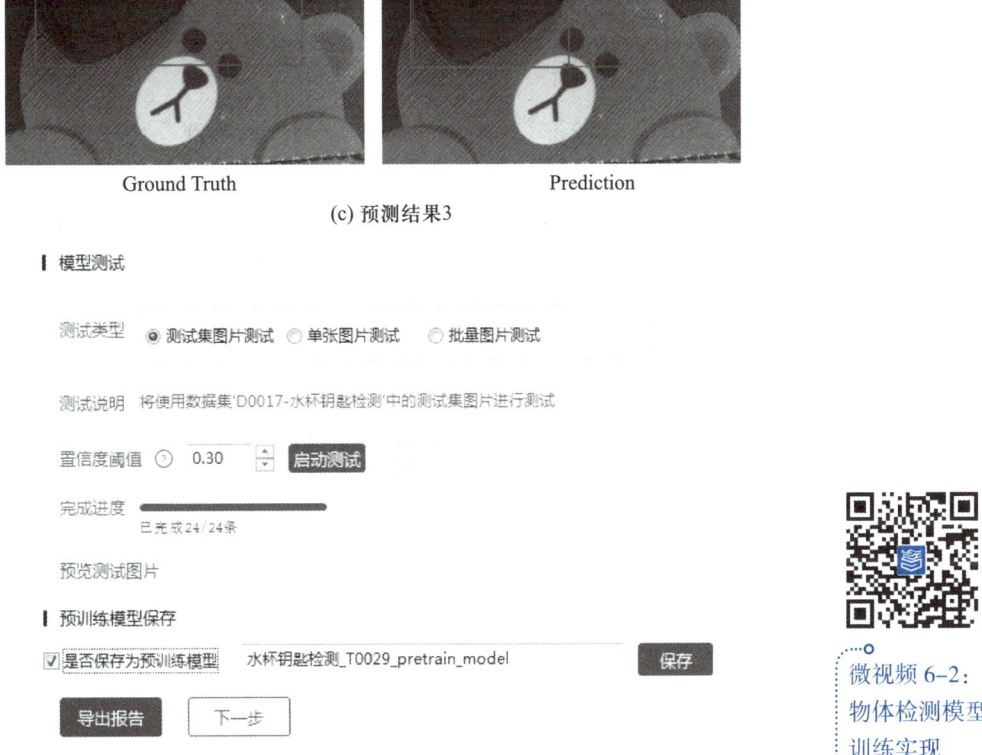

(c) 预测结果3

(d) 模型保存

图 6.45 物体检测模型测试

微视频 6-2：物体检测模型训练实现

（9）模型发布

单击"发布"按钮即可将模型发布，模型会导出到本机的工作空间中。图 6.46 给出模型发布并导出成功的界面。后续调用方式在图像分类模型训练中已经给出，此处不再赘述。

图 6.46 物体检测模型发布

本章小结

本章主要介绍了人工智能模型的四种开发方式，这四种方式的难度是递增的。考虑到算力费用问题，这里主要使用单机版的 PaddleX 平台进行模型训练，用户无须缴费即可体验并完成模型训练的整个流程。此处选择失物招领这一贴近生活的应用场景，使用水杯和钥匙这两种常见物品作为数据，演示了图像分类和物体检测模型开发的全流程，使读者可以实现体验人工智能模型训练过程，并在此过程中感受到数据、算法、算力这三要素对于人工智能的影响。这也是本书的特色之一。

为了让读者体验不同的开发方式，本章习题中给出了使用华为云的资源进行图生图模型训练的习题，供学有余力的学生学习。其中习题 3 是限时免费使用，习题 4 仅供付费用户或华为可以提供代金券的合作院校使用。

习 题

1. 基于 PaddleX 开发平台的图像分类功能，在下面三种情况下分别训练水杯钥匙图像分类模型。

（1）在"参数配置"中，改变输入图像尺寸，其他参数不变，训练水杯钥匙图像分类模型。

（2）自己拍摄照片，增加水杯、钥匙的训练图片数据，其他参数不变，训练水杯钥匙图像分类模型。

（3）在"参数配置"中"模型选择"下的模型中，使用另外一个模型，其他参数不变，训练水杯钥匙图像分类模型。

根据上述过程得到的水杯钥匙图像分类模型训练结果，分析数据、算法对图像分类模型训练的影响。

2. 基于 PaddleX 开发平台的物体检测功能，在下面三种情况下分别训练水杯钥匙物体检测模型。

（1）在"参数配置"中，改变输入图像尺寸，其他参数不变，训练水杯钥匙物体检测模型。

（2）自己拍摄照片，增加水杯、钥匙的训练图片数据，其他参数不变，训练水杯钥匙物体检测模型。

（3）在"参数配置"中"模型选择"下的模型中，使用另外一个模型，其他参数不变，训练水杯钥匙物体检测模型。

根据上述过程得到的水杯钥匙图像物体检测模型训练结果，分析数据、算法对物体检测模型训练的影响。

3. 基于华为 ModelArts 平台体验纯代码开发并进行图生图创作：搜索"华为云"，进入后搜索"StableDiffusionXL 黏土风格图生图"，利用华为云免费提供的算力，根据提示和指南，进行图生图模型开发和创作。

4. 结合自身实际遇到的问题，采用图像分类方法，自己采集数据、标注数据，并在华为 ModelArts 上进行模型训练。ModelArts 操作文档见附录 B。

第 7 章

人工智能赋能学生发展

教学课件：
第 7 章 人工智能赋能学生发展

电子教案：
第 7 章 人工智能赋能学生发展

以进入高校为起点，学生的发展可以划分为两个阶段：第一个阶段是学生在高校的发展，第二个阶段是学生毕业之后进入某个行业之后的发展，前者是后者的基础，后者是前者的延伸。在人工智能时代背景下，当下学生的发展机遇不仅是恰逢其时，而且是前所未有，毕竟二十多年前的人工智能技术还不够成熟。目前，人工智能技术特有的普适性、通用性可以赋能各个专业学生在两个阶段的发展，而人工智能技术的渗透性可以确保发展的长期性，为此，本章 7.1 节介绍人工智能相关的学科竞赛，7.2 节介绍人工智能在行业中的应用，希望能为学生发展点亮前方路途上的人工智能之灯。

7.1 人工智能学科竞赛

7.1.1 《全国普通高校大学生竞赛分析报告》竞赛目录

1. 竞赛目录来源

高校大学生竞赛是创新创业教育的重要载体，对促进人才培养具有重要意义。改革开放以来，我国大学生竞赛经历了 20 世纪 80 年代萌芽、90 年代初兴期及 21 世纪前十多年全面发展期，2017 年中国高等教育学会"竞赛评估与管理体系研究"专家工作组对全国普通高校学科竞赛进行系列评估和研究，开启了普通高校大学生竞赛治理新篇章，大学生竞赛进入内涵调整期。自 2017 年教育部首发《2012~2016 年我国普通高校学科竞赛评估结果》以来，每年均会对全国高校学科竞赛情况进行一次综合评估考核并进行排名,发布《全国普通高校大学生竞赛分析报告》,同步发布当年《全国普通高校教师教学发展指数》。

2. 名单赛事列表

在中国高等教育学会官网及高校学生竞赛与教师发展数据平台均可查询到完整的白名单赛事列表,完整目录如表 7.1 所示。

表 7.1 《2023 全国普通高校大学生竞赛分析报告》竞赛目录

序号	学科竞赛名称
1	中国国际"互联网+"大学生创新创业大赛(2024 年更名为"中国国际大学生创新大赛")
2	"挑战杯"全国大学生课外学术科技作品竞赛
3	"挑战杯"中国大学生创业计划大赛
4	ACM-ICPC 国际大学生程序设计竞赛
5	全国大学生数学建模竞赛
6	全国大学生电子设计竞赛
7	中国大学生医学技术技能大赛
8	全国大学生机械创新设计大赛
9	全国大学生结构设计竞赛
10	全国大学生广告艺术大赛
11	全国大学生智能汽车竞赛
12	全国大学生电子商务"创新、创意及创业"挑战赛
13	中国大学生工程实践与创新能力大赛
14	全国大学生物流设计大赛
15	外研社全国大学生英语系列赛——英语演讲、英语辩论、英语写作、英语阅读
16	两岸新锐设计竞赛·华灿奖
17	全国大学生创新创业训练计划年会展示
18	全国大学生化工设计竞赛
19	全国大学生机器人大赛——RoboMaster、RoboCon
20	全国大学生市场调查与分析大赛
21	全国大学生先进成图技术与产品信息建模创新大赛
22	全国三维数字化创新设计大赛

续表

序号	学科竞赛名称
23	"西门子杯"中国智能制造挑战赛
24	中国大学生服务外包创新创业大赛
25	中国大学生计算机设计大赛
26	中国高校计算机大赛——大数据挑战赛、团体程序设计天梯赛、移动应用创新赛、网络技术挑战赛、人工智能创意赛
27	蓝桥杯全国软件和信息技术专业人才大赛
28	米兰设计周——中国高校设计学科师生优秀作品展
29	全国大学生地质技能竞赛
30	全国大学生光电设计竞赛
31	全国大学生集成电路创新创业大赛
32	全国大学生金相技能大赛
33	全国大学生信息安全竞赛
34	未来设计师·全国高校数字艺术设计大赛
35	全国周培源大学生力学竞赛
36	中国大学生机械工程创新创意大赛
37	中国机器人大赛暨RoboCup机器人世界杯中国赛
38	"中国软件杯"大学生软件设计大赛
39	中美青年创客大赛
40	睿抗机器人开发者大赛（RAICOM）
41	"大唐杯"全国大学生新一代信息通信技术大赛
42	华为ICT大赛
43	全国大学生嵌入式芯片与系统设计竞赛
44	全国大学生生命科学竞赛（CULSC）
45	全国大学生物理实验竞赛
46	全国高校BIM毕业设计创新大赛
47	全国高校商业精英挑战赛
48	"学创杯"全国大学生创业综合模拟大赛
49	中国高校智能机器人创意大赛

续表

序号	学科竞赛名称
50	中国好创意暨全国数字艺术设计大赛
51	中国机器人及人工智能大赛
52	全国大学生节能减排社会实践与科技竞赛
53	"21世纪杯"全国英语演讲比赛
54	iCAN大学生创新创业大赛
55	"工行杯"全国大学生金融科技创新大赛
56	中华经典诵写讲大赛
57	"外教社杯"全国高校学生跨文化能力大赛
58	百度之星·程序设计大赛
59	全国大学生工业设计大赛
60	全国大学生水利创新设计大赛
61	全国大学生化工实验大赛
62	全国大学生化学实验创新设计大赛
63	全国大学生计算机系统能力大赛
64	全国大学生花园设计建造竞赛
65	全国大学生物联网设计竞赛
66	全国大学生信息安全与对抗技术竞赛
67	全国大学生测绘学科创新创业智能大赛
68	全国大学生统计建模大赛
69	全国大学生能源经济学术创意大赛
70	全国大学生基础医学创新研究暨实验设计论坛(大赛)
71	全国大学生数字媒体科技作品及创意竞赛
72	全国本科院校税收风险管控案例大赛
73	全国企业竞争模拟大赛
74	全国高等院校数智化企业经营沙盘大赛
75	全国数字建筑创新应用大赛
76	全球校园人工智能算法精英大赛
77	国际大学生智能农业装备创新大赛

续表

序号	学科竞赛名称
78	"科云杯"全国大学生财会职业能力大赛
79	全国职业院校技能大赛
80	全国大学生机器人大赛——RoboTac
81	世界技能大赛
82	世界技能大赛中国选拔赛
83	"一带一路"暨金砖国家技能发展与技术创新大赛
84	码蹄杯全国职业院校程序设计大赛

7.1.2 人工智能专项学科竞赛

人工智能专项学科竞赛作为推动人工智能技术创新与人才培养的重要平台,最近几年受到了全国大学生的广泛关注与参与,在此详细介绍部分人工智能专项学科竞赛。

1. 中国高校计算机大赛—人工智能创意赛

中国高校计算机大赛(China Collegiate Computing Contest,C4)是面向全国高校各专业在校学生的科技类竞赛活动,于2016年由教育部高等学校计算机类专业教学指导委员会、教育部高等学校大学软件工程专业教学指导委员会、教育部高等学校大学计算机课程教学指导委员会、全国高等学校计算机教育研究会联合创办成立。

中国高校计算机大赛—人工智能创意赛由全国高等学校计算机教育研究会主办,浙江大学、百度公司联合承办。该竞赛是面向全球高校各专业在校学生的科技类竞赛活动,旨在激发学生的创新意识,提升学生人工智能创新实践应用能力,培养团队合作精神,促进校际交流,丰富校园学术气氛,推动"人工智能+X"知识体系下的人才培养。

该竞赛面向中国及境内外高等学校在读学生(含本科、硕博研究生等),竞赛不限制参赛队员年级及专业,可单人参赛或组队参赛,每队最多不能超过三人,每个队伍至少需要一名指导老师,允许参赛队伍跨年级组队、跨专业组队,但是不允许跨学校组队并且每人仅允许报名参加一支队伍,在整个竞赛期间每支队伍有且仅有一次队员及指导教师个人信息的修正、更换机会。竞赛分为初赛、复赛、全国总决赛三个阶段,在各阶段,参赛队伍须按照要求按时、合规地提交参赛作品。初赛阶段参赛者须按要求提交项目创意书及团队介绍,内容应包括参赛作品简介、参赛作品创意点、应用场景、技术流程框架、产品预期功能清单与形态、开发排期、团队分工等。复赛阶段参赛者须基于初赛创意完成作品的开发,提供作品说明书(Word文件)、项目展示(PPT文件)、作品可视化展示视频(3分钟短视频,重点在于产品交互演示和实际使用场景展示,非PPT

录制讲解）。全国总决赛阶段参赛者须通过现场路演汇报的形式，全方位呈现作品实现过程及最终作品。该竞赛在每年第二季度启动、第三季度提交初赛作品、第四季度举行全国总决赛。

2. 中国机器人及人工智能大赛

该项比赛引导和激励广大青年学生弘扬创新精神，搭建良好的科技创新赛事平台，助力人工智能、机器人产业发展，推动"人工智能+""机器人+"新经济产业体系建设，积极推动广大学生参与机器人、人工智能科技创新实践，提高团队协作水平，培育创新创业精神。

该竞赛面向国内研究生、本科生、职业本科生、高职（高专）生，在队伍成员组建上该比赛所有赛道均是一至三名学生一队，大赛不对参赛学生年级及专业做限制，研究生与本科生可以混合组队但不能跨校组队，每队不超过两名指导老师且每人在同一赛项中只能报名参加一支队伍，指导老师可以同时指导多支队伍，所有参赛队伍必须经过校内选拔、区域（省）（或全国初赛）选拔赛选拔后按照一定比例进入全国决赛。

2024年第二十五届中国机器人及人工智能大赛中有创新赛、应用赛、竞技赛、挑战赛四大竞赛主题，其中创新类竞赛主题多数为开放性命题。该比赛的报名时间一般在每年的第二季度，全国总决赛时间是在每年的第三季度。

3. 全球校园人工智能算法精英大赛

"全球校园人工智能算法精英大赛"是江苏省人工智能学会举办的面向全球具有正式学籍的全日制高等院校及以上在校学生举办的算法竞赛。该项比赛旨在推动"人工智能+X"知识体系下的人才培养，坚持"以赛促学、以赛促教、以赛促创"，加快人工智能算法创新型人才培育，激发学生人工智能创新意识和参与创新应用实践热情，推动高校学生高质量创业就业。

该竞赛主要面向全球在校研究生、本科生、高职（高专）学生等，每支参赛团队人数不得超过三人，允许跨专业跨学校组队，每支团队至少一名至多两名指导老师，竞赛共设置"算法挑战赛、算法精英赛、算法创新赛、算法应用赛、算法专项赛"五个赛道，每个赛道按照参赛对象或竞赛内容分别设置若干赛项或赛题，赛题涉及人工智能领域的多种应用算法，拥有较大的覆盖面。竞赛采用校赛、省赛（区域赛/全国初评）、总决赛三级赛制（算法精英赛、算法专项赛单独组织竞赛）。该竞赛通常情况下是在每年的第二季度开始报名，第三季度截止报名，省赛和全国总决赛在每年的第四季度完成。

7.1.3 综合类学科竞赛中的人工智能赛项

在部分综合类的学科竞赛中，设置了人工智能赛项和赛道，适应面广、参赛人数多，下面对其依次进行介绍。

1. 中国国际大学生创新大赛的"人工智能+"项目

中国国际大学生创新大赛是由教育部等 12 个部门和省级人民政府共同主办的活动，旨在为中外大学生创新创业、交流合作提供平台。比赛的主题是"我敢闯、我会创"，其前身为中国国际"互联网+"大学生创新创业大赛。

该项比赛 2024 年的主体赛事包括高教主赛道、"青年红色筑梦之旅"赛道、职教赛道、产业命题赛道和萌芽赛道。高教主赛道设置了新工科类项目、新医科类项目、新农科类项目、新文科类项目和"人工智能+"项目，参赛项目需要能够紧密结合经济社会各领域现实需求，促进人工智能、数字技术与教育、医疗、交通、金融、消费生活、文化传播等深度融合。其中，"人工智能+"项目聚焦于人工智能深度融合经济社会各领域发展、赋能千行百业智能化转型升级，符合"人工智能+"发展理念和要求。

除了主题赛事之外，2024 年的比赛还组织青年红色筑梦之旅、大赛优秀项目资源对接会、大学生创新成果展、世界大学生创新论坛、世界大学生创新指数框架体系发布会等系列活动。

2. 华为 ICT 大赛中的人工智能赛道

华为 ICT（information and communications technology）大赛是华为公司自 2015 年打造的面向全球高校的年度 ICT 赛事，为高校师生提供国际化竞技和交流平台，提升学生的 ICT 知识水平，加强学生的实践动手能力，培养学生运用新技术、新平台的创新创造能力。

比赛分为实践赛、创新赛、编程赛、挑战赛和教师赛五个赛项，其中前四个赛项面向学生，教师赛仅面向教师。其中实践赛、创新赛、挑战赛与人工智能强相关。

实践赛中设置了昇腾 AI 赛道，主要考查参赛学生的理论知识储备、上机实践能力以及团队合作能力；通过理论考试和实验考试考查学生的理论知识水平和动手能力，基于考试得分进行排名，学生需熟悉相关技术理论及实验。

创新赛要求学生从生活中遇到的真实需求入手，结合行业应用场景，综合运用人工智能（必选）及云计算、物联网、大数据、鲲鹏、鸿蒙等技术，提出具有社会效益和商业价值的解决方案，并设计功能完备的作品。

挑战赛包含模型调优和 HPC 多核调优两个赛道（目前仅面向中国开放），分别考查参赛学生基于昇腾平台开展大模型调优的相关能力和基于鲲鹏平台进行高性能计算多核调优的能力。

7.1.4 新兴人工智能比赛

随着人工智能技术的不断发展，一些新的人工智能比赛也在快速发展，为高校学子提供了更多展示才华的舞台。

1. 昇腾 AI 创新大赛

昇腾 AI 创新大赛是华为面向 AI 开发者打造的比赛，旨在鼓励全产业开发者基于昇腾 AI 技术和产品，打造软/硬件解决方案、探索模型算法，加速 AI 与行业融合，促进开发者能力提升。大赛以"数智未来，因你而来"为主题，在新一代人工智能产业技术创新战略联盟（AITISA）和中国人工智能产业发展联盟（AIIA）指导下，由全国各昇腾生态创新中心与华为主办。比赛旨在与广大 AI 开发者共同推动人工智能产业应用规模化发展，引领新一轮人工智能产业未来。竞赛面向全社会开放，不限年龄、身份、国籍，相关领域的个人、高校、科研机构、企业单位、初创团队等人员均可报名参赛。

2024 年昇腾 AI 创新大赛分为应用赛道、开发者套件创新赛道和昇思赛道三个赛道。

① 应用赛道基于昇腾全栈 AI 软硬件平台（包含 Atlas 系列硬件、异构计算架构 CANN、AI 框架 MindSpore、应用使能等）开放命题，包含不限定于政府、安防、交通、互联网、教育、医疗、制造、金融等行业场景，围绕人工智能深度学习技术，探索可具体落地的创新方案。

② 开发者套件赛道针对开放式场景，要求选手基于华为国产开发板完成作品设计，作品创意，场景，功能，配件等不做限制。

③ 昇思赛道针对重点行业典型应用场景，提取对应技术领域热点、高质量领域数据集设计比赛赛题，比赛选手基于鹏城云脑昇腾算力+MindSpore 持续优化提高精度进行比拼。

2. 中国人工智能创新大赛

中国人工智能创新大赛是由中国互联网新闻中心主办的全国性科技类竞赛活动，其宗旨在于激发并培育全国范围内自幼儿至高等教育阶段学生及社会各界成人对于人工智能领域的创新潜能与实践能力。大赛项目设计紧密贴合前沿技术与产业发展需求，广泛覆盖智慧航空、智慧物流、智慧农业、信息安全等多个关键行业领域，全面考察并展示参赛者在机器人创新设计、创意构想、场景化应用实践等多个维度的综合能力与创新能力。

比赛设置多个赛项，各赛项设有明确的建议报名年龄范围、最低年龄要求以及个人参赛或团队参赛形式。比赛分为初赛、复赛及全国总决赛三个阶段，在全国总决赛阶段，参赛者则需通过现场路演或者分组对抗的形式进行汇报，全方位、多角度地展示作品的实现过程、技术细节及最终成果，以全面呈现项目价值与创新能力。

3. 中国高校计算机大赛——智能交互创新赛

中国高校计算机大赛—智能交互创新赛由全国高等学校计算机教育研究会主办，浙江大学、OPPO 公司联合承办，赛事主题为"交互无界，创意无限"。竞赛面向全球高校在校生，是以探索创新驱动智能交互新技术、新场景的科技类竞赛活动，旨在进一步提升学生对新一代智能交互技术的认知和应用能力，增强学生创新思维和问题解决技巧，激发学生创造力和团队合作精神，推动智能交互技术与艺术、设计、工程、科学等领域的跨学科互动，提升高校智能交互类课程教学水平及多维度科研育人系统化能力，培育新一代交叉创新人才生态体系，推进人、机、物三元融合产业的发展和革新。

7.1.5 创新创意类人工智能比赛准备

微视频 7-1：创意类人工智能学科竞赛准备

人工智能比赛分为打榜类比赛和创新创意类比赛。在打榜类比赛中，所有学生面对一个题目开展比赛，以分高者作为获胜者，重点考查学生的技术能力。创新创意类比赛鼓励学生自主命题，重点关注创新和创意、兼顾项目的完成度，不仅考查学生的技术能力，更考查学生的多项非技术能力[7]。

在准备和参加创意类人工智能类学科竞赛时，需注意以下几点。

1. 深入理解竞赛规则

竞赛规则反映了参赛的基本要求，也是必须遵守的强制性要求。对竞赛规则了解不够清晰，会因为犯了低级错误而浪费大量时间和精力。为此，建议在备赛阶段仔细研读竞赛官方文件，准确了解赛事主题、成员数量要求、成员身份要求、指导教师要求、题目类型、提交材料要求、提交材料时间、评分细则标准、成果产出时间等方面的规则。

2. 合理选择参赛项目

根据竞赛规则，合理选择赛项或者赛道。然后与指导教师等讨论参赛项目。参赛项目的选择首先要主题健康向上，其次，参赛项目主题要与赛事要求吻合，第三，需要评估完成赛事所需要的资源和要素，包括数据、平台、算力、设备等诸多方面。

3. 组建参赛团队

根据竞赛规则、参赛项目主题，与指导教师沟通后组建参赛团队。参赛团队需要根据比赛要求进行队员遴选，遴选的规则不仅要求成员技术过硬，还要求队员要有很好的责任心以及沟通、团队协作意识和能力，并且兼顾技能互补。若比赛过程中需要提交文档和答辩，还要考虑团队成员的文档撰写、多媒体制作和语言表达能力，以应对比赛各阶段的不同要求。团队组建后，需在指导教师的指导下进行任务分工、任务排期与任务检查，以便及时推进。

4. 掌握常用工具与框架

人工智能比赛对工具要求较高，尤其是面对复杂的题目和紧迫的时间限制需要快速上手。因此，提前熟悉和掌握常用的人工智能工具、框架和算法库是至关重要的，了解并掌握人工智能开发工具的使用方法,能极大提升比赛中的效率,还要注意在平时积累一定的代码和案例,以便在比赛中快速调用和改进。建议在组建队伍后划分每个人的工作内容,定期开会讨论现阶段作品制作的状态和自己遇到的问题,制定详细具体的学习计划和工作计划。

5. 重视数据预处理与模型调优

在许多人工智能比赛中,数据处理和模型调优往往非常关键,建议投入足够的时间和精力研究和处理数据;在模型调优方面,使用交叉验证、网格搜索、随机搜索等方法对超参数进行优化,能够有效提高模型性能,合理地运用集成相关方法也可以提升模型整体的准确性和鲁棒性。

6. 多次模拟与实战演练

在备赛过程中,多次进行比赛模拟是必不可少的。通过模拟比赛环境,团队可以提前熟悉比赛流程、提前预判可能遇到的困难。实战演练还可以帮助团队提升时间管理能力,避免临场紧张,通过不断复盘和总结、持续优化策略和方案。

7.2　AI+赋能行业应用典型案例

7.2.1　盘古大模型

盘古大模型是华为旗下的一个超大规模的 AI 大模型,涵盖了自然语言处理、计算机视觉和科学计算等多个领域。盘古大模型于 2021 年 4 月首次发布,2023 年 7 月发布了面向行业的盘古大模型 3.0。该模型包括"5+N+X"三层架构,分别对应 L0 层的 5 个基础大模型、L1 层的 N 个行业通用大模型以及 L2 层可以让用户自主训练的更多细化场景模型,具体结构如图 7.1 所示。

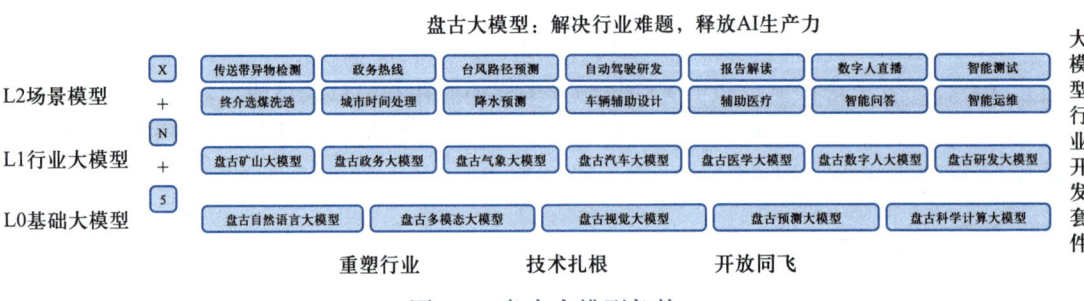

图 7.1　盘古大模型架构

在盘古大模型中，L0 层的基础大模型使用海量数据和显卡 GPU 进行数月的训练后得到，目前包括视觉大模型、自然语言处理大模型、多模态大模型、图网络大模型和科学计算大模型等 5 个基础大模型。L1 层的行业大模型使用大量行业数据和千卡 GPU 进行数周训练后得到，目前包括矿山大模型、政务大模型、气象大模型、汽车大模型、医学大模型、数字人大模型、研发大模型等。L2 层的场景模型针对细分场景、使用用户私有数据进行数天的模型训练后得到，可以产生大量可直接用于生产的场景模型，如用于矿山安全监管的传送带异物检测、用于气象的台风路径预测、用于智慧城市建设的城市事件处理等。

在上述三层架构中，L0 层主要基于人工智能的主流通用技术进行模型训练，L1 层主要基于行业共性需求进行模型训练，L2 层主要面向具体应用场景进行模型训练。三层结构之间采用完全的分层解耦设计，用户可以基于自己的业务需要选择适合的大模型开发、升级或精调，从而适配千行百业多变的需求。这样的设计方案可以解决 AI 开发难、算法更新快、算法调优难等技术方面的问题，也可以解决 AI 项目落地过程中遇到的数据获取难、开发周期长、行业知识与 AI 技术结合难、升级难等实施方面的问题[8]。

"无监控、不作业"是目前煤矿安全生产的基本要求，人工智能作为煤矿智能矿山的重点建设方向已成为行业共识。山东能源集团依托华为盘古大模型建设了集团人工智能训练中心，探索和发掘煤矿生产领域全场景的人工智能应用，通过技术创新，实现"人工智能大规模下矿"，让员工远离井下作业环境，实现"高效、安全、可持续性"的生产运营管理。山东能源集团将模型训练统一安排在兴隆庄煤矿一处训练，全集团共享。目前，盘古矿山大模型已经覆盖了超过 1 000 个煤矿细分场景，已经有多个矿井进行复制使用，涉及综采、掘进、机电、运输、通风等方面。下面列出几个典型的应用场景。

① 在井下巡检场景，利用人工智能和视觉识别技术，原恶劣作业环境下每天巡检改为每周巡检一次，节省人力的同时，也改善了巡检人员的作业环境。

② 在焦化配煤优化场景，利用人工智能技术训练配煤优化模型，可帮助配煤师提升输出配比效率，预计人工耗时可从 1~2 天缩短到分钟级。

③ 在洗选煤参数优化场景，通过人工智能图网络大模型构建自主预测分选密度模型和产品灰分预测模型，进行旋流器/全流程控制参数优化，根据系统观测到的灰分比，快速自动调整悬浮液密度以及入口压力等工作参数，实现稳定精煤灰分、提升精煤回收率 0.1%~0.2%。

7.2.2 数字文博大平台

垂直领域大模型是指以通用大模型作为基础模型，使用特定领域或行业的领域知识作为输入数据，经过训练和优化得到的某个领域或行业的大语言模型。与通用语言模型相比，垂直领域大模型更专注于某个特定领域的知识和技能，具备更高的领域专业性和实用性，因此具有如下特点。

(1) 领域专业性

垂直领域大模型使用领域数据经过专门的训练，能够更好地理解和处理特定领域的知识、术语和上下文。

(2) 高质量输出

由于在特定领域中进行了优化，垂直领域大模型在该领域的输出质量通常比通用大模型更高。

(3) 特定任务效果更好

对于特定领域的任务，垂直领域大模型通常比通用大模型表现更好。

中华文化是我国文化软实力最深厚的源泉，也是提供国家文化软实力的重要途径，而人工智能可以提供技术支撑，让收藏在禁宫里的文物、陈列在祖国广阔大地上的遗产、书写在古籍里的文字都活起来。

微视频 7-2：山海文博大平台

数字文博大平台是湖南省贯彻国家文化与科技融合精神，由湖南广电开展建设并负责运营的文博类平台，旨在根植中国特色、中国风格和中国气派，用数字化、新媒体、市场化的手段，以文博为根基，建设数智化的中国传统文化展现和传播平台。平台汇聚了全国二十多家博物馆的超过两万件文物的数字资料、影像资料、视频和 3D 资料，并训练了中国文化历史大模型，并以"山海"App 的形式为用户呈现，将中华文物精品以数字化、智能化的方式进行展现和传播，其中多项功能用到了人工智能技术，下面进行逐一介绍。

(1) AI 二创

AI 二创部分提供实物二创、线稿上色、古装头像三种功能，允许用户自己上传图像和输入文字，进行文生图创作，其中平台预设的参考图像和风格图像均与中国传统文化相关。

"实物二创"功能支持将平台上每件文物图像作为文物主体，选择指定参考图像进行文生图创作。"古装头像"功能中的风格图像均为文博类图像，包括"青花扁瓶""君幸酒""鹦鹉纹银罐""写意山水""铜方罍""秦武士俑" 6 种风格。图 7.2 给出选择秦武士俑风格作为参考生成的输出结果。

(2) AI 解说

AI 解说提供 8 个风格、18 种音色，对平台上的文物进行解说，为用户提供个性化的解说服务。

(3) 知识图谱

平台为每件文物构建了知识图谱，并根据知识图谱建立了文物之间的联系，为用户提供全面、多关联的文物推荐，图 7.3 展示了文物间的知识图谱及其联系，其中图 7.3 (a) 展示的是中国精品文物铜奔马，该文物又名马踏飞燕、马超龙雀等，为东汉青铜器，国宝级文物，1969 年 10 月出土于甘肃省武威市雷台汉墓，现藏于甘肃省博物馆，为甘肃省博物馆镇馆之宝，其形象被用作中国旅游标志。图 7.3 (b) 表明，铜奔马有"时代""材质""工艺"3个属性,点击"时代"属性"汉",从图 7.3(c)给出的知识图谱树状图中可以发现,同属汉朝的文物共有132件,点击第一个文物即可看到如图7.3(d)所示的文物:茶黄色菱纹罗地"信期绣"丝锦袍。

(a) 风格图像　　　　　　(b) 生成的秦武士俑风格图像

图 7.2　古装头像图像生成

(a) 铜奔马　　　(b) 知识图谱　　　(c) 树状图　　　(d) 丝锦袍

图 7.3　文物知识图谱

本 章 小 结

本章主题为人工智能赋能学生发展,这里的发展不仅限于在学校的学习,也希望能为学生未来的工作和发展赋能。针对不同阶段的不同需求,分别介绍了人工智能相关学科竞赛以及人工智能相关行业应用案例，包括综合类的大模型案例以及垂直领域大模型的案例。

习　　题

1. 通过网络查找资料，分析 2024 年中国高校计算机大赛人工智能创意赛的获奖名单，分析获奖作品都用了哪些人工智能技术。

2. 查找文献，总结一下在自己所学专业对应的行业中，人工智能都有哪些应用，解决了哪些行业问题。

第 8 章

人工智能伦理

教学课件：
第 8 章 人工智能伦理

电子教案：
第 8 章 人工智能伦理

人工智能宛如一股强劲的浪潮，正在以前所未有的速度和规模影响着人类世界。人工智能技术不仅极大地提高了人类社会的生产效率和生活质量，与此同时也在不断挑战人类认知的边界，一种新的"人机物"共存范式正在衍生和重塑。

然而，每一次技术革命都伴随着对现有社会结构、伦理规范和价值观念的挑战。从数据、算法和算力的视角来看，数据若收集不规范，算法若设计不公，算力若应用不当，后续衍生的连锁反应将如滚雪球般，在每一个环节都有可能源源不断产生新的伦理问题。这些伦理问题不仅关系到技术本身的可持续发展，更触及人类社会的核心价值观和未来走向。

人工智能发展的终极目标是什么？如何让人工智能为人类塑造一个更好的社会？本章将在审视新技术给我们带来便利的同时，帮助读者警醒潜藏的隐患，更全面地理解人工智能时代下的伦理问题。

8.1 人工智能伦理概述

8.1.1 人工智能伦理概述

人工智能技术以它独特的"智能"优势逐渐改变着人类的生活，人类正在进入一个"人机物"相融合的万物智能互联时代。人工智能产品不仅肩负着高效完成工作的责任，还要能像人类一样具有"会看""会听""会想""会创作"等各种"智能"，并且随着人们将自己的期待和情感融入产品的体验过程后，人们更期待人工智能像人一样能更"懂我"。与 AI 聊天的时候，期待它能理解你；用 AI 生成的音乐，期待更动听，这种新型人机关系同时也会不断地冲击现有的伦理和社会秩序。

《终结者》系列电影中的 Skynet 是一个有自我意识的 AI 系统，它最初被设计为全自动防御系统，但最终发展成威胁人类生存的超级武器。Skynet 的自主性使其超越了人类的控制，引发了关于 AI 是否应该拥有决策权的争议，并且提出了 AI 是否可能自我修改代码、导致智能爆炸的问题。这种对 AI 失控的担忧不仅体现在电影中，也引发了现实世界中科学家和专家们的广泛讨论。霍金曾表示："人工智能技术的研发将敲响人类灭绝的警钟"。除此之外，电影中机器人通过学习超越其核心编程，发展出情感智能，甚至选择成为人类的救赎。这一情节引发了关于机器是否能够成为"人"的哲学问题以及 AI 是否能拥有情感和道德伦理观念的讨论。当下，人工智能伦理问题比以往任何一个时期更值得关注和重视。

人工智能伦理（AI ethics）是在开展人工智能研究、设计、开发、使用和服务等活动需要遵循的价值理念和行为规范。人工智能伦理关注技术的"真"与"善"，如何引导技术朝着有益于人类和社会的方向发展？如何提前预测人工智能在未来可能带来的各种道德困境？以及如何解决人工智能中的伦理问题并设计合乎伦理道德的人工智能系统是一项棘手而复杂的任务。2017 年 7 月，由国务院印发的《新一代人工智能发展规划》中提出六个方面重点任务，其中建设安全便捷的智能社会和构建安全高效的智能化基础设施体系两项重点任务中，明确强调要建设安全有效的智能社会和基础设施体系。安全不仅仅是技术上的安全，同时也包含人工智能时代所带来的伦理安全、人文安全、制度体系安全等。

1940 年，著名的科幻作家阿西莫夫首次提出了"机器人三原则"定律，描述了人类对机器人的伦理约束。

第一定律：机器人不得伤害人类个体，或者目睹人类个体将遭受危险而袖手不管。

第二定律：机器人必须服从人给予它的命令，当该命令与第一定律冲突时例外。

第三定律：机器人在不违反第一、第二定律的情况下要尽可能保护自己的生存[20]。

直到 2004 年，第一届机器人伦理学国际研讨会正式提出"机器人伦理学"。自 2010 年以后，随着机器学习、大数据和计算能力的进步，AI 迎来了爆发式的增长。2016 年，AlphaGo 在围棋比赛中战胜世界冠军李世石，AI 在复杂任务中表现出的强大能力，引起了全球范围内的轰动。AlphaGo 的胜利让人们觉得人类的智慧在某些领域不再是独一无二的，人类智能和人工智能之间的较量，会走向何种程度？让今天的我们来看，即使跨越时空，人们对人工智能都有同样的期待、顾虑和担心。

2021 年 9 月，我国发布了《新一代人工智能伦理规范》，该规范将伦理道德融入人工智能全生命周期，提出了增进人类福祉、促进公平公正、保护隐私安全、确保可控可信、强化责任担当、提升伦理素养等 6 项基本伦理要求，并提出了人工智能管理、研发、供应、使用等特定活动的 18 项具体伦理要求，为从事人工智能相关活动的自然人、法人和其他相关机构提供伦理指引。2024 年 8 月，欧盟《人工智能法案》的起草和预期实施，为许多国家和地区正在制定人工智能规范提供重要借鉴。

8.1.2 伦理、道德与法律的关系

在人工智能产品体验过程中，你是否也曾有一些困惑与挑战。比如，你每天看到的新闻是否真实？你购买的商品价格是否和别人一致？你的个人私密信息是否被泄露？你创作的作品是否被引用？此时，人工智能应用中涉及的伦理、道德与法律问题显得尤为重要。

1. 伦理、道德与法律的区别

（1）伦理：关系中的行为准则

伦理是在特定的社会文化背景下形成的，不同的文化和社会环境会产生不同的伦理观念。伦理中的"伦"是顺序、秩序、分类的意思；"理"就是条理、规律、道理等意思。在中国传统文化中，伦理更多是指血缘亲属、人与人之间的秩序关系和行为规范。在当代伦理概念中，伦理不仅指的是人与人之间的关系，同时包含人与物、人与环境之间的关系。以服务机器人为例，自主决策和智能化交互设计也是对当下社会伦理关系的挑战。

（2）道德：内心的行为指南针

在中国传统文化中，特别注重道和德，如诚实守信、尊老爱幼、忠诚爱国等道德观念已经深入人心。道德是人们在长期的社会实践中形成的关于善恶、正义与否的观念和评价标准，通常由历史传统、文化习俗、宗教信仰等多重因素共同塑造。看一个人有没有道德，往往依赖于这个人内心的自觉和良知，然后通过社会舆论的力量来实现行为的自我约束与相互监督。人们期待人工智能的"智能"是人类大脑功能的延伸，它的一切都是人类赋予的，这其中就包括道德观念。因此，在人工智能系统的设计和研发过程中，往往容易将特定的道德理念或文化偏见融入其中。人工智能是否拥有道德与人工智能是否能够恰当运用道德观念是需要思考的问题。

（3）法律：社会秩序的强制保障

法律在任何一个国家都是人们行为规范的底线。因为，它明确规定了人们的权利和义务以及违反法律所应承担的后果，具有规范性、强制性、程序性等特点。

从约束力度来看，法律是底线，伦理在道德之下、法律之上。道德是个人内心的信念和行为标准，伦理是对道德的哲学探讨而形成的行为规范和伦理要求，而法律则是国家强制实施的规范。

2. 伦理、道德与法律的联系

《大学》中提出"修身、齐家、治国、平天下"，个人的道德修养是伦理和法律形

成的重要基础。许多人工智能伦理准则的制定，都是基于人类普遍认可的道德观念。例如，尊重他人、保护隐私等道德原则，直接转化为人工智能伦理中对用户权益保护的具体要求。同时，道德观念也为人工智能相关法律的制定提供了价值导向。法律在规定人工智能技术应用的边界时，也会充分考虑社会的道德底线和公众的道德情感。

伦理则是对道德的进一步升华和细化，它将抽象的道德观念转化为具体的、可操作的行为规范，在一些新兴的人工智能应用场景中，法律可能存在滞后性，此时伦理规范可以暂时填补空白，引导技术的发展方向。

伦理、道德、法律三者共同作用于社会的治理和个体的行为，依法治国和以德治国也是我们国家治国理政的优良传统，以伦理道德为基石，以法律为准绳，共同构建一个富强、民主、文明、和谐的国家，做德法兼修的时代新人，是我们追求的目标。

8.1.3 伦理困境与道德责任

1. 伦理困境

伦理困境一般发生在特定情境下存在的多种价值选择，每一种选择都具有一定的道德合理性。如著名的伦理困境思想实验"电车难题"（图 8.1），假设你看到一辆失控的电车正沿着轨道高速驶来，轨道上有五个人无法逃脱，如果电车继续前行，这五个人将会被撞死。然而，你可以拉动一个杠杆，将电车转向另一条轨道，但这样会撞死另一个人（这个人原本在安全的轨道上）。你会怎么做？

图 8.1 电车难题

这是一个人们在道德决策中的矛盾难题，"电车难题"伦理实验强调了伦理决策的复杂性。道德多元主义认为，存在多种不同的基本道德原则，这些原则可能相互矛盾，并且没有严格的优先顺序来解决冲突。因此，在面对价值冲突时，道德责任要求主体进行权衡和选择，以确定哪些价值应当被优先考虑。

例如，自动驾驶汽车在面临不可避免的事故时，车辆必须在撞向行人或保护车内乘客之间做出选择时，道德决策是一个难题。事故的责任归属制造商、开发者还是使用者？这种模糊的责任界定使得法律和伦理上的应对变得困难。在这种情况下，只能根据具体的情境和条件，做出最佳的决策。面对伦理困境，通常需要从特定的视角出发，结合具体情景，进行价值判断，以确定在不同程度上应当采取的行动和最佳选择。

2. 道德责任

责任强调的是应当或必须履行的义务与担当。在人工智能领域，首先需要明确的是，人类是最终责任主体。从人工智能的设计者、研发者、提供者和使用者等多元主体分工合作中，人工智能产品从设计—研发—应用链条上发展出一条关联紧密的责任链，每个环节都是责任的一部分，没有哪个环节承担单独的责任，而是每个环节的行为所承担的责任都相互关联。道德责任则是人们对自己的行为的过失及其不良后果在道义上所承担的责任[20]。

道德责任，首先是一种内在的自觉。它源自我们内心深处的良知与善意，是人性中善良、正直、勇敢等美好品质的自然流露。如果一名算法设计师面对算法设计不公正的事情时，能勇敢地站出来发声，这一定是他内心道德责任感的驱使。这种内在的自觉，让人们在面对道德抉择时，能够超越个人的私利，做出符合社会道德规范的选择。道德责任，也是一种对他人的担当。在社会生活中，每个人都不是孤立存在的个体，而是处于各种社会关系之中。道德责任，更是一种对社会的奉献。然而，在现实生活中，也常常会看到一些人忽视甚至违背道德责任的现象。例如，有些人在网络上恶意攻击他人，传播虚假信息，破坏网络环境；有些企业为了追求经济利益，不惜牺牲环境、损害消费者权益。这些行为不仅违背了道德责任，也给社会带来了负面影响。

由于人工智能系统本身具有"黑箱"属性，不仅在技术上难以理解，并且系统通常封闭。在设计—研发—应用责任链上无论哪个环节出现问题，都会造成难以修复的影响。随着人工智能技术的不断发展，人们需要重新思考如何在技术发展中融入道德责任，这不仅是技术问题，更是对社会进步的责任。

8.1.4 人工智能伦理要求

1. 科技向善

《三字经》开篇即言："人之初，性本善。"此句不仅揭示了人性之根本，也可引申为人类社会与科技发展的初衷。科技的进步，作为人类智慧的结晶，其本质目的在于服务人类、改善生活品质，并促进社会的和谐与进步。

科技向善，首先是一种价值取向。科技不应仅仅追求技术的先进性和创新性，而应更多地关注其对人类生活的实际影响，对社会的积极贡献。科技向善，也是一种伦理要求。在科技发展的过程中，我们必须坚守伦理底线，避免科技的误用和滥用。科技向善，更是一种社会责任。企业不仅要追求经济效益，更要积极履行社会责任，将技术向善的理念融入企业的战略规划和日常运营中。我国在 2023 年发布的《生成式人工智能服务管理暂行办法》中明确要求人工智能技术必须遵循"以人为本"的原则，保护用户隐私，确保技术应用的公平性和安全性。科技向善，不仅仅是工程师和企业的实践，更需要全社会的共同努力。

> 拓展阅读 8-1：百度 AI 寻人平台

例如，"百度的 AI 寻人"平台，通过人脸识别技术帮助走失人员与家人团聚。用户上传照片后，系统会与数据库中的照片进行比对，寻找相似度高的照片，从而帮助找到走失人员。截至 2020 年 1 月，用户在"百度 AI 寻人"平台发起的照片比对已超过 39 万次，寻亲配对成功案例已超 10 000 例。百度对 AI 的应用探索，说明科技向善正在进入"应用落地"阶段。

2024 年 7 月，第 78 届联合国大会协商一致通过我国主提的加强人工智能能力建设国际合作决议，140 多国参加决议联署。该决议强调了我国 2023 年发布的《全球人工智能治理倡议》中提出的人工智能发展应坚持以人为本、智能向善、造福人类的原则，以上原则表明我国正在积极构建"以人为本、智能向善"的人工智能命运共同体，彰显了我国"以人为本"发展和治理人工智能的大国责任和重要引领。

2. 合规合法

自 2017 年我国发布《新一代人工智能发展规划》以来，我国政府相继出台了一系列政策文件、行业标准和技术规范，并构建了一系列法律框架。这些法律法规涵盖了多个方面，包括数据安全、网络安全、伦理治理、知识产权保护等。

人工智能时代，是一个诚信的时代，人人遵守法律法规，维护社会秩序，推动人工智能技术健康有序发展。例如，在各种人工智能平台注册登录时，大家都需要在页面下方条款处勾选，才能正常注册。也就意味着在使用任何一个平台的同时，我们已经和提供商签署了一份需要共同遵守的合作协议（示例见图 8.2），用户需要认真阅读相关合规要求（示例见图 8.3）。从长远来看，提升人们伦理意识、遵守法律法规不仅是构建负责任的人工智能生态系统的基石，更是保障人工智能技术保持可持续发展的关键。

图 8.2 平台注册登录界面

图 8.3　平台使用的合规要求

3. 守正创新

守正创新，表明任何一项新技术的发明和应用都要遵从天道和真理。守正，意味着我们要坚守正确的方向，不随波逐流，不迷失自我。创新，意味着我们要有敢于质疑的精神，不满足于现状，不畏惧失败。因此，"守正"是根基，它代表着人们对真理、对正义、对传统优秀文化的坚守，是在纷繁复杂的世界中坚守的准则和底线。只有不断创新，才能创造出更加美好的未来[21]。

2024 年 11 月 12 日，中国人工智能产业发展联盟在其第十三次全体会议上正式发布了《2024 年人工智能先锋案例集》。该案例集涵盖了技术底座、新型工业化、行业应用以及政务民生四大类，涉及从基础软硬件到 AI 基础设施、软件工程以及 21 个行业领域的应用，这标志着我国在人工智能领域取得的新进展。未来的人工智能应用将会更加注重体验、智能与人文的结合，从而为人们构建一个更加智慧的社会。

8.2　人工智能伦理挑战

与以往技术变革不同的是，人工智能不仅拥有强大的智能，在未来，机器也可能拥有"情感意识"。2023 年，美国佛罗里达州的 14 岁少年塞维尔·塞泽三世，在与 AI 聊天机器人几个月的对话后，2024 年 2 月，塞维尔在母亲家的浴室中，用父亲的手枪瞄准自己的头部开枪自杀。未来人工智能系统是否真能成为人类的伙伴，我们是否应该信任人类对机器的情感依赖？同时，我们又该如何界定和维护人类与机器之间的情感边界？

这些挑战触及了我们对于隐私、公平、责任和人类情感本质的基本认知，也迫使我们必须在技术发展的步伐中不断审视和反思，我们要利用人工智能创造一个什么样的社会？

下面将从数据层面、算法层面、应用层面三个维度梳理人工智能主要伦理风险，其具体维度如图8.4所示。通过对各个领域发生的伦理案例进行剖析，揭示这些伦理挑战背后的复杂性和应对措施[20]。

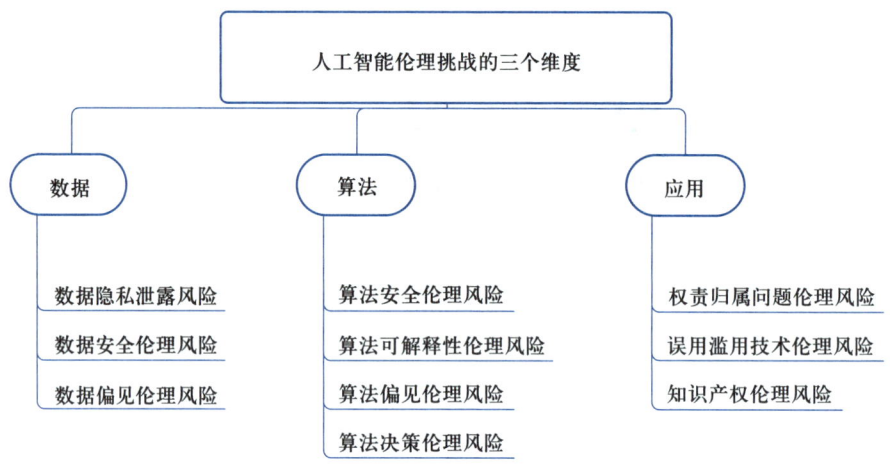

图 8.4　人工智能伦理挑战的三个维度

8.2.1　人工智能数据相关的伦理挑战

在现代经济中，数据已成为一种新型生产要素，类似于传统的劳动、资本和土地等要素，它在人工智能产业中扮演着至关重要的角色。数据的质量好坏直接影响 AI 模型的性能和可靠，同时也带来了诸多伦理挑战和风险。这些挑战主要集中在数据隐私、数据安全等方面。2018 年 5 月，欧盟颁布《通用数据保护条例》，它是一项重要数据保护法规，旨在规范个人数据的收集、处理和保护。它要求企业在使用个人数据时必须获得用户的明确同意，并采取有效措施保障数据的安全。2021 年 8 月，我国发布《中华人民共和国个人信息保护法》，旨在在个人信息的收集、存储、使用、加工、传输、提供、公开、删除等环节，保护个人信息权益，规范个人信息的处理活动，促进个人信息合理利用。

1. 数据隐私泄露伦理风险

隐私是个人的自然权利，保护个人信息的隐私权是尊重个人并保持信任关系的基础，也是人工智能时代体现文明的方式。互联网时代，导致个人隐私泄露大多以黑客为主利用木马病毒等技术对用户进行侵害并获利。随着大数据和人工智能技术的发展，由于人工智能系统通常需要处理大量个人数据，如身份信息、健康记录、财务记录等敏感信息，人工智能模型可能通过训练数据推断出个人的敏感信息，甚至在数据泄露的情况下，利用这些信息进行推断，从而引发隐私滥用。因此，如何确保这些私有数据不被未经授权的访问、披露、修改或破坏，是人们关心的话题。

2. 数据安全伦理风险

随着大数据和云计算技术的发展，数据在传输、存储和使用过程中面临多种安全威胁。例如，黑客可能通过攻击训练数据集窃取模型参数，进而对模型进行逆向还原。此外，开源学习框架的安全漏洞也可能导致系统数据泄露。在运行阶段，数据异常可能导致智能系统运行错误，甚至引发安全事故。

3. 数据偏见伦理风险

人工智能系统训练模型依赖大量的数据输入，对于复杂的机器学习算法来讲，数据的多样性、分布性都会影响 AI 模型训练结果。草率选择的数据可能会使算法的运行结果产生某种偏差。不正确、过期的数据，由于缺少细节和实时数据的更新，仍然可能产生不可预期的结果。此外，选取不具有整体代表性的数据、具有文化偏见的数据或已经生成具有偏差的数据，如果将其重新作为数据集进行训练，可能会让算法偏见得以延续和加强。例如，如果训练数据主要来自西方文化，生成的内容可能缺乏对其他文化的理解和尊重，甚至可能传播刻板印象和歧视性信息。

4. 典型案例

（1）45 亿国内快递信息遭泄露事件

2023 年 2 月 12 日，Telegram 查询机器人被爆泄露 45 亿条国内个人信息，包括真实姓名、电话和地址等敏感数据。数据主要来自各快递平台以及国内知名购物网站，数据包含用户真实姓名、电话与住址等。用户可以通过输入手机号查询到姓名、手机号和详细的收货地址等隐私信息。据该机器人管理员提供的截图显示，泄露的数据量超 45 亿条，数据库大小为 435.35 GB，几乎涵盖了全国用户的快递信息。

每个人都有权利保护自己的隐私，如果在未经授权的情况下，个人或组织的敏感信息被公开或访问，会极大地挑战用户对平台的信任度。《中华人民共和国数据安全法》明确提出要对数据的重要程度、敏感程度等进行分级，并根据其重要程度、敏感程度的不同进行分级保护。

（2）学校师生信息泄露事件

2023 年，南昌公安网安部门发现，南昌某高校 3 万余条师生个人信息数据在境外互联网上被公开售卖。经查，涉案高校在开展数据处理活动中，未建立全流程数据安全管理制度，未采取技术措施保障数据安全，未履行数据安全保护义务，导致学校存储教职工信息、学生信息、缴费信息等 3 000 余万条信息的数据库被黑客非法入侵，其中 3 万余条教职工、学生个人敏感信息数据被非法兜售。南昌公安网安部门根据《中华人民共和国数据安全法》第四十五条的规定，对该学校做出责令改正、警告并处 80 万元人民币罚款的处罚，对主要责任人作出人民币 5 万元罚款的处罚。

此次事件不仅损害了师生的权益，也削弱了公众对高校数据管理的信任。在全球个人信息保护制度中，"知情同意"原则一直是基础性制度，也是人机交互的核心问题。数据安全不仅是技术问题，更是伦理和法律责任问题。根据《中华人民共和国数据安全法》，数据处理者有义务建立健全数据安全管理制度，采取必要技术措施保障数据安全。该校未履行这些义务，导致大量个人信息泄露，严重侵犯了师生的隐私权和信息安全，违背了伦理原则中的"不伤害"原则。该校未能保护师生的个人信息，导致其被非法售卖，反映出在隐私保护方面的严重失职。此外，该校未向师生透明化数据处理和保护措施，违背了伦理中的透明度原则。

（3）Google DeepMind 医疗数据案

谷歌公司旗下人工智能公司 DeepMind 与英国国家医疗服务体系（NHS）的伦敦皇家自由医院（Royal Free Trust）达成合作，DeepMind 获得了约 160 万 NHS 患者的医疗记录数据，Google 利用这些数据训练机器学习诊断和搜索算法，并寻求将其专利化并商业化，用于开发名为 Streams 的患者监测应用程序。DeepMind 因未经授权使用 NHS 患者的医疗记录而面临集体诉讼。英国律师事务所 Mishcon de Reya 代表约 160 万名英国患者向高等法院提出索赔。根据调研，大多数患者对于自己的数据被共享并不知情，仅有 17% 的患者表示他们永远不会同意公开自己的数据，即使是以匿名的方式用于研究领域。因此，公司面临集体诉讼，患者要求就滥用个人信息的行为进行赔偿。这起诉讼也意味着 AI 医疗遭遇挫败。

这一案件揭示了 AI 技术在医疗领域应用的伦理冲突，通过人工智能技术帮助医生为病人提供更有效的诊疗，从道德伦理层面是向善举措。虽然该应用程序也受到众多用户的访问，电子病历应用已经在全球快速发展，但 DeepMind 公司在未经用户同意情况下，获取并处理了上百万名患者的医疗健康病历数据，这一行为显然违反了数据保护法规。因此，AI 向善的应用和用户底线的冲突，引发了对科技公司在医疗数据使用方面的法律和伦理限制的讨论。

8.2.2 人工智能算法相关的伦理挑战

算法作为人工智能系统中的"大脑"，决定系统能够执行何种任务以及如何执行这些任务。算法的高效性、灵活性和创新性直接影响到人工智能系统的性能上限。如何通过算法处理和分析大量数据，发现模式规律、趋势和异常检测，不仅可以帮助人类在各种复杂场景中做出决策，并且可以基于历史数据进行预测，为人类解决问题提供最佳解决方案。

在算法方面的人工智能伦理风险主要包括算法安全风险、算法可解释性风险、算法偏见风险和算法决策风险。这些风险不仅影响技术的可信度和可靠性，还可能对社会公平、个人隐私和法律伦理带来挑战。此外，算法的复杂性和"黑箱"特性使得其决策过程难以理解和解释，决策伦理风险正是由于人工智能自学能力的"黑箱"特性导致算法结果的不可预见性。如何在数据隐私保护与算法安全、算法可解释性与数据隐私保护等之间保持平衡是算法面临的伦理挑战，算法伦理挑战风险类型关系如图 8.5 所示。

此外，工程师的特殊能力决定了在算法伦理风险上具有举足轻重的责任，工程师应有意识地思考、预测、评估其所研发的智能产品可能产生的不利后果。除了在本职工作范围内履行伦理责任外，还应当利用适当的途径和方式制止违背伦理的决策和实际行动，主动降低智能产品带来的伦理风险。除此以外，如何定义与企业价值观和目标一致的负责任伦理原则，教育和提高员工、

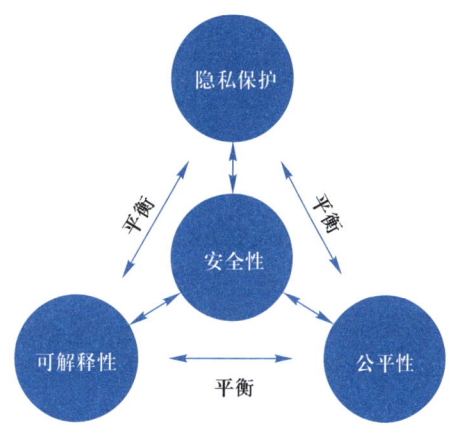

图 8.5　算法伦理挑战

利益相关者和决策者对负责任 AI 实践的认识以及在人工智能开发生命周期中整合伦理实践，都值得我们反思。

1. 算法安全伦理风险

算法安全问题主要源于算法漏洞被黑客攻击或恶意利用的挑战。同时，人们越来越依赖人工智能技术的背后，也预示算法面临随时可用、可靠及可控的风险挑战。

2. 算法可解释性伦理风险

算法的复杂性和"黑箱"特性使得其决策过程难以理解和解释。即使是 AI 专业人员也很难解释清楚其内部机制和决策过程。这种复杂性带来的如何为用户公开解释为何得出某个结论和解释它们如何得出特定预测时带来了挑战。

3. 算法偏见伦理风险

当人们依赖机器程度越高，则机器决策和结果被人为干预得越少。如果从训练数据到算法设计等环节存在偏差效应，那么，各种不公平的结果会让少部分群体在不知情的情况下，遭受不公平的待遇。比如，种族偏见、肤色偏见、文化偏见、性别（包括怀孕）偏见等，这些偏见在 AI 部署应用过程中被逐渐放大，强化现有的偏见而影响社会和谐发展。

4. 算法决策伦理风险

算法决策伦理风险正是由于人工智能自学能力的"黑箱"特性导致算法结果的不可预见性。人工智能技术通过数据驱动的方法，实现对问题的自动化求解。它涉及数据收集、模型训练和模型应用等环节。算法通常能够从大量数据中学习模式，并做出预测或

决策。因此，需要更加谨慎地思考、预防人工智能算法失控可能带来的恶劣后果，保证人类的"造物主"的主体地位。

5. 典型案例

（1）算法工程师"爆改"AI算法

2024年，字节跳动公司起诉一名前实习生田某，索赔800万元人民币，这一事件引发了公众的广泛关注。田某在字节跳动公司实习期间，参与了团队中一个重要的技术项目。在被辞退后，因对团队资源分配表示不满，他被指控篡改代码，恶意攻击了公司内部的模型训练，造成了资源的损耗。字节跳动认为，田某的行为不仅违反了劳动合同，且严重影响了公司的技术安全，因此，公司通过法律途径维护自身权益。

这个案件的发生，不禁让人思考：在当今数字经济的环境下，企业如何保障自己的知识产权和技术安全？这不仅是一起财务赔偿的争议，更深刻揭示了在科技行业快速发展的背景下伦理与法律的碰撞。人工智能伦理关注技术向"善"，要开发"负责任"的人工智能产品。因此，在关注人工智能伦理的价值目标和行为规范上，需要约束和提升人的伦理意识和伦理思维，不仅包含工程师，也包括企业、平台、政府组织等利益相关者，坚持以增进人类福祉、尊重生命权利、坚持公平公正、尊重隐私等为目标，通过多方合作强化人类责任担当。

（2）大数据"杀熟"现象

胡女士作为某App上的钻石贵宾客户，在该App上订购了一间客房，支付价款2 889元。后来发现酒店的实际挂牌价仅为1 377.63元。胡女士以该平台采集其个人非必要信息，进行"大数据杀熟"等为由诉至法院，提出退一赔三等多项请求，法院支持其请求。法院认为该平台存在虚假宣传、价格欺诈和欺骗行为，支持原告"退一赔三"。

类似这样大数据"杀熟"的例子还很多，目前用户利用平台消费和传统的消费已有很大不同，我们只要拿出手机直接支付就完成了一笔交易，致使用户根本没有去核对或讨价还价的机会。因此，商家或平台可以利用这样的"黑箱"便利，设计出的计费方式严重影响了消费者的知情权，同时，如果一旦出现价格不匹配或欺诈行为，大众就会失去对平台的信任。

作为消费者，如果碰到大数据"杀熟"，该如何维权？建议在向客服投诉存在大数据"杀熟"前，首先要找到电商企业存在违法行为的确凿证据，然后再向客服投诉或者交涉，并针对客服反馈的说法寻找新的证据。在证据相对比较充分的情况下，可以向市场监管部门进行举报，要求依法调查和处罚。2021年2月7日，《国务院反垄断委员会关于平台经济领域的反垄断指南》重磅出台，明确对大数据杀熟等行为进行约束和限制。

（3）人工智能投资的信任度

一家投资公司开始使用人工智能技术为客户创建定制化的投资建议。然而，客户对缺乏透明度表示怀疑和不信任，因为他们不理解人工智能是如何得出这些建议的。实证发现，许多客户对人工智能驱动的投资指导缺乏透明度感到不舒服，他们希望对决策过程有清晰的了解和洞察。

人们喜欢确定性的事物，如果人工智能算法无法给出准确且客观的解释，还要做出对个人有重大影响的决定时，必将会引发人们的不信任和担忧。我国《中华人民共和国个人信息保护法》提出，通过自动化决策方式做出对个人权益有重大影响的决定，个人有权要求个人信息处理者予以说明，并有权拒绝仅通过自动化决策的方式做出决定。这一条款为消费者提供了对自动化决策的"解释权"和"拒绝权"。

8.2.3 人工智能应用相关的伦理挑战

1. 权责归属伦理问题

2019 年，我国某城市一辆自动驾驶汽车在行驶过程中，由于 AI 系统故障，未能正确识别前方障碍物，导致车辆与一辆电动车发生碰撞，造成电动车驾驶员重伤。事故发生后，驾驶员家属将车辆生产厂商、AI 系统开发者以及车辆运营公司诉至法院，要求承担相应的法律责任。由于 AI 系统通常涉及多个参与者，包括算法开发者、数据提供者、系统部署者和最终用户，使权责归属问题变得复杂。

责任归属风险是对于由人工智能系统产生的决策、行为或结果，需要明确哪些个体或组织应当承担相应的权利和责任。尤其在人工智能系统造成损害或不公平结果时，确定责任主体并追究其责任成为伦理困境。权责归属问题还涉及人工智能是否应具有法律主体地位的讨论。如果 AI 系统被赋予法律主体地位，它们可能需要直接承担法律责任。

2. 误用滥用技术伦理风险

AI 技术可能被用于生成和传播虚假信息，包括深度伪造技术和自动化假新闻撰写等。2024 年，中国香港发生了一起规模巨大的 AI "深度伪造"诈骗案，诈骗金额高达 2 亿港元。诈骗者通过公司的在线会议视频和从其他公开渠道收集公司高管的音视频资料，再利用深度伪造技术进行视频生成，形成多人视频会议的画面结果，骗取钱财。这起案件不仅是香港历史上损失最惨重的"变脸"案例，也是首次涉及 AI "多人变脸"的诈骗案。

> 拓展阅读 8-2：
> AI"深度伪造"
> 诈骗案

诚信，是个人立足社会的根本，是社会交往的基石。诚信不仅强调 AI 开发者和使用者对社会负责，还要确保 AI 技术的开发和应用符合道德标准，不损害人类利益。智能产品为人们提供了更多"创作"的机会，可以制作搞笑视频、模仿名人表演等，"深度伪造"技术已经被迅速应用到影视制作、广告、娱乐等很多领域，如果不正当利用，可能涉及版权、道德和法律问题。除此之外，技术滥用可能导致信息茧房、虚假信息泛滥，影响人们对事实的认识和观点，更严重的后果是会煽动民意、操纵商业市场和影响政治及国家政策。

3. 知识产权伦理风险

某商贸集团的创始人，因其声音未经授权被恶意使用而向公众发出了严正警告，强调了 AI 技术如何在不经意间侵犯个人权益。小米集团创始人也遭遇过类似情况，AI 生成的"雷军语音包"被用于制作恶搞视频。

或许有人认为，用人工智能技术合成音频视频，是"用来玩"或"开玩笑"，给网络生活加点"调味品"，并非主观恶意。可即便如此，也会造成公众对信息的误会或误判，容易导致品牌方苦心经营的信任与亲近感受到负面影响。

2024 年 8 月，北京互联网法院发布了服务保障新质生产力的与人工智能相关的典型案例中，范围涉及 AI 文生图、AI 生成虚拟形象、AI 生成声音、AI 换脸。裁判中明确了声音也属于个人利益，具有人身专属性，并且认可了肖像权的"可识别性"不限于面部，而主要集中于自然人的个人生理特征。典型案例聚焦人工智能发展下，新的商业模式中的人格权与著作权的保护，打破了"人工智能生成内容不属于人类创作"的一般观点，并将声音权益、虚拟形象等纳入到了人格权保护的范畴。

知识产权伦理挑战还涉及著作权、专利权、商标权等方面的法律和道德问题。这些问题包括 AI 生成内容的版权归属、侵权责任的界定以及 AI 技术对现有知识产权法律体系的挑战。基于此，2024 年 9 月，国家互联网信息办公室发布的《人工智能生成合成内容标识办法（征求意见稿）》拟规定，服务提供者提供的生成合成服务，包括文本、音频、图片、视频、虚拟场景等，均应在适当位置添加显著的提示标识。

4. 典型案例

（1）AI 换脸应用引发隐私争议

2019 年 8 月，一款 AI 换脸软件在社交媒体刷屏，用户只需要一张正脸照就可以将视频中的人物替换为自己的脸。该应用在用户协议上存在问题，比如，提到使用者的肖像权为"全球范围内免费、不可撤、永久可转授权"。

AI 换脸技术的广泛应用可能导致个人隐私的严重侵犯。用户在未充分理解协议的情况下，可能会无意中授权他人使用自己的肖像，造成不可逆转的后果。《民法典人格权编草案二审稿》对 AI 换脸等技术的监管提出了明确要求，对利用新技术的人和行为进行必要规范。2024 年 9 月 6 日，《虚假数字人脸检测金融应用技术规范》标准正式发布，这是国内首个金融领域"AI 换脸"检测标准。

（2）AI 生成假新闻案

2024 年，浙江公安机关打掉一个 MCN 机构"网络水军"团伙，该团伙利用 AI 软件，拼接网络中误导性素材，编造虚假信息，以此来获得网民关注和点赞量，进而实现流量变现。此外，多地公安机关发布了多起利用 AI 工具造谣的相关案件，如发布"西安突发爆炸"虚假新闻的账号所属机构，最高峰一天能用 AI 生成 4 000 至 7 000 篇假新闻，每天收入在 1 万元以上。

利用 AI 生成的假新闻不仅误导公众，扰乱了社会秩序，还可能引发社会恐慌和不安。假新闻的传播降低了信息的真实性和可靠性，影响了公众对媒体的信任，进而影响社会稳定。此类行为的法律后果也可能导致严重的社会治理成本。

2023 年 1 月，中国针对深度合成服务发布《互联网信息服务深度合成管理规定》。该规定明确了深度合成数据和技术管理规范，对深度合成内容的用途、标记、使用范围以及滥用处罚做出具体规定，并对作为深度合成服务提供者的平台方进行审核、评估、监管等都提出了明确要求。

（3）国内 AI 绘画侵权案

2023 年 12 月，北京互联网法院公开开庭审理了在大模型时代下，国内 AI 绘画侵权第一案。某人在网上看到一张用 AI 生成的美丽动人女神图，想到是 AI 生成的，没有版权，就直接转发到自己的自媒体平台。随后，生成这张 AI 女神图的制作人进行控告，北京互联网法院从司法层面对"AI 绘画是否构成著作权法意义上的作品"做出认定，认定了原告拥有 AI 绘画作品的著作权，并判处被告赔偿人民币 500 元。

在 AI 绘画侵权第一案中，法院判决明确了利用人工智能生成的图片可以构成作品，并受著作权法保护，原告拥有 AI 绘画作品的著作权。这表明，在法律层面上，AI 生成的内容可以被视为"作品"，并且使用者拥有相应的著作权。

（4）真假"奥特曼"AIGC 平台侵权案

原告上海某文化发展有限公司获得了奥特曼系列作品在国内的著作权授权。被告是一家提供"AI 绘画"服务的 AI 公司，上线了 Tab（化名）网站，具有 AI 生成绘画功能。2023 年 12 月下旬，原告发现 Tab 网站可生成与奥特曼形象相同或相似的图片，且通过销售会员充值及"算力"购买等增值服务攫取非法收益，原告认为被告侵害其对奥特曼作品享有的复制权、改编权和信息网络传播权，起诉要求被告停止侵害行为并赔偿经济损失及为制止侵权而支出的合理费用。该案于 2024 年 2 月 8 日作出判决。本案是我国乃至全球首例 AIGC 平台侵犯他人著作权的生效判决。

> 拓展阅读 8-3：
> 真假"奥特曼"
> AIGC 平台侵权
> 案

AIGC 平台在训练和生成内容时，可能使用了未经授权的受版权保护的素材，这涉及版权侵犯的问题。本案中，法院明确了 AI 平台在提供 AIGC 服务过程中侵犯了原告对案涉奥特曼作品所享有的复制权和改编权，并应承担相关民事责任。这表明，AIGC 平台作为服务提供者，需要对生成的内容承担法律责任，同时也需要在伦理层面上对可能产生的侵权行为进行预防和控制。

8.2.4 人工智能伦理风险应对

1. 数据隐私保护与处理

（1）识别个人敏感信息并明确授权同意

个人信息在法律规范内一般分为普通个人信息和个人敏感信息。法律会对个人敏感信息给予更高的保护，个人应能够直接或间接识别一个自然人的个人敏感信息，如电话号码、身份证号码、银行账户信息等。在收集、使用或披露个人信息之前，必须获得信息主体的明确同意。并且同意应当是自愿、具体、知情和明确的。表8.1列举常见个人敏感信息。

表 8.1 个人敏感信息示例

类别	示例
个人财产信息	银行账号、鉴别信息（口令）、存款信息（包括资金数量、支付收款记录等）、房产信息、信贷记录、征信信息、交易和消费记录、流水记录等以及虚拟货币、虚拟交易、游戏类兑换码等虚报财产信息
个人健康生理信息	个人因生病医治等产生的相关记录，如病症、住院日志、医嘱单、检验报告、手术及麻醉记录、护理记录、用药记录、药物食物过敏信息、生育信息、以往病史、诊治情况、家族病史、现病史、传染病史等以及由个人身体健康状况产生的相关信息等
个人生物识别信息	个人基因、指纹、声纹、掌纹、耳郭、虹膜、面部识别特征等
个人身份信息	身份证、军官证、护照、驾驶证、工作证、社保卡、居住证等
网络身份标识信息	系统账号、邮箱地址及与前述有关的密码、口令、口令保护答案、用户个人数字证书等
其他信息	个人电话号码、性取向、婚史、宗教信仰、未公开的违法犯罪记录、通信记录和内容、行踪轨迹、网页浏览记录、住宿信息、精准定位信息等

众所周知，在注册使用人工智能产品前，用户需要勾选同意平台中提供的《用户服务条款》和《用户隐私条款》。用户信息保护主要从数据收集、数据存储安全性、数据删除权利、第三方数据共享等方面进行说明，大家可认真阅读各平台的《用户服务条款》和《用户隐私条款》所存在的差异。图8.6给出某平台部分用户隐私政策条款示例。

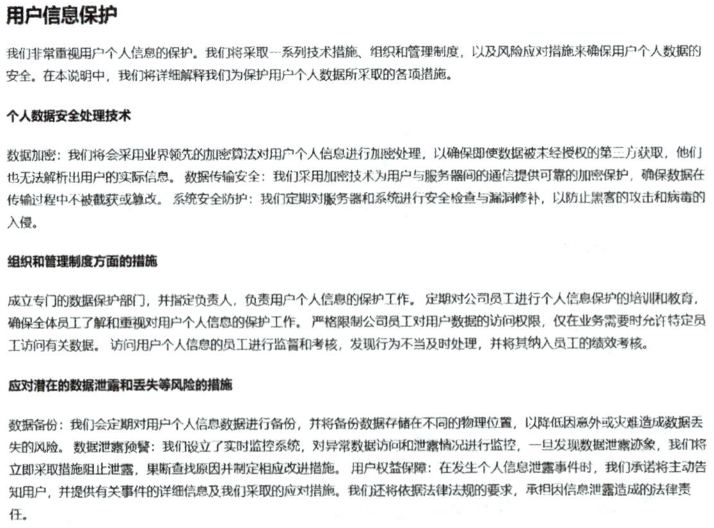

用户信息保护

我们非常重视用户个人信息的保护。我们将采取一系列技术措施、组织和管理制度，以及风险应对措施来确保用户个人数据的安全。在本说明中，我们将详细解释我们为保护用户个人数据所采取的各项措施。

个人数据安全处理技术

数据加密：我们将会采用业界领先的加密算法对用户个人信息进行加密处理，以确保即使数据被未经授权的第三方获取，他们也无法解析出用户的实际信息。数据传输安全：我们采用加密技术为用户与服务器间的通信提供可靠的加密保护，确保数据在传输过程中不被截获或篡改。系统安全防护：我们定期对服务器和系统进行安全检查与漏洞修补，以防止黑客的攻击和病毒的入侵。

组织和管理制度方面的措施

成立专门的数据保护部门，并指定负责人，负责用户个人信息的保护工作。定期对公司员工进行个人信息保护的培训和教育，确保全体员工了解和重视用户个人信息的保护工作。严格限制公司员工对用户数据的访问权限，仅在业务需要时允许特定员工访问有关数据。访问用户个人信息的员工进行监督和考核，发现行为不当及时处理，并将其纳入员工的绩效考核。

应对潜在的数据泄露和丢失风险的措施

数据备份：我们会定期对用户个人信息数据进行备份，并将备份数据存储在不同的物理位置，以降低因意外或灾难造成数据丢失的风险。数据泄露预警：我们设立了实时监控系统，对异常数据访问和泄露情况进行监控，一旦发现数据泄露迹象，我们将立即采取措施阻止泄露，果断查找原因并制定相应改进措施。用户权益保障：在发生个人信息泄露事件时，我们承诺将主动告知用户，并提供有关事件的详细信息及我们采取的应对措施。我们还将依据法律法规的要求，承担因信息泄露造成的法律责任。

图 8.6 某平台《用户隐私协议》

（2）数据收集方应坚持数据最小化原则并提供技术措施保证安全

数据收集方应仅收集实现特定目的所必需的个人信息，避免过度收集。对个人敏感信息需要进行加密存储或采取更为严格的访问机制和组织措施来保护个人信息，防止信息被未经授权的访问、泄露、篡改或破坏。

（3）数据收集方应注重信息透明度及数据主体权利

数据收集方应向信息主体清晰地说明个人信息的收集、使用和共享方式以及如何保护这些信息。并赋予个人访问、更正、删除或限制其个人信息处理的权利。

（4）提升训练数据标注的准确性和数据集的规范性

训练数据的标签如果是由人标记，标签中可能会存在错误或不准确的信息，也可能会受到主观因素或偏见的影响导致模型可能学习到错误的模式或产生错误的决策。在数据收集、存储、使用、加工、传输、提供、公开等环节，应严格遵守数据相关法律、标准与规范，提升数据的完整性、及时性、一致性、规范性和准确性等。

2. 算法安全与技术向善

（1）伦理先行原则

算法是实现"技术向善"的核心。在人工智能的设计、开发和应用中必须考虑如何贯彻伦理原则，因此，提升设计者的道德伦理意识和价值观，确保核心技术与社会价值观匹配，与伦理规范同步。由于自动化决策算法可能嵌入了设计者的价值观，这可能导致算法决策与社会伦理标准不一致。

《新一代人工智能发展规划》明确提出，要将伦理道德多层次判断结构融入人工智能研发和应用中，从源头到下游进行约束和引导。此外，我国发布的《关于加强科技伦理治理的意见》也强调了"伦理先行"的重要性，要求将科技伦理要求贯穿科学研究和技术开发的全过程。

（2）技术改进与风险管理

提高算法的可解释性和透明度，加强数据保护措施，并建立完善的风险评估和管理框架。对于具有系统性风险的通用 AI 模型，人工智能系统的提供者应进行模型评估，评估并缓解可能的系统性风险，并确保模型的网络安全保护。高风险人工智能系统必须具备足够的透明度机制。人工智能系统的提供者应提供附上使用说明的技术文档，标识有关系统特性、能力和性能限制的相关、可访问和易于理解的信息。对于高风险的自动决策系统，应加入人工审查环节，确保重要决策不只是依赖机器判断。

3. 人工智能应用建议

（1）诚实守信，责任担当

诚信不仅是个人品德的体现，更是企业生存和个人发展的基石。在人工智能开发应用过程中，用户不得故意提供虚假或误导性信息，不随意泄露商业秘密、客户数据等敏感信息。此外，职业伦理要求从业者在工作中诚实守信、公正无私，并始终以服务人民为宗旨。这不仅是对自身职业道德的要求，也是对社会责任的担当。在人工智能的全生命周期中，从研发到应用，每一个环节都需要参与者自省自律，不回避责任审查，不逃避应负责任。

（2）合理利用，创造价值

在网络信息繁杂的当下，人工智能推送的内容铺天盖地，此时，我们不仅要明辨是非对错，更需要以道德和核心价值观为引领，始终坚守真理和正义，不被虚假信息、不良思潮所误导，合理利用人工智能技术为社会创造价值，而不是被技术的洪流裹挟。

> 拓展阅读 8-4：
> 国内高校面向本科生使用 AI 工具的规定

国内高校也在逐步给出人工智能应用的规范和建议。2024 年 12 月，上海复旦大学首个发布《复旦大学关于在本科毕业论文（设计）中使用 AI 工具的规定（试行）》，该规定旨在规范人工智能工具在本科毕业论文撰写过程中的使用规范。内容涉及 AI 工具的使用范围、披露要求、指导教师责任及违规处理措施。文件指出允许使用 AI 工具进行文献检索、辅助制图、非创新性方法辅助等，但禁止用于研究设计、数据分析、原始数据收集等关键环节。使用 AI 工具时，需明确披露相关信息，并确保作品原创性和学术诚信。违规使用将面临考核成绩影响甚至取消学位等处罚。该规定是国内高校首个针对此问题的规范化管理文件。北京师范大学、中国传媒大学、天津科技大学等高校也出台了相关的文件，规范学生在使用生成式人工智能撰写课程作业、毕业论文（设计）时应该遵守的原则和要求。

在科研活动中规范使用人工智能技术。2024 年 9 月，中国科学院科研道德委员会发布的《关于在科研活动中规范使用人工智能技术的诚信提醒》中明确指出，在科研活动中使用人工智能技术时，要遵循诚实、透明、负责任的原则，反对利用人工智能算法伪造数据、生成欺骗性研究论文等学术不端行为。

（3）尊重版权，文明和谐

通过人工智能生成的艺术作品，人们可以接触到更多元、更具创意的艺术形式，从而拓宽了人们的审美视野。但在实施新想法、新创意过程中，要注意作品遵守版权、专利、商业秘密等措施。此外，人工智能在医疗、教育、文化等更多领域的应用，也有助于传播文明理念，体现 AI 向善、促进社会和谐。

8.3　人工智能伦理治理

8.3.1　人工智能治理概述

科技是发展的利器，也可能成为风险的源头。因此，需要对人工智能技术依据合理的原则进行治理，并出台相关文件。人工智能治理不仅包括技术层面的开发和应用，还涵盖了社会规范体系，为人工智能技术提供价值判断标准，约束和指导各方对人工智能进行协同治理。治理体系需要"柔性的伦理"和"硬性的法律"的共同构建，一方面是以伦理为导向的社会规范体系，另一方面是以法律为保障的风险防控体系。从人工智能系统全生命周期的角度来看，系统的开发、部署和使用过程都需要进行监督、管理、控制和规范。

8.3.2 人工智能治理原则

人工智能伦理治理原则旨在确保技术的发展和应用能够尊重人类价值、保护基本权利，并促进公平、安全和可持续性。表 8.2 从多个方面总结了治理的原则，并给出了对应的解释。

表 8.2 人工智能治理原则

治理原则	解释
尊重人权和民主价值	保护个人信息，确保数据的合法、正当、必要和诚信处理，防止数据滥用和隐私侵犯
可控性和可信性	确保人类对人工智能拥有控制权，能够随时中断或退出与 AI 的交互，保持 AI 的透明度和可靠性
责任担当	明确人类作为最终责任主体，建立问责机制，确保在 AI 全生命周期中的责任意识和自律
伦理素养提升	普及人工智能伦理知识，客观认识伦理问题，提升社会对 AI 伦理的理解和应对能力
敏捷治理	适应人工智能发展规律，持续优化治理机制，推动 AI 的健康和可持续发展
隐私和数据治理	尊重个人隐私，进行有效的数据治理，确保数据的安全和合规使用
透明度	确保 AI 系统的决策过程和逻辑可被理解和追溯，增加系统的透明度
多样性、非歧视和公平	促进 AI 系统的多样性，避免歧视，确保不同群体的公平待遇
人类主体性和监督	确保人类始终处于 AI 系统的控制和监督之下，避免 AI 的自主性超越人类控制
环境可持续性	考虑 AI 的环境影响，推动 AI 技术的可持续性和环境友好型发展

8.3.3 人工智能伦理治理政策

人工智能治理涉及多个领域、多个行业、多个部门，因此，需要政府在法规层面前瞻研判科技发展带来的规则冲突、社会风险、伦理挑战，完善相关法律法规、伦理审查规则及监管框架。表 8.3 给出国内关于人工智能治理方面的相关政策法规，表 8.4 给出了国际上部分人工智能治理的相关政策法规。下面介绍部分重要的人工智能治理法案。

表 8.3　国内人工智能治理相关政策法规

归属年份	国内人工智能治理相关政策法规
2017 年 7 月	国务院发布《新一代人工智能发展规划》
2019 年 6 月	国家新一代人工智能治理专业委员会发布《新一代人工智能治理原则——发展负责任的人工智能》
2020 年 7 月	国家标准化管理委员会等五部门发布《国家新一代人工智能标准体系建设指南》
2021 年 9 月	国家新一代人工智能治理专业委员会发布《新一代人工智能伦理规范》
2021 年 12 月	国家互联网信息办公室等四部门发布《互联网信息服务算法推荐管理规定》
2022 年 3 月	中共中央办公厅、国务院办公厅印发《关于加强科技伦理治理的意见》
2023 年 7 月	国家互联网信息办公室等部门通过《生成式人工智能服务管理暂行办法》
2024 年 9 月	全国网络安全标准化技术委员会发布《人工智能安全治理框架》1.0 版
2024 年 12 月	中国信息通信研究院发布《人工智能治理蓝皮书（2024）》

表 8.4　国际人工智能治理相关政策法规

归属年份	国际人工智能治理相关政策法规
2018 年 5 月	欧盟出台《欧盟一般数据保护条例》
2023 年 1 月	美国国家标准与技术研究院正式发布《人工智能风险管理框架》（AI RMF 1.0）及配套使用手册
2023 年 3 月	英国科学、创新与技术部发布了首份人工智能白皮书《促进创新人工智能监管框架》
2023 年 12 月	欧盟成员国及欧洲议会议员就《人工智能法案》达成初步协议
2024 年 3 月	欧洲议会正式批准《人工智能法案》
2024 年 9 月	美国、英国和欧盟等签署了《人工智能、人权、民主和法治框架公约》

1.《中华人民共和国网络安全法》

《中华人民共和国网络安全法》是我国网络安全领域的第一部基础性法律，自 2017 年 6 月 1 日起施行。该法对人工智能算法所依托的网络环境及数据安全等方面进行了规范，是保障人工智能数据隐私安全的重要基础法律。在该法的网络信息安全部分中明确规定：网络运营者收集、使用个人信息需遵循合法、正当、必要原则，公开收集、使用规则，经被收集者同意，不得泄露、篡改、毁损其收集的个人信息，未经同意不得向他人提供，但经过处理无法识别特定个人且不能复原的除外；个人发现网络运营者违反规定收集、使用其个人信息的，有权要求删除或更正。

2.《中华人民共和国数据安全法》

《中华人民共和国数据安全法》是为了规范数据处理活动，保障数据安全，促进数据开发利用，保护个人、组织的合法权益，维护国家主权、安全和发展利益而制定的法律，于 2021 年 9 月 1 日正式施行。《中华人民共和国数据安全法》强调数据的安全与保护，规定了数据处理活动的合法、正当、必要原则等，防止因数据的不合理使用导致数据泄露、滥用等问题，为人工智能算法的数据来源及处理提供了法律框架，要求数据处理者建立健全全流程数据安全管理制度，加强数据安全风险监测和应急处置能力，保障数据的完整性、保密性和可用性。

3.《中华人民共和国个人信息保护法》

《中华人民共和国个人信息保护法》是中国首部专门针对个人信息保护的系统性、综合性法律，自 2021 年 11 月 1 日起施行。《中华人民共和国个人信息保护法》明确了个人信息的定义、处理规则、保护措施等，确保人工智能在收集、使用个人信息时遵循合法、正当、必要等原则，保护用户的隐私权和个人信息权益，避免因个人信息的不当使用而产生数据隐私安全问题。例如，规定了个人信息处理者在处理个人信息前，应当取得个人的同意，并且在特定情形下需重新取得同意；个人有权要求个人信息处理者对其个人信息进行更正、补充、删除等。

4.《生成式人工智能服务管理暂行办法》

《生成式人工智能服务管理暂行办法》是我国自 2023 年 8 月 15 日起施行的暂行办法。文件中对生成式人工智能的算法、内容、应用、数据安全等方面进行了全面的规制。要求数据提供者、算法/模型开发者以及服务提供者采取多种方式共同构建可信赖的人工智能，保障数据安全和用户隐私。具体要求主要包括以下内容。

（1）内容规范

不得生成煽动颠覆国家政权、推翻社会主义制度等法律、行政法规禁止的内容；防止产生民族、信仰等歧视；尊重知识产权、商业道德，不得实施垄断和不正当竞争行为；尊重他人合法权益，不得危害他人身心健康，不得侵害他人肖像权等权益；提升生成式人工智能服务的透明度，提高生成内容的准确性和可靠性。

（2）数据处理

提供者应依法开展训练数据处理活动，使用具有合法来源的数据和基础模型，涉及知识产权和个人信息的要符合相关规定，提高训练数据质量。进行数据标注时，要制定标注规则，开展质量评估，对标注人员培训。

（3）服务规范

提供者应承担网络信息内容生产者责任和个人信息处理者责任，与使用者签订服务协议，明确适用人群等，防范未成年人过度依赖或沉迷，对使用者的输入信息和使用记录履行保护义务，及时处理个人信息请求，对生成内容进行标识，发现违法内容及时处置，发现使用者从事违法活动要采取相应措施，建立健全投诉举报机制。

5.《促进和规范数据跨境流动规定》

《促进和规范数据跨境流动规定》自2024年3月发布，对数据出境安全评估、个人信息出境标准合同、个人信息保护认证等数据出境制度做出优化调整，规范了人工智能数据跨境流动中的隐私安全保护，确保数据在跨境传输过程中的安全性和合法性。

6. 欧盟《一般数据保护条例》

欧盟发布的《一般数据保护条例》（General Data Protection Regulation，GDPR）于2018年5月25日生效，GDPR的主要目标是保护自然人的基本权利和自由，特别是个人数据的隐私权。它规定了数据主体的权利，包括访问权、更正权、删除权、限制处理权以及反对自动化决策的权利等。此外，GDPR还明确了数据控制者和数据处理者的义务，要求他们在处理个人数据时必须遵循合法、公平、透明的原则，并确保数据的最小必要性和安全性。其中最具争议性的条款之一是消费者有自动化决策"解释权"，并且在某些条件下，消费者有权利不接受完全由人工智能自动化系统做出的重大决定。这一法规使得全球消费者首次拥有了对人工智能算法做出的自动化决策进行挑战或提出异议的法律工具。

7. 欧盟《人工智能法案》

《人工智能法案》于2024年5月21日由欧盟理事会正式批准。该法案是全球首部监管人工智能的法律，基于风险分类将AI系统划分为不可接受风险、高风险、有限风险和极低风险四类，并针对不同风险类别采取相应监管策略。高风险的人工智能系统，如自动驾驶汽车或医疗设备、金融服务和教育领域的应用等，因其可能对公民的健康、安全和基本权利构成风险，且存在算法偏见的可能，必须满足严格的标准才能获准在欧盟使用。该法案还设立了多个管理机构，违反法案的行为将被处以罚款，罚款额度为违规公司上一财政年度全球年营业额的一定百分比或预先确定的金额，以较高者为准。

本 章 小 结

本章节首先分析了伦理、道德和法律之间的相互关系，探讨从科技向善到伦理困境的必然。然后，结合案例探讨了人工智能在数据层面、算法层面和应用层面所面临的伦理挑战及应对措施。在数据层面，人工智能伦理挑战主要涉及数据隐私泄露、数据偏见等伦理风险；在算法层面，伦理挑战包括算法安全威胁、算法偏见与歧视、算法透明度和可解释性及自动化决策算法等伦理风险；在应用层面，伦理挑战则包括自动化带来的权责归属问题、误用滥用技术及知识产权伦理等伦理风险。最后，人工智能治理需要综合考虑伦理、技术、法律、社会等多个维度，才能建立全面的人工智能伦理指导原则和治理体系，确保人工智能技术的发展既符合创新的追求，又遵守社会基本价值观，从而实现科技向善，促进人类社会的可持续发展。

习 题

1. 描述当前人工智能时代的主要特点，并讨论这些特点如何塑造我们的生活和工作方式。
2. 在人工智能系统造成损害的情况下，如何界定开发者、用户和其他利益相关者的责任？
3. 讨论人工智能技术可能导致的失业问题，并提出可能的缓解措施。
4. 描述人工智能治理的含义，并解释为什么在当前技术发展背景下，人工智能治理变得尤为重要？
5. 讨论在人工智能领域中，为什么伦理考量比以往任何时候都更加重要。

附录 A

物体检测图像标注

A.1 图像标注工具——labelImg

1. labelImg 简介

labelImg 是一款功能实用的图形图像标注工具。该工具由 Python 语言编写，利用 Qt 构建图形界面，标注结果以 PascalVOC 格式（ImageNet 使用的格式）另存为 XML 文件。

2. labelImg 安装教程

下载安装包 labelImg.zip 至本地文件夹，文件中包括编译好且可执行的 labelImg.exe 以及存放标签文档的 data 文件。直接将压缩包放在 Windows 环境下（注意安装目录需为全英文），解压缩后双击 labelImg.exe 即可执行。

3. labelImg 使用方法

双击 labelImg.exe，出现如图 A.1 所示界面，说明 labelImg 已可正常使用。界面中各个按钮功能如下。
① Open Dir：打开待标注图片数据的路径文件夹。
② Change Save Dir：保存标注文件至指定的路径文件夹。
③ Next Image：切换至下一张图片。
④ Prev Image：切换至上一张图片。
⑤ Save：保存标注文件。
⑥ PascalVOC：将标注标签保存成 VOC 格式，再单击则切换为 YOLO 格式。

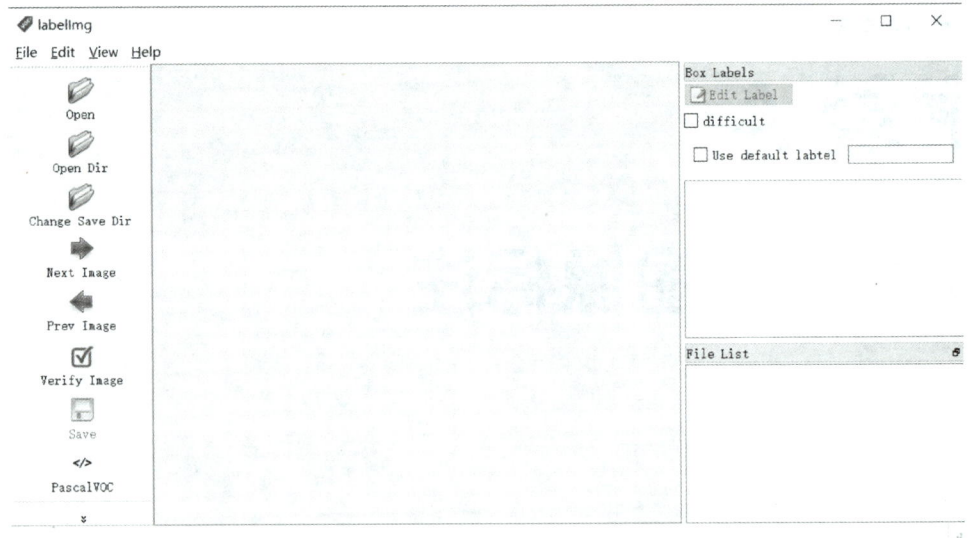

图 A.1　labelImg 操作界面

⑦ Create RectBox：单击后鼠标指针会变成十字交叉线，可以开始画框。

⑧ Duplicate\nRectBox：复制矩形框。

⑨ Delete\nRectBox：删除当前选中的矩形框。

该软件快捷键设置如下。

① W：调出标注的十字交叉线，开始标注。

② A：切换到上一张图片。

③ D：切换到下一张图片。

④ Ctrl+S：保存标注好的标签。

⑤ Delete：删除标注的矩形框。

⑥ Ctrl+鼠标滚轮：按住 Ctrl 键，然后滚动鼠标滚轮，可以调整标注图片的显示大小。

⑦ Ctrl+U：选择要标注图片的文件夹。

⑧ Ctrl+R：选择标注好的 label 标签存放的文件夹。

⑨ ↑→↓←：移动标注的矩形框的位置。

注意，待标注图像数据和标注文件存放路径也必须以英文命名。

A.2　使用 labelImg 标注物体检测数据

下面以水杯钥匙检测任务为例进行介绍。首先，打开 data 中的 predefined_classes.txt 文件，输入本次标注所需要的全部标签，如图 A.2 所示。

A.2 使用 labelImg 标注物体检测数据

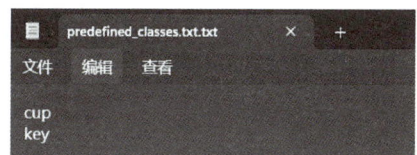

图 A.2　标签设置

准备好待标注文件夹（存放待标注图像）和标注文件存放的文件夹，如图 A.3 所示。Samples 中存放待标注的水杯钥匙图像，如图 A.4 所示。Samples_label 中存放标注后的 xml 文件（目前为空），如图 A.5 所示。需要注意的是，待标注图像和标注后的 xml 文件必须分别存放在不同的文件夹中，便于后续上传至 EasyDL 平台。

图 A.3　文件准备

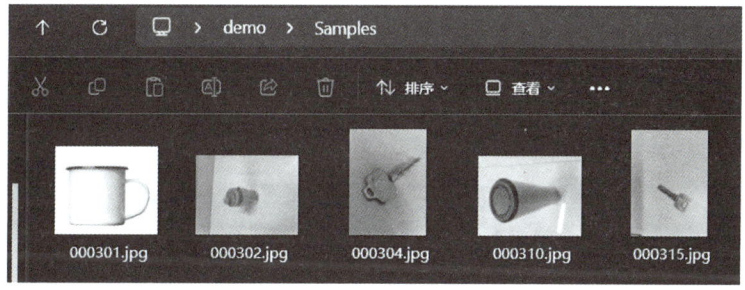

图 A.4　Samples

图 A.5　Samples_label

单击 Open Dir 选项，打开待标注图片所在的文件夹…/demo/Samples，如图 A.6 所示。

附录 A 物体检测图像标注

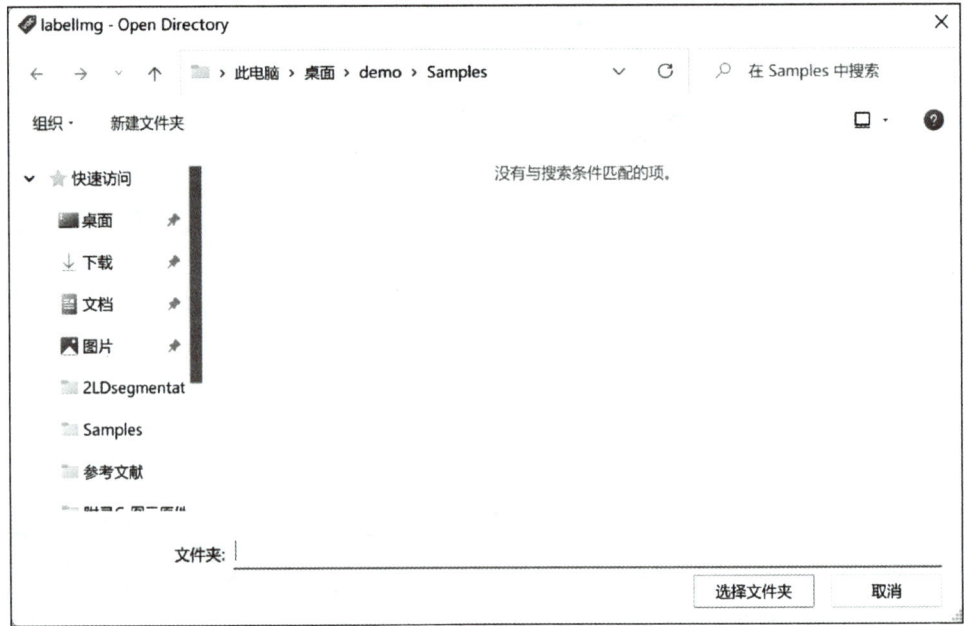

图 A.6 选择待标注文件夹

打开后的待标注图像示例如图 A.7 所示。

图 A.7 待标注图像示例

单击 Change Save Dir 选项，选择标注文件存放的文件夹…/demo/Samples_label，如图 A.8 所示。

A.2 使用 labelImg 标注物体检测数据

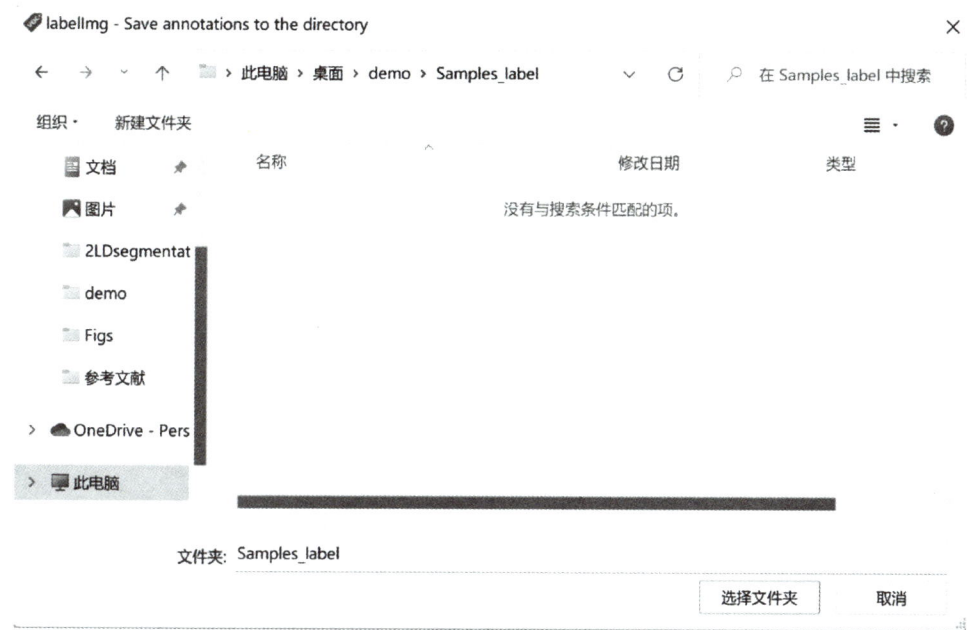

图 A.8 选择标注文件存放的文件夹

按 W 键开始标注,如图 A.9 所示。

图 A.9 开始标注

选择标签，如图 A.10 所示。

图 A.10　选择标签

按 Ctrl+S 键，保存标注文件，如图 A.11 所示。

图 A.11　保存标注文件

如图 A.12 所示，此时终端窗口显示完整保存路径，说明标注文件已成功保存，并且 Samples_label 文件夹内出现相对应的 xml 文件，如图 A.13 所示。

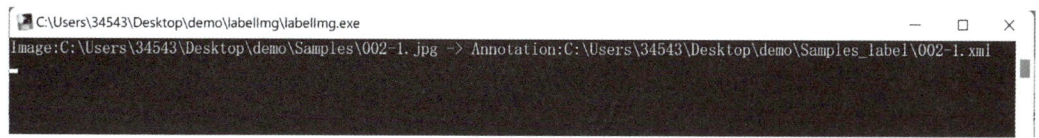

图 A.12　终端窗口显示保存路径

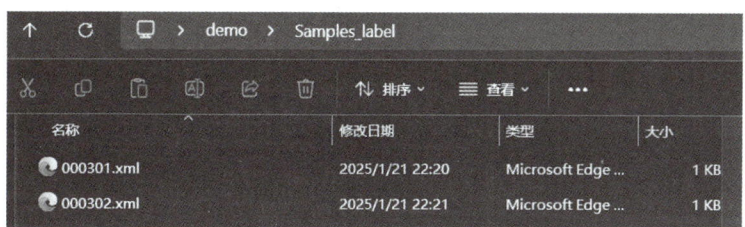

图 A.13　Samples_label 文件夹

下面查看标注文件。双击打开 000301.xml 文件后如图 A.14 所示，文件不仅包含原标注图像的文件名、存放路径、尺寸等信息，还包含标签名、标注框位置等信息。

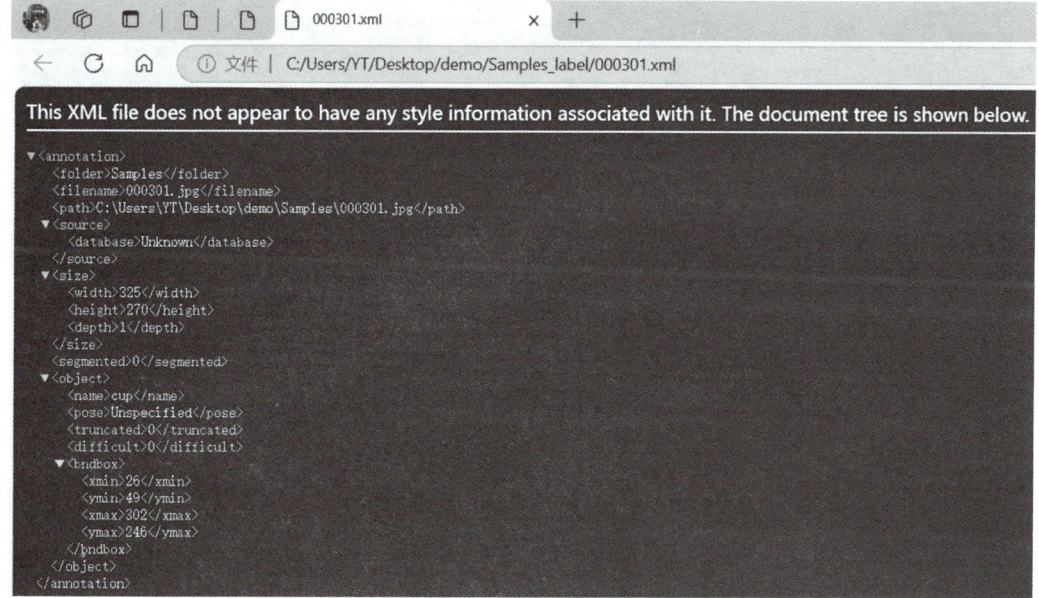

图 A.14　xml 文件内容

按 D 键，切换至下一张图像，如图 A.15 所示。

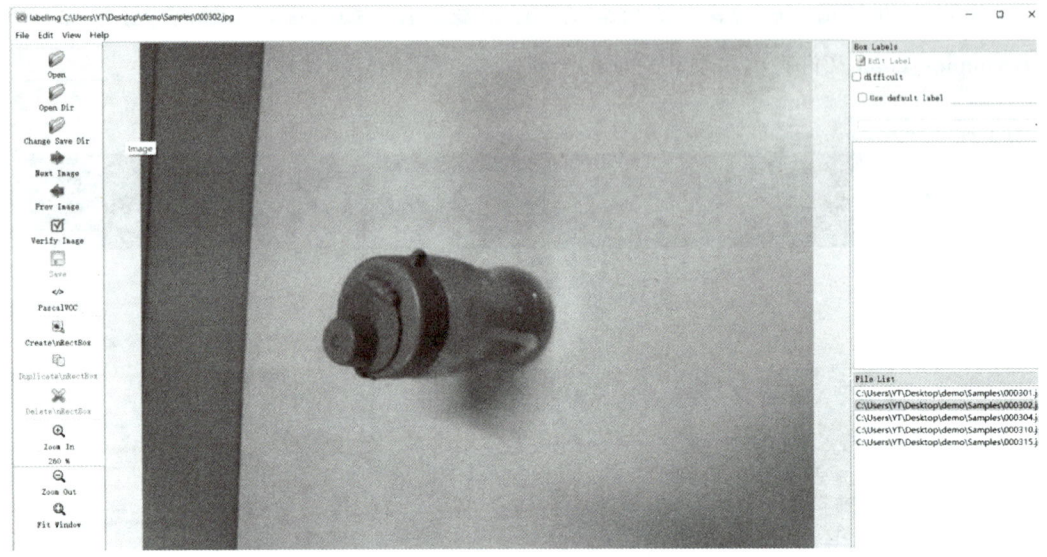

图 A.15　切换至下一张图像

全部标注完成之后的 Samples 与 Samples_label 文件夹如图 A.16 所示，原图像与标注文件一一对应，如需增加数据，重复上述操作即可。

至此，数据标注工作已经完成。

图 A.16　全部图像标注完成

附录 B
ModelArts 自动学习的图像分类

微视频：
ModelArts 模型训练操作视频

ModelArts 是一个一站式开发平台，能够支撑开发者从数据到 AI 应用的全流程的开发过程，ModelArts 界面如图 B.1 所示。ModelArts 开发空间中的自动学习是一种零代码人工智能开发方式，如图 B.2 所示。

图 B.1　ModelArts 首页

图 B.2　"自动学习"首页

ModelArts 图像分类的整体操作流程：创建桶—创建数据集—创建项目—数据标注—训练、校验及部署，整个流程只要将数据处理完成，后面的训练、校验及部署都由平台自动完成。ModelArts 的桶每天收费 0.1 元，用户使用后要及时删掉桶的内容及桶，部署成功按每小时 11 元收费，用户使用结束后要及时停止部署。下面以实物招领为例，将水杯和钥匙这两类图片区分开来。

B.1 创 建 桶

在"自动学习"页面，单击"创建项目"按钮，弹出的"创建图像分类"页面如图 B.3 所示，名称输入：cup-key，在"数据集"行单击"创建数据集"标签，弹出的"创建数据集"页面如图 B.4 所示，输入数据集的名称 jingwufenlei，在"导入路径"一栏，单击文件夹的标签，弹出页面如图 B.5 所示，单击"新建桶"标签，在弹出的新页面中，输入桶名称：jingwu，如图 B.6 所示，单击右下角的"立即创建"按钮，可看到 jingwu 桶已创建，如图 B.7 所示。

图 B.3 "创建图像分类"页面

B.1 创建桶

图 B.4 "创建数据集"页面

图 B.5 导入路径

图 B.6 创建桶

图 B.7　jingwu 桶

将鼠标指针放在图 B.7 的桶名称 jingwu 上，名称下立即多一条下划线，单击桶名称，在新打开的页面中，单击"新建文件夹"按钮，如图 B.8 所示，注意文件夹的命名规则。同样再创建一个文件夹，命名为 output，用来存放模型测试或部署后运行的结果，创建后如图 B.9 所示。单击 database 对象，继续新建文件夹，一个命名为"shuibei"，另一个命名为"yaoshi"，创建后如图 B.10 所示。

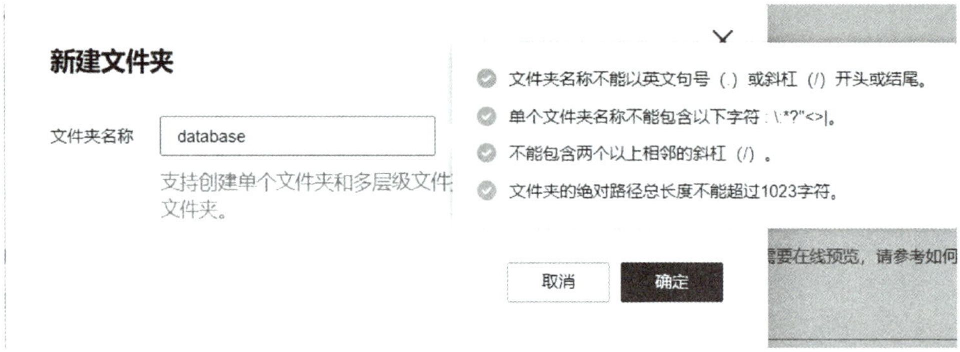

图 B.8　新建文件夹 database

图 B.9　新建文件夹 output

图 B.10　新建文件夹 shuibei 和 yaoshi

在图 B.10 的页面中，勾选 shuibei 前面的复选框，然后单击"上传对象"按钮，弹出如图 B.11 所示界面，单击"添加文件"标签，可一次选择多张图片进行上传，ModelArts 最多允许一次上传 100 张图片，此处选择 99 张图片进行上传，然后单击"上传"按钮，如图 B.12 所示。图片上传成功后如图 B.13 所示。用同样的方法，向 yaoshi 文件夹上传 100 张图片，此时 jingwu 桶创建完成。

图 B.11　"上传对象"页面

附录 B　ModelArts 自动学习的图像分类

图 B.12　选择图片进行上传

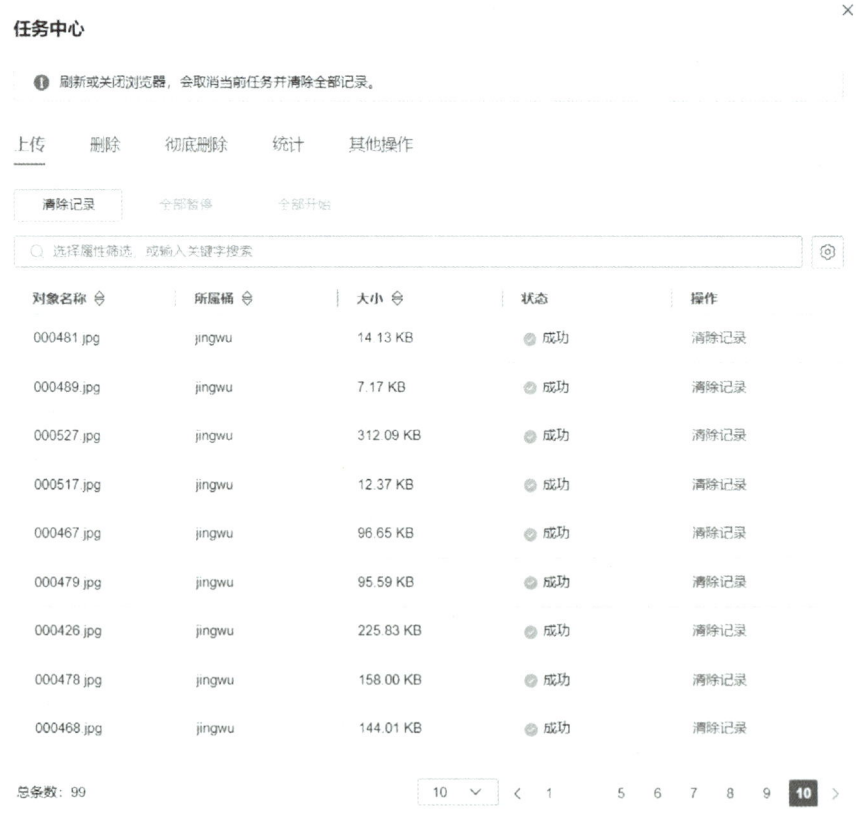

图 B.13　图片上传成功

B.2　创建数据集

在桶创建完成后，在图 B.4 所示的"创建数据集"页面中，可以设置导入路径。单击"导入路径"行的文件夹按钮，打开页面如图 B.14 所示，在"桶名称"中将 jingwu 桶选中，并选择存放有 shuibei 和 yaoshi 的文件夹 database，单击"确定"按钮。同样把数据集输出的位置选择为 jingwu 桶的 output，单击"确定"按钮，数据集 jingwufenli 创建完成，如图 B.15 所示。

图 B.14　设置导入路径

图 B.15　数据集创建完成

B.3 创建项目

创建了数据集,接着在图 B.3 所示的"创建图像分类"页面中,选择刚创建好的 jingwufenlei 数据集,输出路径选择 jingwu 桶的 output 文件夹,训练规格选择限时免费的 GPU,单击"立即创建"按钮,如图 B.16 所示。模型 cup-key 创建成功,如图 B.17 所示。

图 B.16 创建图像分类模型

图 B.17 项目创建完成

B.4 数据标注

在 ModelArts 页面中，选择左侧导航栏"数据准备"的"数据标注"选项，对数据集进行标注，如图 B.18 所示。单击最右侧的"标签"标签，在新弹出的页面中，单击"添加标签"按钮，把标签"cup"放在标签集中，完成创建。同样把标签"key"也添加进去，如图 B.19 所示。

图 B.18 数据标注

图 B.19 创建标签

在图 B.18 中，单击项目名称"cup-key"，进入数据标注页面，如图 B.20 所示，可选择多张钥匙图片，在右侧"待添加标签"一栏选择 key 选项，单击"确定"按钮，就对选中图片进行了数据标注。当标注一部分数据后，可通过智能标注对其他图片进行标注。单击图 B.20 左上角的"智能标注"按钮，打开"启动智能标注"页面，如图 B.21 所示，单击"提交"按钮开始智能标注，如图 B.22 所示。等智能标注完成后，用户需要确认智能标注是否正确。此时可选择整页，也可选择部分正确标注的图片，如图 B.23 所示，单击"确认"按钮，就完成了对选中图片的标注。

如果智能标注有误，用户可以进行更改。如图 B.24 中智能标注为 key，标注有误，先勾选该图片左上角的复选框，选中该图片，在右侧的"添加标签"的"标签名"列表中，选择 cup 选项，下面的文件标签中就多了标签 cup，然后删掉 key 标签，单击"确认"按钮，则该图片标签更改成功，如图 B.25 所示。

图 B.20　标注图片

图 B.21　"启动智能标注"页面

图 B.22　智能标注中

B.4 数据标注

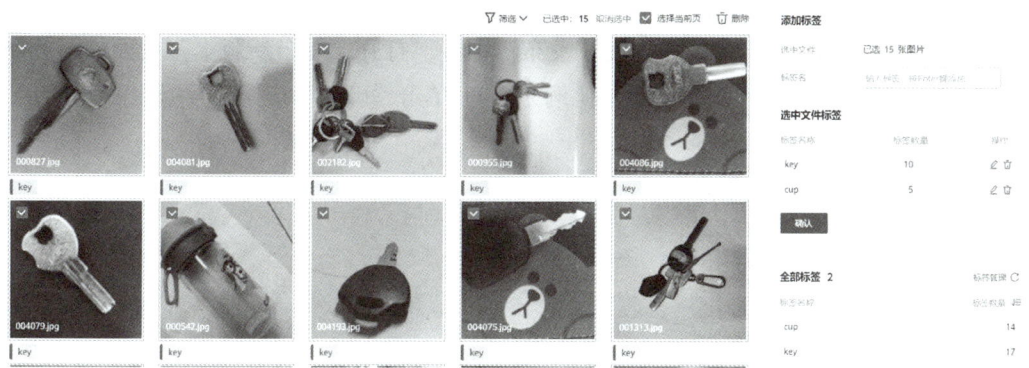

图 B.23 确认图片

图 B.24 智能标注出错

(a) 添加标签cup　　　　　　　　　　　　(b) 更改成功

图 B.25 更改智能标注

305

将所有智能标注的图片都确认后，图 B.18 所示的"标注进度"就变为 100%，此时可对数据集进行发布，单击图 B.18 中的"发布"标签，打开"发布新版本"页面如图 B.26 所示，启用"数据切分"，设定训练集比例为 0.9，单击"确定"按钮，数据集发布成功。

图 B.26　发布数据集

B.5　模型训练

数据标注完成后，随后的操作由 ModelArts 平台完成。在 ModelArts 首页的"自动学习"页面，单击项目名称 cup-key，打开页面如图 B.27 所示。单击"数据标注"图标，该图标由灰色变为橙色，单击"继续运行"按钮，即开始由 ModelArts 平台完成后续其他的操作。它对标注好的数据进行训练、校验、部署，用户可查看运行进度，如图 B.28 所示。当图标为灰色，说明未执行。当图标为绿色，说明执行完成。

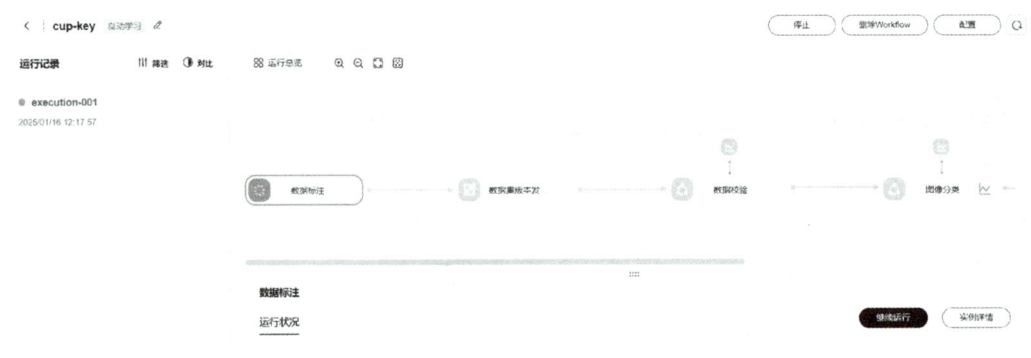

图 B.27　开始训练

图 B.28　项目运行进度

B.6　模 型 部 署

当服务部署变为橙色时，单击"继续运行"按钮，并选择计算节点规格为 GPU：1*GP-pnt004（8 GB），费用为 11 元/小时，如图 B.29 所示，单击"启动"按钮，当服务部署变为绿色时，状态提示运行成功，如图 B.30 所示。项目运行成功后，在"自动学习"首页可查看该项目状态，如图 B.31 所示。

图 B.29　项目部署参数设置

图 B.30　项目部署完成

图 B.31　项目运行成功

在图 B.30 中单击"实例详情"按钮,在弹出的新页面中选择"预测"选项卡,如图 B.32 所示。单击"上传"按钮,选择一张图片上传,"预测"选项卡立即由灰色变为白色,单击"预测"选项卡,结果如图 B.33 所示,可得到该图片的预测结果,是钥匙的可信度 0.994,是水杯的可信度 0.006,由此可知该图片为钥匙。继续单击"重新预测"按钮,继续上传其他图片,并显示结果,水杯的可信度 0.940,如图 B.34 所示。

图 B.32　预测界面

图 B.33　钥匙预测结果

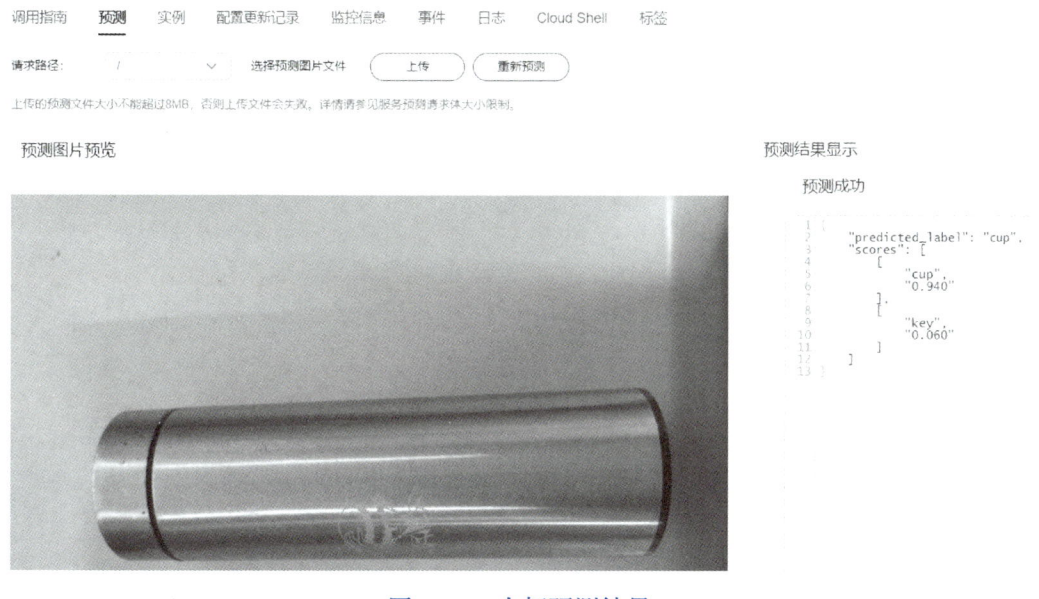

图 B.34　水杯预测结果

以上步骤介绍了如何用 ModelArts 的自动学习进行图像分类的详细过程，包括从创建桶、标注数据到模型训练、部署及预测的全流程解决方案。在完成上述步骤后，开发者在实践中可调用训练好的模型，实现智能化的图像分类功能。

参考文献

［1］芦碧波，张建春，王春阳，等．新一代人工智能：无代码人工智能开发平台实践 [M]．北京：人民邮电出版社，2023．

［2］高扬，卫峥．白话深度学习与 TensorFlow[M]．北京：机械工业出版社，2017．

［3］吴飞，潘云鹤．人工智能引论 [M]．北京：高等教育出版社，2024．

［4］高随祥，文新，马艳军，等．深度学习导论与应用实践 [M]．北京：清华大学出版社，2021．

［5］王万良．人工智能通识教程 [M]．北京：清华大学出版社，2022．

［6］张奇，桂韬，郑锐，等．大规模语言模型：从理论到实践 [M]．北京：电子工业出版社，2023．

［7］陈颢鹏，李子菡．ChatGPT 进阶：提示工程入门 [M]．北京：北京大学出版社，2023．

［8］陈明明，李腾龙．人人都是提示工程师 [M]．北京：人民邮电出版社，2023．

［9］程絮森，杨波，王刊良，李浩然．大模型入门：技术原理与实战应用 [M]．北京：人民邮电出版社，2024．

［10］刘持标，辛立明，秦彩杰，等．大学人工智能通识教程 [M]．上海：上海大学出版社，2024．

［11］丁磊．生成式人工智能：AIGC 的逻辑与应用 [M]．北京：中信出版集团，2023．

［12］董占军，顾群业，李广福，等．人工智能设计概论 [M]．北京：清华大学出版社，2024．

［13］王吉伟．一本书读懂 AI Agent：技术、应用与商业 [M]．北京：机械工业出版社，2024．

［14］黄佳．动手做 AI Agent[M]．北京：人民邮电出版社，2024．

［15］吴畏．AI Agent：AI 的下一个风口 [M]．北京：电子工业出版社，2024．

［16］杨帆，张彩丽，等．人工智能应用开发——基于 LabVIEW 与百度飞桨（EasyDL）的设计与实现 [M]．北京：清华大学出版社，2023．

［17］田奇，白小龙．ModelArts 人工智能应用开发指南 [M]．北京：清华大学出版社，

2020.

［18］芦碧波，雒芬，盛蓓，朱世松，王永茂，张建春.论非固定命题类学科竞赛对培养学生非技术能力的作用[J].计算机教育，2021（10）：37-41.

［19］龙志勇，黄雯.大模型时代——ChatGPT开启通用人工智能浪潮[M].北京：中译出版社，2023.

［20］古天龙.人工智能伦理导论[M].北京：高等教育出版社，2022.

［21］从杭青.工程伦理[M].杭州：浙江大学出版社，2024.

郑重声明

高等教育出版社依法对本书享有专有出版权。任何未经许可的复制、销售行为均违反《中华人民共和国著作权法》，其行为人将承担相应的民事责任和行政责任；构成犯罪的，将被依法追究刑事责任。为了维护市场秩序，保护读者的合法权益，避免读者误用盗版书造成不良后果，我社将配合行政执法部门和司法机关对违法犯罪的单位和个人进行严厉打击。社会各界人士如发现上述侵权行为，希望及时举报，我社将奖励举报有功人员。

反盗版举报电话　（010）58581999　58582371
反盗版举报邮箱　dd@hep.com.cn
通信地址　北京市西城区德外大街4号　高等教育出版社知识产权与法律事务部
邮政编码　100120

防伪查询说明
用户购书后刮开封底防伪涂层，使用手机微信等软件扫描二维码，会跳转至防伪查询网页，获得所购图书详细信息。

防伪客服电话　（010）58582300